国家级一流本科专业建设成果教材

安全生产与环境保护

袁霄梅　主编　李　光　副主编

化学工业出版社

·北京·

内容简介

安全生产与环境保护已成为经济社会可持续发展的重要基石，本书以《中华人民共和国安全生产法》和《中华人民共和国环境保护法》为基本依据，第一篇系统地介绍了安全生产的基本知识，工业企业生产的特点及存在的安全问题，安全生产方针及基本原则，安全生产的相关法律法规，安全生产监督管理的相关内容，工业企业安全生产作业控制要点及安全防护，职业病危害与防护；第二篇重点介绍了环境与环境问题，绿色矿山建设，大气污染及其防治，水污染及其防治，土壤污染及其防治，固体废物的处理处置及资源化利用，包括水泥窑协同处置固体废物，新污染物及其防治，"无废城市"建设，以及噪声及其他物理性污染防治和可持续发展战略。

本书涉及建材、化工、制药、机械制造、采矿和冶金等多个行业，具有学科交叉的特点。本书可作为高等院校材料类、化工类、医药类、机械类、采矿类和冶金类等专业安全生产与环境保护课程的教材，也可作为相关管理人员和技术人员的学习和培训资料。

图书在版编目（CIP）数据

安全生产与环境保护 / 袁霄梅主编. -- 北京 : 化学工业出版社, 2025. 5. -- (国家级一流本科专业建设成果教材). -- ISBN 978-7-122-47578-7

Ⅰ. X

中国国家版本馆 CIP 数据核字第 2025JR9620 号

责任编辑：满悦芝　　文字编辑：贾羽茜　杨振美
责任校对：宋　玮　　装帧设计：张　辉

出版发行：化学工业出版社
（北京市东城区青年湖南街 13 号　邮政编码 100011）
印　　装：三河市君旺印务有限公司
787mm×1092mm　1/16　印张 12¾　字数 310 千字
2025 年 6 月北京第 1 版第 1 次印刷

购书咨询：010-64518888　　售后服务：010-64518899
网　　址：http://www.cip.com.cn
凡购买本书，如有缺损质量问题，本社销售中心负责调换。

定　　价：48.00 元

前言
PREFACE

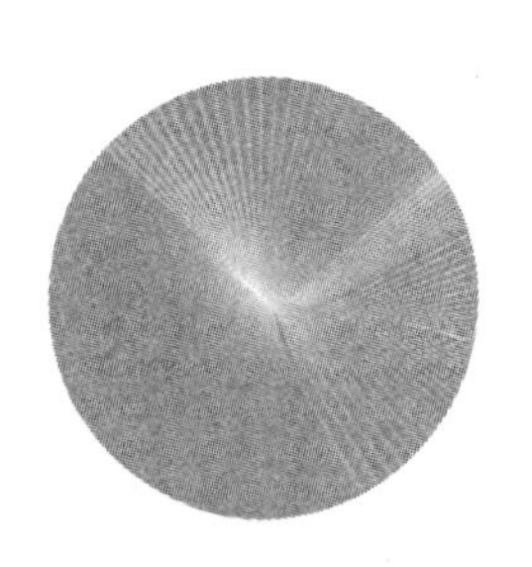

在日新月异的工业化进程中，安全生产与环境保护已成为社会可持续发展的重要基石。安全生产不仅关乎每一位员工的生命与财产安全，更承载着整个国家的经济发展与社会运行，环境保护则关系到人类与自然和谐共生的问题。因此，如何确保生产过程中的安全，如何有效保护环境，实现可持续发展，已成为摆在我们面前的重大课题。

“安全生产与环境保护”是我国工程教育认证标准课程体系中材料类、化工类专业的一门重要的支撑课程。本书旨在为读者提供一套全面、系统的安全生产与环境保护知识体系。希望通过本书，读者可以树立安全生产和环境保护的核心理念，增强安全意识和环保意识；掌握安全生产和环境保护的基本知识、技能和方法；提高对安全生产和环境保护法规政策的了解；具备在实际工作中预防和处理安全事故、减少环境污染的能力；积极参与安全生产和环境保护工作，为构建安全、绿色、和谐的社会贡献力量。全书共包括安全生产和环境保护两篇内容。第一篇为安全生产，介绍了安全生产和安全生产监督管理的基本知识、法律法规，化工、建材、制药、机械制造、冶金、采矿等企业安全生产的特点、安全问题及作业控制要点和安全防护，以及职业病危害与防护等内容。第二篇为环境保护，主要介绍了大气、水、土壤、固体废物及噪声和其他物理性污染的过程、现状及控制措施，并详细介绍了绿色矿山建设，当前的城市发展趋势“海绵城市”，水泥窑协同处置固体废物，新污染物及其治理和我国“无废城市”建设。书中介绍了发生安全生产事故较多企业的常见危险因素及控制要点，环境污染现状及环境保护发展前沿技术。本书秉持面向高等院校发生安全事故较多和环境污染较重的专业开设“概论性”安全生产与环保课程的精神，以实用和适度为原则，力求体现科普性、趣味性、系统性、可参考性和知识性，并列举部分实际案例以加深读者对安全生产和环境保护的认识与理解。

本书由洛阳理工学院教师和洛阳市应急管理局相关人员组织编写，各章节编写分工如下：袁霄梅编写第一章、第二章、第五章（第一节、第二节）、第七章、第八章、第九章（第一节、第二节）、第十章（第一节）、第十一章、第十二章（第一节、第二节）、第十三章（第四节），李光编写第三章、第四章，赵娜编写第五章（第三节），石冬梅编写第六章（第一节），赵营刚编写第六章（第二节），张俊编写第九章（第三节）、第十章（第二节），陈建军编写第十二章（第三节），张华编写第十三章（第一节、第二节、第三节）。袁霄梅负责全书的修改和统稿。

本书在编写过程中参考了大量相关资料，在此对这些资料的作者表示感谢。

由于编者水平有限，书中不当之处在所难免，敬请读者批评指正。

编　者

2025 年 3 月

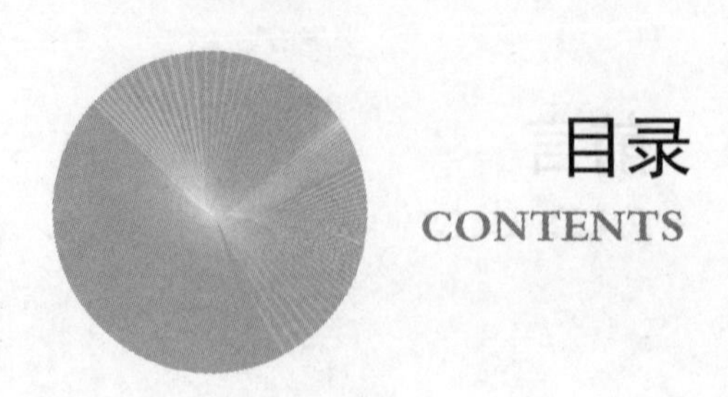

目录
CONTENTS

第一篇　安全生产

安全生产就是坚持以人民安全为宗旨，提高生产水平。党的二十大报告指出，我们要："提高公共安全治理水平。坚持安全第一、预防为主，建立大安全大应急框架，完善公共安全体系，推动公共安全治理模式向事前预防转型。推进安全生产风险专项整治，加强重点行业、重点领域安全监管。提高防灾减灾救灾和重大突发公共事件处置保障能力，加强国家区域应急力量建设。"

环境保护就是坚持人与自然和谐共生，建设生态文明。党的二十大报告指出："中国式现代化是人与自然和谐共生的现代化。人与自然是生命共同体，无止境地向自然索取甚至破坏自然必然会遭到大自然的报复。我们坚持可持续发展，坚持节约优先、保护优先、自然恢复为主的方针，像保护眼睛一样保护自然和生态环境，坚定不移走生产发展、生活富裕、生态良好的文明发展道路，实现中华民族永续发展。"

安全生产和环境保护在现代社会中受到了国家和人民的高度重视。安全生产很重要，是因为我们每个人都有权利在安全的环境中工作、学习和生活。环境保护很重要，是因为我们只有保护好自然环境，才能避免人类对生态造成不可逆转的破坏，才能使人类和大自然和谐相处，从而实现可持续发展。安全生产与环保密不可分。在生产制造过程中，经常会产生对环境有害的物质，这些物质如果无法正确处理，就会给人民群众带来很大的危害。因此，加强安全监管，规范安全生产，保障人民群众的生命财产安全尤为重要。我们需要在生产管理中建立安全生产责任体系，落实安全生产各项规章制度，细化安全风险管控措施，以切实减少安全事故的发生。本书主要探讨安全生产和环境保护的相关知识及重要性，以及如何有效促进两者的协同发展。

第一篇
安全生产

安全生产是国家的一项长期基本国策，所谓安全无小事。为此，我国将安全生产视为统筹发展与安全的“底板工程”，并首次将“全民安全能力建设”列为民生实事，要求各级院校开设安全生产通识课程，社区普及应急避险实训。安全生产是保护劳动者的安全、健康和国家财产，促进社会生产力发展的基本保证；也是保证社会主义经济发展，进一步全面深化改革的基本条件。所以，每个人在生活和工作中都应具有安全意识，尤其是当代大学生，是祖国的未来，必将承担国家发展的重任，更应该在学习阶段就清晰掌握安全生产的重要性和重大意义，重视和提高安全生产责任认识，从而尊重生命，提高人文修养，并激发在工作中勇于创新、注重人民安全和保护祖国财产的理念。

安全生产永远在路上，让我们携手践行国家的庄严承诺：以每一个人的平安，护航中华民族的伟大复兴！

第一章 安全生产概述

【内容提要】本章主要叙述了安全、安全生产的概念及重要性，各工业企业生产的特点及存在的安全问题；重点介绍了化工企业、建材企业、制药企业、机械制造企业、冶金企业以及采矿企业存在的安全问题等。

【重点要求】掌握安全生产的概念、安全生产的重要性，熟知各行业生产企业存在的安全问题，了解各行业生产企业安全生产的特点。

第一节 安全生产的概念及重要性

一、安全及安全生产的概念

1. 安全

《现代汉语词典》对安全的解释是“没有危险，不受威胁，不出事故”。比如生产过程中的人身和设备安全、道路交通中的人身和车辆安全等。

2. 安全生产

是指在社会生产活动中，通过人、机、物料、方法、环境的和谐运作，使生产过程中潜在的各种事故风险和伤害因素始终处于有效控制状态，切实保护劳动者的生命安全和身体健康。

二、安全生产的重要性

安全生产是人民生命安全、财产安全和国家安全的重要保障。在工业生产当中，事故的发生不仅会造成设备的损坏，而且还会导致人员伤亡，损失更为严重，影响更为深远。因此，安全生产是一项具有重要社会意义的工作，必须引起全社会的高度重视。

同时，安全生产也是企业稳定发展的基础。随着社会的不断发展和进步，人们越来越重视产品的质量和安全，一个安全生产的企业不仅能够向消费者提供安全可靠的产品，还能够提高企业的公信力和知名度，从而为企业的持续发展打下良好的基础。

第二节 工业企业生产的特点及安全问题

一、化工企业生产的特点及安全问题

1. 化工企业生产的特点

（1）工艺过程复杂　化工生产涉及的化学反应较多，如氧化、还原、氢化、硝化、水解、磺化、胺化等。同时涉及的工艺复杂，包括反应、输送、过滤、蒸发、冷凝、精馏、提纯、吸附、干燥、粉碎等多个化工操作单元。此外，化工企业还要完成工艺维护作业，易发生灼伤、窒息、火灾、爆炸、触电、辐射、高空坠落、机械伤害等事故。

（2）生产规模大型化　化工企业采用大型生产装置可以明显降低单位产品的建设投资和生产成本，提高劳动生产能力，降低能耗。大型化生产装置可以挖潜和技术改造，进一步扩大生产规模。但是，大型化也会带来潜在的危险性。

（3）物料危险性大　危险化学品生产过程中的原料、半成品、副产品、产品和废弃物大都具有易燃、易爆、有毒、有害等危险特性。危险化学品的危险特性决定了其生产过程中如果防范措施不到位容易发生爆炸、火灾，造成急性中毒（窒息）、慢性中毒（职业病）、化学灼伤，以及产生噪声和粉尘（职业病）等。

（4）易燃易爆和易引起中毒、腐蚀、有毒有害的物质多　化工企业生产使用的原料、半成品和成品种类繁多，所以化工企业安全生产的特点就是易燃易爆和易引起中毒、腐蚀、有毒有害的物质多。

（5）高温高压设备多　化工生产过程多为高温、高压，设备庞大。由于高温高压设备的特殊性，若设计或制造不符合规定要求、严重腐蚀及检修或更新不及时，会导致灾害等事故的发生。

（6）发生火灾、爆炸、中毒事故概率大且后果严重　化工企业生产过程中，一旦发生火灾、爆炸或中毒事故，将会造成巨大的损失和严重的后果。化工企业内部的安全管理要求非常高，必须采取有效的措施来预防和控制这些事故的发生。

（7）“三废”多，污染严重　化工企业在生产中会产生大量的废气、废渣、废液，这些废气、废渣、废液大都是有毒、有害及有腐蚀性的，属于企业生产中的不安全因素。同时，这些废气、废液中还含有大量的有毒有害气体、液体，如果不经过处理就排放到自然环境中，会对环境造成很大的危害。

2. 化工企业生产的安全问题

化工企业生产过程中常见的安全问题包括以下十个方面。

（1）火灾和爆炸　防火防爆是化工生产中最重要的安全问题。要合理设置防火设施，储存和处理易燃易爆物品时要采取相应的措施，避免火源接触易燃材料。

（2）化学品泄漏　化学品泄漏可能导致污染环境、危害人员健康。需要采取措施确保化学品在储存、搬运和使用过程中不会泄漏，严禁随意倾倒废弃物。

（3）过程控制　合理的过程控制是确保安全的关键。需要进行合理的工艺设计，确保生产过程的稳定性和可靠性，使化学反应在安全的温度、压力和配比条件下进行。

（4）高温高压条件　如果生产过程需要高温高压条件，需要采取相应的防护措施，确保设备和操作人员的安全。

（5）操作错误　操作人员应经过专门的培训，掌握操作规程和注意事项，严禁操作失误。

（6）仪器设备故障　仪器设备故障可能导致事故发生，需要进行定期维护和检修，确保设备的稳定运行。

（7）危险化学品储存　危险化学品储存需要按照相关规定进行，严禁将不同种类的化学品存放在一起，避免发生相互反应或泄漏。

（8）废弃物处理　废弃物处理应按照相关法规进行，避免对环境造成污染。

（9）个人防护问题　操作人员防护不当，也会造成安全事故，所以工作人员应穿戴适当的个人防护装备，如安全眼镜、手套、防护服等，防止化学品溅入眼睛或接触皮肤。

（10）紧急应急设施　生产车间应配备相应的紧急应急设备，如灭火器、防护眼镜、洗眼器等，以便在发生事故时迅速采取应对措施。

二、建材企业生产的特点及安全问题

1. 建材企业生产的特点

（1）建材企业涉及的领域多　建材企业涉及房地产、基础设施建设和装饰领域等，具体包括从事水泥、熟料、平板玻璃、建筑和卫生陶瓷、玻璃纤维、耐火材料、保温材料、防水材料、石膏制品、建筑石材加工以及新型墙体材料、新型防水密封材料、新型保温隔热材料和装饰装修材料等生产作业活动的企业。

（2）建材企业生产规模大　像玻璃企业、水泥企业和耐火材料企业等都是大规模生产企业，一旦发生安全生产事故，就会造成严重的人员伤亡和财产损失。

（3）建材企业装备水平相对较低　我国建材企业装备水平相对发达国家较低，但在逐年改善。目前（2022年末统计），全国新型干法水泥熟料比重超过95%，平板玻璃生产中浮法工艺所占比重达90%，玻璃纤维纱生产中池窑工艺所占比重达93%，新型墙体材料比重达65%。建材企业装备水平的提高，有助于减少生产中的安全问题和环境污染问题。

（4）建材企业事故多发　建材企业涉及高温、煤气作业，具有事故多发的特点，特别是窑炉作业容易发生喷窑、中毒窒息和煤气爆炸事故。

2. 建材企业生产的安全问题

① 建材行业中管理散乱的企业仍然不少，生产安全条件较差，现场安全管理较弱。

② 个别建材企业安全投入不足，安全生产管理不到位，内部安全管理水平不够高，“三违”作业现象比较突出。

③ 有些企业危险作业安全管理还不够严谨，料仓物料坍塌、传动轮带机械伤害、高处坠落、物体打击、车辆伤害等风险管控措施落实还不够到位。

三、制药企业生产的特点及安全问题

1. 制药企业生产的特点

① 药品种类繁多，具有多品种分批生产的特点，所以生产技术的复杂性与综合性强，对生产设备、工艺流程的要求较高。

② 生产过程中原料和产品都需要大量的库存，库存量越大，安全隐患越大。

2. 制药企业生产的安全问题

（1）化学品安全　制药过程中使用大量的化学试剂和原料药，如有机溶剂、氧化剂和易燃物等。这些化学品在不当使用或储存的情况下，可能引发火灾、爆炸或释放有害气体。

（2）生物安全　一些制药过程中涉及生物工程和生物材料的使用，例如细胞培养、病毒培养等。这些活性生物材料具有潜在的传染性和有害性，可能对人员和环境造成危害。

（3）工艺操作安全　制药生产中涉及许多工艺操作，如反应、过滤、干燥等，制药操作可能会产生高温、高压和剧烈的化学反应等，如果操作不当，可能会引发事故。

（4）机械设备安全　制药生产中使用大量的机械设备，如反应釜、离心机、干燥设备等，这些设备在不正确操作和维护的情况下可能会引发事故。

（5）灰尘和粉尘安全　制药生产中使用的一些原料药和辅料可能会产生粉尘或颗粒物，这些粉尘和颗粒物在空气中悬浮，可能具有潜在的毒性或爆炸性。

（6）化学品交叉污染　在制药生产过程中，同时进行多个药物的合成和处理，可能会导致化学品的交叉污染。

（7）人员操作错误　人为因素是造成事故和安全隐患的主要原因之一。人员可能因为疲劳、缺乏经验、疏忽等而犯错误，导致事故的发生。

四、机械制造企业生产的特点及安全问题

1. 机械制造企业生产的特点

（1）采用的设备设施繁杂，涉及的安全技术领域较多　机械制造企业的工艺流程由多个独立的工艺或工序组成，采用的设备设施较为复杂，涉及较多安全技术领域的问题，要求安全管理和安全技术的知识面更为广泛。在整个机械制造企业中，既有机械安全技术、电气安全技术，又有防火防爆安全技术、危险化学品安全技术、特种设备安全技术、交通运输安全技术等。

（2）在安全生产方面肩负双重重任　机械制造企业除本身生产过程中存在的大量危险源和危害因素外，其机电产品本身也是安全隐患的重要载体。

（3）高中低档技术并存，生产批量不一，多种要素密集　机电产品种类繁多，技术档次、生产批量和制造繁杂程度相差甚大。

2. 机械制造企业生产的安全问题

（1）安全生产管理制度落实不到位　部分机械制造企业管理者只是将“安全生产”当作形式，并未形成具体的执行办法，从而造成了在操作规程以及流程上存在空白的情况，最终导致安全事故的发生。

（2）个别工作人员安全意识相对薄弱　机械制造企业个别工作人员安全生产管理意识相对薄弱，在生产过程中存在不安全的行为和工作习惯，如将工具或者量具随手乱放，测量时没有及时停机，站在工作台上装卡工件，越过运刀具的范围取选物料，穿越大型设备时没有走安全通道等现象时有发生。

（3）企业风险预控能力差　我国部分机械制造企业存在风险预控能力差的情况，生产活动中，无法将风险事件发生概率降至最低，不能最大限度地避免机械制造过程中安全事故的发生，甚至有个别企业缺乏风险预控能力，一旦发生安全生产事故问题，难以及时采取紧急措施，导致事故后果不断扩大，严重威胁工作人员的生命安全。

（4）缺乏对工作人员的安全培训　虽然现阶段我国生产企业形成了一定的培训体系，但是一些企业对员工的培训仍然存在针对性不够、培训不扎实的现象。

五、冶金企业生产的特点及安全问题

1. 冶金企业生产的特点

① 生产不同产品的企业种类繁多，工艺设备复杂多样，设备体积大。

② 产品质量大，冶炼生产温度高（如炼铁、炼钢的焰点和沸点高达1000～2000℃甚至以上，电解铝正常生产温度高达950℃）。

③ 粉尘危害大，有害有毒物质多，劳动条件艰苦，安全卫生问题突出，伤亡事故和职业病多。

2. 冶金企业生产的安全问题

（1）安全生产意识薄弱　部分冶金企业对安全生产重视不够，主要表现为未能认真执行安全生产相关规定，使得“安全第一，预防为主”的生产方针成为口号。

（2）企业安全管理水平不高　我国冶金企业本身都按照规定建立了安全生产管理体系，但部分企业管理水平并不高。近年来由于冶金需求量增大，冶金企业发展过快，而部分企业管理水平并没有跟上生产规模；与此同时，个别生产技术人员的聘用也缺乏严格审核，导致部分冶金企业的生产技术人员管理水平有待提高。

（3）安全设备落后　部分企业的生产设备已不能满足新时代行业发展的主要需求，有些企业生产设备和技术实力虽已逐步升级，但安全装置和安全管理体系并没有相应升级。因此，应加强安全设备升级。

（4）安全监管不到位　冶金企业的安全监管也是一个有待解决的难题。在冶金行业，工人会在生产线上进行较强的体力劳动，长期的体力劳动很容易降低工人的专注程度，很容易让人疲倦、懒惰、注意力不集中。通常这个时候最容易出现生产质量和安全生产等问题。如果安全监管不及时，管理人员或安检人员没有对生产制造的各个阶段进行科学合理的监管，就会造成大量安全生产事故。

六、采矿企业生产的特点及安全问题

1. 采矿企业生产的特点

（1）资源限制性　采矿业的发展受到资源的限制。矿产资源不仅分布不均衡，且富集度和质量差异较大。因此，采矿业发展必须根据资源的储量、开发难易程度和经济效益来进行选择和布局。

（2）技术密集性　采矿业需要运用各种先进技术和设备，例如地质勘探技术、矿石开采技术、选矿技术和冶炼技术等。技术的进步对提高采矿业的生产效率和资源利用率至关重要。

（3）环境影响大　采矿对环境造成一定的影响。矿山开采会导致土地破坏、水源污染和生态系统破坏等问题。因此，采矿业需要加强环境保护措施，减少对环境的不良影响。

（4）风险与不确定性　采矿存在着较大的风险和不确定性。地质勘探的结果不尽如人意，矿石价格波动以及政策和法规的变化都会给采矿业的发展带来不利影响。因此，企业在经营过程中需要全面评估风险，并采取相应的风险管理措施。

2. 采矿企业生产的安全问题

（1）矿井事故　矿井事故是采矿业中最令人担忧的安全问题之一。矿井工作环境复杂，包括有毒气体、粉尘、噪声、高温等，这些因素都可能导致事故发生。矿井坍塌、煤气爆炸、火灾以及矿井漏水等事故都对矿工的生命安全构成威胁。

（2）人为因素　在采矿过程中，人的不恰当行为也是安全问题的重要原因之一。例如，矿工可能忽视安全规程，操作不当或不穿戴适当的防护设备。此外，疲劳工作、缺乏培训和技能以及监管缺失也会引发安全事故。

（3）自然灾害　采矿区域经常面临自然灾害风险，如地震、泥石流和洪水，这些灾害不仅对矿井结构造成破坏，还可能造成矿工伤亡。

复习思考题

1. 试述安全生产的概念。
2. 简述安全生产的重要性。
3. 分析建材企业生产的特点及存在的安全问题。
4. 分析化工企业生产的特点及存在的安全问题。
5. 分析冶金企业生产的特点及存在的安全问题。
6. 分析机械制造企业生产的特点及存在的安全问题。
7. 分析采矿企业生产的特点及存在的安全问题。
8. 分析制药企业生产的特点及存在的安全问题。

阅读材料

安全生产月

6月是我国的安全生产月，安全与我们每个人都息息相关，关注安全、珍爱生命，就是关爱我们自己。生命与安全一线牵，安全与幸福两相连，生命是宝贵的，每个人仅有一次。用距离来衡量，生与死只有毫厘之遥；用时间来衡量，生与死只在瞬息之间。因此，每个人都应该珍惜生命，相互关爱，善待自己。不讲安全，哪怕只是一个小小的疏忽，就将“千里长堤毁于蚁穴”；不讲安全，哪怕只是一个小小的懈怠，就让工作人员命赴黄泉。血的教训告诉我们，谁在安全问题上打折扣，谁就会付出代价。

随着社会的高速发展，人们对生命价值及企业效益越来越重视，安全已成了为我们保驾护航的重要力量，安全与我们须臾不能分离。重视安全，就需要重视对安全工作的管理。安全工作包括方方面面，需要我们耳听八方、眼观六路，在原有基础上，不断改进、创新安全管理方法，对各个环节的安全问题、风险因素进行整治、完善，实行综合治理，争创实效，促使安全水平稳中有升，让安全的作用更加显著。有了先进的软件，没有良好的硬件配套，软件就不能发挥应有的作用。如果把安全意识比作先进的软件，那么安全生产环境、安全生产条件、安全生产制度、安全生产能力都可以概括为硬件设施。因此，综合治理要求除了培养生产人员的安全意识，做好安全教育、安全检查、安全生产培训等工作，还应加大安全投入、整治安全生产环境、规范安全生产秩序、改善安全生产条件、提高安全生产能力、完善安全生产制度。综合治理需要的是全面兼顾，要求我们考虑到影响安全生产的各种因素，不能眼睛只盯一处，只抓大的方面，忽视小的不足，但也不能捡起芝麻丢了西瓜，因小失大。

安全是给爱人最有力的承诺，安全是给儿女最牢固的依靠，安全也是给父母最好的报答。人们都是带着爱来到工作岗位上的，在工作中应该多问一句："这样做，家里人知道吗?"知道"安全依靠谁"，明白"安全为了谁"，才能真正树立起对自己、对家庭、对公司乃至对社会的责任感，才能真正从"要我安全"变成"我要安全"，时时享受天伦之乐带来的温馨和幸福。"但愿人长久，千里共婵娟"，安全是伴随我们一生的话题，愿救护车的警笛声不再打破夜晚的宁静，伤心的泪水不再渗透我们的心灵。平安是福！让我们时刻紧绷安全之弦，始终保持警惕之心，手拉手，心连心，为自己撑起一片安全的蓝天，为企业夯实安全发展的根基。

第二章 安全生产的方针及基本原则

【内容提要】本章主要叙述了我国安全生产的意义、任务和理论体系，重点介绍了我国安全生产的基本方针和安全生产方针的内涵，并重点详细地叙述了我国安全生产的八大基本原则等。

【重点要求】掌握安全生产的基本方针、安全生产的基本原则，熟知安全生产方针的内涵，了解安全生产的意义、安全生产的任务以及安全生产的理论体系。

安全生产关系人民群众的生命财产安全，关系职工和企业的长远利益，关系经济增长和职工稳定的大局。要认真贯彻落实国家有关安全生产的规定，通过互相监督、共同负责、教育激励，提高安全生产管理水平，提高全员的安全意识，这也对加强安全思想政治工作提出了新的要求。

第一节　安全生产的意义、方针及其内涵

一、安全生产的意义

安全生产是为了保障生产安全，减少或避免事故的发生。安全生产是我们国家的一项重要政策，也是社会企业管理的重要内容之一。做好安全生产工作，对于保障员工在生产过程中的安全与健康，搞好企业生产经营，促进企业发展具有非常重要的意义。做好安全生产工作，也是经济社会全面发展的重要内容，是实施可持续发展战略的重要组成部分。

二、安全生产的方针

安全生产方针是指政府对安全生产工作的总要求，是安全生产工作的方向。我国的安全生产方针大体经过了三次变化。1952 年 12 月，第二次全国劳动保护工作会议提出了“生产必须安全，安全为了生产”的安全生产统一方针。1987 年 1 月 26 日，劳动人事部在杭州召开会议把“安全第一，预防为主”作为劳动保护工作方针写进了我国第一部《劳动法（草案）》。从此，“安全第一，预防为主”便作为安全生产的基本方针而确立下来。2006 年 6 月 24 日，国家安全生产监管总局局长在“安全发展”高层论坛开幕式上的讲话指出：把

"综合治理"充实到安全生产方针当中。从此，我国的安全生产方针得到了进一步完善，即"安全第一、预防为主、综合治理"的十二字安全生产方针确立。

三、安全生产方针的内涵

1. 安全第一

"安全第一"是安全生产方针的基础。当安全和生产发生矛盾的时候，必须先解决安全问题，保障劳动者在安全生产的条件下进行生产劳动。只有在保证安全的前提下，生产才能正常进行，才能充分发挥职工的生产积极性，提高劳动生产效率，促进经济建设和社会的发展。

2. 预防为主

"预防为主"是安全生产方针的核心和具体体现，是实施安全生产的根本途径。安全工作必须始终将"预防"作为核心要素予以统筹考虑，除了自然灾害造成的事故以外，任何建筑施工、工业生产事故都是可以预防的。必须将工作的重点纳入"预防为主"的轨道，"防患于未然"，把可能导致事故发生的机理或因素消除在事故发生之前。

3. 综合治理

安全和生产的辩证统一关系是，生产必须安全，安全促进生产，安全工作必须围绕生产活动进行，不仅要保证职工的生命安全和心理健康，而且要促进生产发展。离开生产，安全工作就没有意义，所以要"综合治理"，统筹一切有利的因素。安全工作从安全生产责任制、安全措施、安全管理、安全教育培训以及安全事故的处理等方面通过"预防"的形式体现出来，通过责任制得到落实，确保整个生产过程中的安全，促进生产有效发展。

第二节 安全生产的任务、基本原则及理论体系

一、安全生产的任务

安全生产的任务是确保生产过程中人员的生命安全和财产安全。

首先，预防事故是安全生产的首要任务。预防事故是避免事故发生的基本手段，通过采取各种措施，避免设备故障、人为疏忽和其他不可控制因素导致的事故。这可以通过定期检查设备、维护设备、培训员工、完善操作规程等手段进行，以确保设备的正常运行，避免事故的发生。

其次，控制风险是安全生产的根本任务。风险是指可能导致生命和财产损失的潜在因素，通过对可能存在的风险进行评估和管控，可以减少事故的发生。控制风险的方法包括改变工作方式、减少危险源、加强安全设施设置等，以降低事故发生的概率和严重程度。

再次，提高安全意识是安全生产的重要任务。安全意识是指人们对安全问题的认识、关注和重视程度。提高安全意识可以通过开展安全宣传活动、强化员工安全培训、制定安全奖励制度等方式实现。通过提高安全意识，可以增强员工对安全的认识，使员工主动遵守安全规定，有效防范事故的发生。

最后，培训教育也是安全生产的重要任务。培训教育可以提高员工的技能水平和安全意识，增强他们在生产过程中发现和解决问题的能力，有效减少事故的发生。通过组织各类培

训课程，提供相关知识和技能的学习机会，培训员工成为安全生产的中坚力量。

二、安全生产的基本原则

（1）“以人为本”的原则 《中华人民共和国安全生产法》规定，安全生产工作应当以人为本，坚持人民至上、生命至上，把保护人民生命安全摆在首位，树牢安全发展理念，坚持安全第一、预防为主、综合治理的方针，从源头上防范化解重大安全风险。

（2）“谁主管谁负责”的原则 安全生产的重要性要求主管必须是负责人，应全面履行安全生产责任。

（3）“管生产经营必须管安全”的原则 《中华人民共和国安全生产法》第三条中规定，“管生产经营必须管安全”。管生产经营必须管安全的原则是指一切从事生产、经营活动的单位和管理部门管生产的同时必须管安全，这是企业各级领导在生产过程中必须坚持的原则。

（4）“安全具有否决权”的原则 安全具有否决权的原则，是指安全生产工作是衡量工程项目管理的一项基本内容，它要求对各项指标进行考核、评优创先时首先必须考虑安全指标的完成情况。安全指标没有实现，即使其他指标顺利完成，仍无法实现项目的最优化，安全具有一票否决的作用。

（5）“三同时”原则 “三同时”原则是指基本建设项目中的职业安全、卫生技术和环境保护等措施和设施，必须与主体工程同时设计、同时施工、同时投产使用的法律制度的简称。

（6）“五同时”原则 “五同时”原则是指企业的生产组织领导者在计划、布置、检查、总结、评比生产工作的同时，计划、布置、检查、总结、评比安全工作的原则。

（7）“四不放过”原则 事故原因未查清不放过，有关人员未受到教育不放过，事故责任人员未处理不放过，整改措施未落实不放过。

（8）“三个同步”原则 “三个同步”原则是指安全生产与经济建设、深化改革、技术改造同步规划、同步发展、同步实施。

三、安全生产的理论体系

在企业的发展中，安全生产是企业发展的基础，实现安全生产是企业不可回避的责任。在实现企业安全生产的过程中，需要依据一定的理论体系来指导企业的安全生产管理工作。

安全生产理论体系是指从安全生产管理的大量实践与经验中总结出的符合客观实际、科学、全面、系统、创新的理论体系，为企业安全生产管理提供理论支撑和咨询服务。安全生产理论体系旨在指导企业安全生产管理实践，并促进企业安全生产水平的提高。安全生产理论体系是企业安全生产管理的基石，其内容主要包括安全法律法规、安全评价、安全标准化、安全管理、安全技术、安全教育等方面。

复习思考题

1. 简述我国安全生产的基本方针。
2. 试述我国安全生产的基本原则。
3. 简述我国安全生产方针的内涵。

4. 分析我国安全生产的意义。
5. 我国安全生产的任务有哪些？

阅读材料

安全源于习惯

心理学巨匠威廉·詹姆斯说："播下一个行动，收获一种习惯；播下一种习惯，收获一种性格；播下一种性格，收获一种命运。"一个人一天的行为中，大约只有5%是属于非习惯性的，而剩下的95%的行为都是习惯性的。即便是打破常规的违章，最终也能够演变成习惯性的违章。

畅销童书"贝贝熊系列丛书"，开篇第一讲就是《安全第一》。小熊兄妹亲眼见证了一次小小的安全事故，明白了"事先预防总比事后后悔好"，养成了良好的安全习惯。还有这样一则故事：有一个刚入佛门的小和尚学剃头，老和尚让他削冬瓜皮来练习，每次练完之后他就随手把刀扎在冬瓜上，老和尚多次劝说，小和尚都充耳不闻，置之不理，久而久之养成了坏习惯。有一天，老和尚让他给自己剃头，小和尚完事后照样顺手把刀插在老和尚的头上，结果这样一刀下去，老和尚一命呜呼。

"刀不及身，肤不晓痛"，人们往往只把发生在别人身上的事故当成茶余饭后的话题，而不考虑哪一天可能就会发生在自己身上。总有这样一些事令我们心痛：一次小小的疏忽引发一场惨烈的大火，一次违规的操作造成一起严重的事故，等等。事故之后，看着逝者至亲的眼泪，我们不禁想问：为什么生命那么脆弱？为什么悲剧一再上演？为什么生活中总有那么多陋习屡禁不止？为什么一些安全隐患总是得不到根除？究其原因，还是人们的安全知识缺乏、安全意识薄弱、安全职责心缺失，没有养成良好的安全习惯，这一切造就了无数的安全事故，使许多生命戛然而止。

"海不择细流，故能成其大；山不拒细壤，方能就其高。"对待安全工作，就应持有"举轻若重"的态度，把安全工作的小事当作大事来抓，高度重视安全工作的细节。只有学会了如何确保安全，才是真正的安全。只有职责感与安全意识相辅相成，安全行为才能自觉养成。只有人人养成良好的安全工作习惯，才能真正消除安全隐患与避免违章操作，安全效能才能得以提高。生命是短暂、脆弱的，因其短暂才显得宝贵，因其脆弱才应好好珍惜。安全来自警惕，事故源于麻痹；自我多一份职责，家人多一份安心。养成良好的安全习惯，是对自己和他人生命的负责，是对家庭职责的担当。

第三章 安全生产的法律法规

【内容提要】本章主要叙述了我国安全生产法律法规的概念，安全生产法律法规的层次体系；重点介绍了安全生产法律法规的基本特征，企业安全生产常用法律法规，安全生产法律法规的制定原则以及安全生产法律法规的主要作用和安全生产的法律责任等。

【重点要求】掌握安全生产法律法规的基本特征，安全生产的法律责任。熟知安全生产法律法规的概念和企业安全生产常用的法律法规。了解安全生产法律规定的层次体系及其制定原则。

2021 年 6 月 10 日第十三届全国人民代表大会常务委员会第二十九次会议通过了第三次修正《中华人民共和国安全生产法》的决定。第一章第一条指出，为了加强安全生产工作，防止和减少生产安全事故，保障人民群众生命和财产安全，促进经济社会持续健康发展，制定本法。通过安全生产法律法规的学习，我们要知道知法是每个公民的重要义务，学法是每个公民的必修课程，守法是每个公民的重要责任。我们要把法律法规落实到工作中去，把安全的理念和行为渗透到工作中去，实实在在用法来守护我们的生产安全。

第一节 安全生产法律法规概述

一、安全生产法律法规的概念

安全生产法律法规是指国家对生产经营单位和工作人员在生产过程中必须遵守的关于安全生产的法律规定，其目的是保障人身安全和财产安全，预防和减少事故的发生，维护社会稳定和持续发展。

安全生产法律法规其实是各个国家政府为了应对安全生产问题制定的一系列法律法规和标准，包括宪法、行政法、民法等各类型的法律法规，旨在规定生产经营单位和工作人员在工作中的行为，确保危险品生产装置和工艺、劳动条件等安全，防止事故的发生。

二、安全生产法律法规的基本特征

安全生产法律法规是国家法律体系的一部分，因此它具有法的一般特征。

安全生产法律法规是党和国家安全生产方针政策的集中表现，是上升为国家意志的一种行为准则。它规定什么是合法的，可以去做；什么是非法的，禁止去做。它用国家强制性的权力来维护生产经营单位安全生产的正常秩序，使安全生产工作有法可依、有章可循。无论是单位还是个人，只要违反了这些法规，就要负法律责任。

我国安全生产法律法规有以下特征。

1. 法定性

安全生产法律法规具有强制性、约束性和普遍适用性的特点。

2. 综合性

安全生产法律法规涉及的领域广，保护的对象多，包括生产工艺、设备、材料、劳动者的安全、环境保护等方面。

3. 高度技术性

安全生产法律法规随着科技的发展和生产方式的变革，不断更新和完善，需要具备专业知识和技术支持，以适应新的生产技术和安全管理要求。

4. 风险管控性

安全生产法律法规注重从源头上预防和控制事故风险，强调事前风险评估、事中应急措施和事后救援工作。它要求企业建立安全管理体系，制定风险防控措施，保证生产过程的安全稳定。

5. 责任追究性

安全生产法律法规规定了各方的责任和义务，明确了企业主体责任、管理者责任和员工责任，要求各方共同履行安全生产责任，对违法违规行为进行惩罚和责任追究。

总之，安全生产法律法规不仅是国家对安全生产的管理工具，也是保障人民生命财产安全和促进社会稳定的法律保障。

三、企业安全生产法律法规

1. 安全生产法律法规的层次体系

安全生产法律法规体系是一个包含多种法律形式和法律层次的综合性体系，按照层级划分为法律、行政法规、行政规章、地方性法规、规范性文件等五个层次。

（1）法律 《中华人民共和国宪法》（简称《宪法》）是我国的根本法，是安全生产法律法规体系的最高层级，任何法律法规不得与《宪法》发生冲突。《宪法》包含了基本的安全生产原则和规定，为其他法律依据提供了基础。《中华人民共和国安全生产法》是综合规范安全生产法律制度的法律，它适用于所有生产经营单位，是我国安全生产法律法规的核心。还有《中华人民共和国消防法》《中华人民共和国劳动合同法》《中华人民共和国职业病防治法》等。

（2）行政法规 行政法规是由国务院或其授权机关，针对特定领域和行业制定的安全生产规范，分为国务院行政法规、地方性行政法规和部门性行政法规。如《安全生产许可证条例》《河南省安全生产条例》《安全生产违法行为行政处罚办法》《危险化学品安全管理条例》等。

（3）行政规章 行政规章是由国务院及其授权机关针对特定行政事务做出具体规定的文

件，分为部门行政规章和地方政府规章，如《煤矿安全规程》等。

（4）地方性法规　地方性法规是由省、自治区、直辖市地方人民代表大会及其常务委员会制定的安全生产法规，为特定地区安全生产提供了法律保障。

（5）规范性文件　规范性文件是由行业协会、行业组织、企事业单位等制定的安全生产规范，具有指导性和规范性。

2. 企业安全生产常用法律法规

关于安全生产的法律法规有20多种，其中企业生产中最常用的是《中华人民共和国安全生产法》《中华人民共和国劳动法》《中华人民共和国消防法》《中华人民共和国职业病防治法》《生产安全事故报告和调查处理条例》《工伤保险条例》《生产经营单位安全培训规定》《安全生产事故隐患排查治理暂行规定》等。

1）《中华人民共和国安全生产法》（简称《安全生产法》）

《中华人民共和国安全生产法》包括总则、生产经营单位的安全生产保障、从业人员的安全生产权利义务、安全生产的监督管理、生产安全事故的应急救援与调查处理、法律责任和附则，共七章119条。

（1）第一章“总则”　本章共19条，规定了六个方面的内容。

① 安全生产的重要性。强调安全生产工作的重要性和紧迫性，指出安全生产是企业的责任、政府的责任、全社会的责任，提出全面实施安全生产责任制。建立健全安全第一、预防为主、综合治理的安全生产制度。

② 安全生产的基本原则。

③ 安全生产责任的主体。规定了安全生产责任的主体，包括企业法人、安全生产主管部门、劳动者等。其中，企业法人是安全生产的第一责任人，要全面负责安全生产工作，确保企业在安全生产方面符合相关法律法规的要求。

④ 安全生产的监督和管理。强调了对安全生产的监督和管理，包括加强安全生产监管、建立安全生产标准、加强事故调查和责任追究等。同时还规定了对违法违规行为的处罚措施，对严重违法违规行为依法进行惩罚。

⑤ 事故应急救援和救助。

⑥ 安全生产的宣传教育。加强安全生产宣传教育，提高全社会对安全生产的认识和重视，增强群众自我保护能力，培养安全意识和安全习惯。

（2）第二章“生产经营单位的安全生产保障”　本章共32条，是《中华人民共和国安全生产法》的核心部分，共规定了五个方面的内容。

① 生产经营单位从事生产经营活动应具备的安全生产条件。

② 生产经营单位的主要负责人对本单位安全生产工作应负的责任。

③ 安全生产管理机构的设置，安全生产管理服务的提供及人员能力的要求。

④ 生产经营单位对承包单位的安全生产管理要求。

⑤ 生产经营单位在发生重大生产事故时，单位主要负责人的职责。

（3）第三章“从业人员的安全生产权利义务”　该章共10条，主要规定了三个方面的内容。

① 生产经营单位从业人员在安全生产方面的权利。

② 生产经营单位从业人员在安全生产方面的义务。

③ 工会组织的职责和权利。

(4) 第四章“安全生产的监督管理” 本章共 17 条，规定了六个方面的内容。

① 县级以上地方各级政府的责任。

② 负有安全生产监督管理职责部门的有关职责和行为。

③ 负有安全生产监督管理职责部门的监督检查人员的权利和义务。

④ 行政监察机关对负有安全生产监督管理职责的部门及其工作人员履行职责的情况实施监察。

⑤ 承担安全评价、认证、检测、检验工作的中介机构的条件及责任。

⑥ 对事故隐患或安全生产违法行为的其他方面的监督。

(5) 第五章“生产安全事故的应急救援与调查处理” 该章共 11 条，规定了三个方面的内容。

① 制定生产安全事故应急救援预案和建立应急救援组织。

② 生产安全事故的报告和调查处理。

③ 生产安全事故的统计分析和定期向社会公布。

(6) 第六章“法律责任” 本章共 27 条，规定了五个方面的内容。

① 地方政府及负有安全生产监督管理职责的部门及其工作人员的法律责任。

② 承担安全评价、认证、检测、检验工作的中介机构的法律责任。

③ 生产经营单位及其决策机构、主要负责人或个人经营的投资人的法律责任。

④ 生产经营单位从业人员的责任。

⑤ 本法规定的行政处罚和民事赔偿责任的执行。

(7) 第七章“附则” 本章共 3 条，规定了三个方面的内容。

① 对“危险物品”“重大危险源”做了解释。

② 生产事故的划分标准由国务院规定。

③ 规定了实施时间。

2)《中华人民共和国劳动法》(简称《劳动法》)

《劳动法》是我国第一部全面调整劳动关系的基本法和劳动法律体系的母法，是制定和执行其他劳动法律法规的依据。《劳动法》的颁布既是对劳动者在劳动问题上的法律保障，又是对每一个劳动者在劳动过程中的行为规范。本法共十三章 107 条。与安全生产有关的内容如下。

(1) 第四章“工作时间和休息休假”

第三十六条 国家实行劳动者每日工作时间不超过八小时、平均每周工作时间不超过四十四小时的工时制度。

第三十七条 对实行计件工作的劳动者，用人单位应当根据本法第三十六条规定的工时制度合理确定其劳动定额和计件报酬标准。

第三十八条 用人单位应当保证劳动者每周至少休息一日。

第三十九条 企业因生产特点不能实行本法第三十六条、第三十八条规定的，经劳动行政部门批准，可以实行其他工作和休息办法。

第四十条 用人单位在下列节日期间应当依法安排劳动者休假：

① 元旦；

② 春节；

③ 国际劳动节；

④ 国庆节；

⑤ 法律、法规规定的其他休假节日。

第四十一条　用人单位由于生产经营需要，经与工会和劳动者协商后可以延长工作时间，一般每日不得超过一小时；因特殊原因需要延长工作时间的，在保障劳动者身体健康的条件下延长工作时间每日不得超过三小时，但是每月不得超过三十六小时。

第四十二条　有下列情形之一的，延长工作时间不受本法第四十一条规定的限制：

① 发生自然灾害、事故或者因其他原因，威胁劳动者生命健康和财产安全，需要紧急处理的；

② 生产设备、交通运输线路、公共设施发生故障，影响生产和公众利益，必须及时抢修的；

③ 法律、行政法规规定的其他情形。

第四十三条　用人单位不得违反本法规定延长劳动者的工作时间。

第四十四条　有下列情形之一的，用人单位应当按照下列标准支付高于劳动者正常工作时间工资的工资报酬：

① 安排劳动者延长工作时间的，支付不低于工资的百分之一百五十的工资报酬；

② 休息日安排劳动者工作又不能安排补休的，支付不低于工资的百分之二百的工资报酬；

③ 法定休假日安排劳动者工作的，支付不低于工资的百分之三百的工资报酬。

第四十五条　国家实行带薪年休假制度。

劳动者连续工作一年以上的，享受带薪年休假。具体办法由国务院规定。

(2) 第六章“劳动安全卫生”

第五十二条　用人单位必须建立、健全劳动安全卫生制度，严格执行国家劳动安全卫生规程和标准，对劳动者进行劳动安全卫生教育，防止劳动过程中的事故，减少职业危害。

第五十三条　劳动安全卫生设施必须符合国家规定的标准。

新建、改建、扩建工程的劳动安全卫生设施必须与主体工程同时设计、同时施工、同时投入生产和使用。

第五十四条　用人单位必须为劳动者提供符合国家规定的劳动安全卫生条件和必要的劳动防护用品，对从事有职业危害作业的劳动者应当定期进行健康检查。

第五十五条　从事特种作业的劳动者必须经过专门培训并取得特种作业资格。

第五十六条　劳动者在劳动过程中必须严格遵守安全操作规程。

劳动者对用人单位管理人员违章指挥、强令冒险作业，有权拒绝执行；对危害生命安全和身体健康的行为，有权提出批评、检举和控告。

第五十七条　国家建立伤亡事故和职业病统计报告和处理制度。县级以上各级人民政府劳动行政部门、有关部门和用人单位应当依法对劳动者在劳动过程中发生的伤亡事故和劳动者的职业病状况，进行统计、报告和处理。

(3) 第七章“女职工和未成年工特殊保护”　本书第四章第四节详细介绍。

3)《中华人民共和国职业病防治法》

《中华人民共和国职业病防治法》是我国为了预防、控制和消除职业病危害，防治职业病，保护劳动者健康及其相关权益，促进经济社会发展而制定的一部重要法律。本法共七章88条。

该法的主要内容如下：

① 职业病防治工作坚持预防为主、防治结合的方针，建立用人单位负责、行政机关监管、行业自律、职工参与和社会监督的机制，实行分类管理、综合治理。

② 用人单位应当为劳动者创造符合国家职业卫生标准和卫生要求的工作环境和条件，并采取措施保障劳动者获得职业卫生保护。

③ 用人单位应当建立、健全职业病防治责任制，加强对职业病防治的管理，提高职业病防治水平，对本单位产生的职业病危害承担责任。

④ 用人单位应当依照法律、法规要求，严格遵守国家职业卫生标准，落实职业病预防措施，从源头上控制和消除职业病危害。

⑤ 用人单位应当采取下列职业病防治管理措施：

a. 设置或者指定职业卫生管理机构或者组织，配备专职或者兼职的职业卫生管理人员，负责本单位的职业病防治工作；

b. 制定职业病防治计划和实施方案；

c. 建立、健全职业卫生管理制度和操作规程；

d. 建立、健全职业卫生档案和劳动者健康监护档案；

e. 建立、健全工作场所职业病危害因素监测及评价制度；

f. 建立、健全职业病危害事故应急救援预案。

⑥ 用人单位必须采用有效的职业病防护设施，并为劳动者提供个人使用的职业病防护用品。

⑦ 产生职业病危害的用人单位，应当在醒目位置设置公告栏，公布有关职业病防治的规章制度、操作规程、职业病危害事故应急救援措施和工作场所职业病危害因素检测结果。

⑧ 对可能发生急性职业损伤的有毒、有害工作场所，用人单位应当设置报警装置，配置现场急救用品、冲洗设备、应急撤离通道和必要的泄险区。

⑨ 用人单位应当实施由专人负责的职业病危害因素日常监测，并确保监测系统处于正常运行状态。

⑩ 用人单位对采用的技术、工艺、设备、材料，应当知悉其产生的职业病危害，对有职业病危害的技术、工艺、设备、材料隐瞒其危害而采用的，对所造成的职业病危害后果承担责任。

⑪ 对从事接触职业病危害作业的劳动者，用人单位应当按照国务院安全生产监督管理部门、卫生行政部门的规定组织上岗前、在岗期间和离岗时的职业健康检查，并将检查结果书面告知劳动者。职业健康检查费用由用人单位承担。

⑫ 用人单位应当为劳动者建立职业健康监护档案，并按照规定的期限妥善保存。

⑬ 用人单位不得安排未成年工从事接触职业病危害的作业；不得安排孕期、哺乳期的女职工从事对本人和胎儿、婴儿有危害的作业。

⑭ 职业卫生监督管理部门应当按照职责分工，加强对用人单位落实职业病防护管理措施情况的监督检查，依法行使职权，承担责任。

⑮ 医疗卫生机构发现疑似职业病病人时，应当告知劳动者本人并及时通知用人单位。

⑯ 用人单位应当保障职业病病人依法享受国家规定的职业病待遇。

⑰ 用人单位已经不存在或者无法确认劳动关系的职业病病人，可以向地方人民政府民政部门申请医疗救助和生活等方面的救助。

⑱ 县级以上人民政府职业卫生监督管理部门依照职业病防治法律法规、国家职业卫生标准和卫生要求，依据职责划分，对职业病防治工作进行监督检查。

⑲ 建设单位违反本法规定，有下列行为之一的，由安全生产监督管理部门和卫生行政部门依据职责分工给予警告，责令限期改正；逾期不改正的，处十万元以上五十万元以下的罚款；情节严重的，责令停止产生职业病危害的作业，或者提请有关人民政府按照国务院规定的权限责令停建、关闭。

a. 未按照规定进行职业病危害预评价的；

b. 医疗机构可能产生放射性职业病危害的建设项目未按照规定提交放射性职业病危害预评价报告，或者放射性职业病危害预评价报告未经卫生行政部门审核同意，开工建设的；

c. 建设项目的职业病防护设施未按照规定与主体工程同时设计、同时施工、同时投入生产和使用的；

d. 建设项目的职业病防护设施设计不符合国家职业卫生标准和卫生要求，或者医疗机构放射性职业病危害严重的建设项目的防护设施设计未经卫生行政部门审查同意擅自施工的；

e. 未按照规定对职业病防护设施进行职业病危害控制效果评价的；

f. 建设项目竣工投入生产和使用前，职业病防护设施未按照规定验收合格的。

第二节　安全生产法律法规的制定原则和作用

安全生产法律法规的制定原则和作用要始终以保障人民利益为核心，强化法治观念。通过加强安全生产法律法规的宣传和普及，提高全社会的安全意识和安全观念，推动全社会的安全生产工作。

一、安全生产法律法规的制定原则

安全生产法律法规的制定原则主要包括以下几点。

1. 统筹兼顾，协调发展

安全生产法律法规的制定原则强调统筹兼顾，协调发展。这意味着在制定安全生产法律法规时，需要综合考虑经济发展与安全生产的平衡，确保安全生产与经济社会发展相协调。

2. 正确处理安全生产与经济效益的关系

在制定安全生产法律法规时，应确保经济效益与安全生产并重，既不能因为经济效益而牺牲安全生产，也不能因为过于强调安全生产而影响经济效益。但当经济效益和安全生产发生冲突的时候，要坚持把安全生产放在首要位置。

3. 强化法治，综合治理

制定安全生产法律法规时，应强调法治，明确政府、企业和相关责任人的法律责任，并采取综合治理的方法，包括预防、监督、应急救援等多个方面。

4. 依靠科技，创新机制

制定安全生产法律法规时，应鼓励企业采用先进的科学技术和管理方法，推动安全生产科技创新，同时建立健全安全生产监管机制，提高安全生产监管水平。

5. 突出预防，落实责任

制定安全生产法律法规时，应注重预防为主的原则，强调企业主体责任，明确企业应采取的安全生产措施，并加强企业安全生产的监管。

6. 保障人民生命财产安全

制定安全生产法律法规的根本目的是保障人民群众的生命财产安全，因此在制定时应充分考虑人民群众的利益和安全需求。

7. 从实际出发，与时俱进

制定安全生产法律法规时，应充分考虑我国国情和企业实际情况，同时根据时代发展和安全生产形势的变化，及时修订和完善相关法律法规。

总之，制定安全生产法律法规应遵循科学、合理、务实、有效的原则，确保法律法规的针对性和可操作性。

二、安全生产法律法规的主要作用

安全生产法律法规的主要作用体现在以下几个方面。

1. 保障劳动者权益

通过规定工作场所的安全要求，保护劳动者的人身安全和健康，预防和减少事故和职业病的发生，确保劳动者的生命安全和身体健康。

2. 维护生产安全

通过规范企业和个人的安全行为，明确企业和个人的安全责任和义务，促进企业建立健全的安全管理制度和预警机制，保障生产过程的顺利进行。

3. 规范企业行为

安全生产法律法规要求企业建立健全的安全管理体系，规范企业的生产行为，确保企业在生产过程中遵守相关法律法规，履行相应的社会责任。

4. 提供法律保障

安全生产法律法规为劳动者提供法律保障，对违反法律法规的行为进行制裁，保护劳动者的权益不受侵害。

5. 提高社会安全意识

通过宣传和普及安全生产法律法规，提高社会对安全生产的重视程度，增强人们的安全意识和安全观念，推动全社会的安全生产工作。

总之，安全生产法律法规是保障劳动者权益、维护生产安全、规范企业行为、提供法律保障和提高社会安全意识的重要工具，对促进社会和谐稳定和经济持续发展具有重要意义。

第三节　安全生产的法律责任

安全生产法律责任的制定和划分要注重责任主体、责任追究、法治意识和道德建设等方面。通过制定安全生产的法律责任提高全社会的法治意识和道德观念，形成良好的安全生产环境和社会氛围，为经济社会的可持续发展提供有力保障。主要分为行政责任、民事责任和刑事责任。

一、安全生产的行政责任

安全生产的行政责任是指违反有关行政管理的法律、法规，所依法应当承担的法律后果。包括行政处罚和行政处分。

1. 行政处罚

行政处罚是指行政机关依法对违反行政管理秩序的公民、法人或者其他组织，以减损权益或者增加义务的方式予以惩戒的行为。依据《中华人民共和国行政处罚法》第九条，行政处罚的种类为：

① 警告、通报批评；

② 罚款、没收违法所得、没收非法财物；

③ 暂扣许可证件、降低资质等级、吊销许可证件；

④ 限制开展生产经营活动、责令停产停业、责令关闭、限制从业；

⑤ 行政拘留；

⑥ 法律、行政法规规定的其他行政处罚。

2. 行政处分

行政处分是指国家行政机关依照行政隶属关系给予有违法失职行为的国家机关公务人员的一种惩罚措施，包括警告、记过、记大过、降级、撤职、开除。

二、安全生产的民事责任

安全生产的民事责任是指因生产安全事故造成人员伤亡、他人财产损失时，生产事故责任单位和责任人员应当承担的赔偿责任。赔偿形式主要为经济赔偿。

三、安全生产的刑事责任

安全生产的刑事责任是指责任主体违反安全生产法律规定构成犯罪，由司法机关依照刑事法律给予刑罚的一种法律责任。我国刑法中规定了与安全生产有关的犯罪，包括重大责任事故罪、强令违章冒险作业罪、重大劳动安全事故罪、危险物品肇事罪、工程重大安全事故罪、消防责任事故罪和不报、谎报安全事故罪等。

按照主刑和附加刑两刑事责任照刑事法律的规定追究其法律责任。

1. 主刑

主刑为管制、拘役、有期徒刑、无期徒刑和死刑。主刑只能独立适用，不能附加适用。

2. 附加刑

附加刑分为罚金、剥夺政治权利、没收财产。

复习思考题

1. 简述我国安全生产法律法规的概念。
2. 试述我国安全生产法律法规的基本特征。
3. 我国安全生产应负的法律责任是什么？

4. 简述我国安全生产法律规定的制定原则。
5. 什么是安全生产的行政责任？
6. 什么是安全生产的民事责任？
7. 什么是安全生产的刑事责任？

阅读材料

谁是企业安全生产的最大受益者

一场考试，要考满分才算合格。有这么严格的吗？有。这是南方电网公司的做法。为他们点赞！

南方电网所属的云南电网公司，对安全工作规程进行闭卷考试，试卷满分为100分，参考人员的考试成绩必须达到100分才为合格，缺一分都不行。考试成绩不合格者，回炉再造，重新进行教育培训，再次考试，直到合格为止。

对于南方电网的安全规程考试方式，有人支持，有人反对。有人说，一场考试，只要写错一个字，写漏一个知识点，就算白考了，这也太严厉了，很难推行下去。然而，云南电网公司的做法并非昙花一现，他们已经坚持了数年，并且仍在坚持。“安全规程考试满分才算合格”的做法之所以能够推行下去，是因为云南电网公司开展了深入细致的内部沟通工作，在沟通中提出了让员工深思的问题：安全工作规程考试满分才算合格，公司的初衷是什么？谁是最大的受益者？这说明，企业的安全管理措施不怕严厉，怕的是员工们稀里糊涂，不知道谁是安全的最大受益者。

谁是安全受益者？这很明显。可是，看看部分企业的现状，会发现谁都没有把自己作为受益者。

一些企业领导不把自己当作受益者，对安全他们是“说起来重要，做起来次要，忙起来不要”，把安全部门的位次靠后排，把安全人员的待遇往后放，只要结果不管过程，等等，不一而足。

一些企业的员工更不把自己当作安全的受益者，对安全似乎是“事不关己，高高挂起”，图轻松，走捷径，操作风险不考虑，安全规程抛脑后，这样的案例举不胜举。

没有人想到自己是企业安全受益者的时候，企业的安全管理就成了外来的负担，就会有人管就做，没人管就不做。

试想企业生产安全了，你自己、你的家人、你的亲朋好友，不就是受益者吗？企业不出事故，企业经济上就不会蒙受损失，企业难道不是受益者吗？所有的企业不出安全事故，人民安居乐业，地方经济稳定，社区、政府不就是受益者吗？

所以，做安全工作时必须知道，企业安全会让谁受益，谁又是最大的受益者。

第四章
安全生产监督管理

【内容提要】本章是安全生产内容的重点，主要叙述了我国安全生产管理体制、安全生产监督监察体制；重点介绍了安全生产责任制、安全生产教育培训制度、安全生产检查及事故隐患整改制度、安全生产危险源分级管理制度、安全生产事故应急预案管理制度、安全生产事故管理制度，以及安全生产责任和特殊从业人员的安全生产保护等。

【重点要求】掌握我国安全生产的管理体制及其相关内容、从业人员的权利和义务、责任事故的等级划分及事故处理。熟知生产经营单位的安全生产责任，以及特殊从业人员安全生产受到保护的内容。了解安全生产监督监察体制。

安全生产监督管理是一项非常重要的工作，旨在确保生产活动的安全顺利进行。2022年4月6日国务院安全生产委员会印发实施的《“十四五”国家安全生产规划》中指出要加强安全生产监督管理，制定并落实各级安全生产监督管理责任制，科学管理，依法管理。新时代的中国青年更应当提高安全生产监督管理的责任和意识。

第一节　安全生产监督管理体制

我国的安全生产监督管理体制包括安全生产管理体制和安全生产监督监察体制，两者相辅相成。

一、安全生产管理体制

我国的安全生产管理体制是“企业负责、行业管理、国家监察、群众监督、劳动者遵章守纪”。

1. 企业负责

企业作为安全责任的主体，应当对企业的安全生产负全面责任。企业必须认真研究与落实安全生产的实际问题，遵循“安全第一，预防为主”的指导方针，正确处理安全与生产的矛盾，切实解决生产中的不安全问题，消除事故隐患，以保障人民生命财产安全。

2. 行业管理

行业管理部门在各自职责范围内，对有关行业安全生产工作实施监督管理。

3. 国家监察

国家安全生产监察机关对全国的安全生产工作实施监察。

4. 群众监督

群众性安全生产监督组织依法对安全生产工作进行监督。工会依法组织职工对安全生产工作进行监督，维护职工在安全生产方面的合法权益。

5. 劳动者遵章守纪

每一个劳动者都应严格遵守安全操作规程等安全制度，爱护和正确使用机器设备和工具，正确佩戴和使用劳动防护用品，防止生产过程中发生事故。

综上所述，我国的安全生产管理体制是一个由多方参与、共同协作的体系，旨在确保生产活动的安全顺利进行。

二、安全生产监督监察体制

我国的安全生产监督监察体制是由政府统一领导，实行“分级管理、分权监督、分类监察”的管理体制。各级政府安全生产监督管理部门负责实施国家安全生产法律法规和标准，对企业的安全生产工作进行监督和检查。同时，行业管理部门也对安全生产工作进行管理和监督，负责制定行业安全生产规范和标准，并组织实施和监督执行。

在国家监察方面，国家安全生产监察机关负责对全国的安全生产工作实施监察，重点监察具有重大危险源、重大事故隐患的企业，对违法行为进行查处。

此外，群众监督也是我国安全生产监督监察体制的重要组成部分。群众性安全生产监督组织（如工会等）依法对安全生产工作进行监督，维护职工在安全生产方面的合法权益。

总的来说，我国的安全生产监督监察体制是一个由政府、行业管理部门、国家监察机关和群众监督组织共同参与、相互协作的体系，旨在确保生产活动的安全顺利进行。

第二节 安全生产管理制度

安全生产管理制度是一系列为了保障安全生产而制定的条文。它建立的目的主要是控制风险，将危害降到最小。所以无论是当代大学生还是生产企业管理人员，都应该重视安全生产管理制度的制定和执行，确保人身安全和财产安全。

一、安全生产责任制

安全生产责任制是指企业、单位和个人按照法律法规的要求，履行安全生产主体责任，确保生产经营过程中的安全而制定的制度。

1. 安全生产责任制的主体责任

（1）企业法人责任　企业法人应建立并完善安全生产责任制度，明确安全生产责任的层级和范围。

（2）企业管理人员责任　企业管理人员应对该企业的安全生产工作负责，并建立健全安全管理制度。

（3）职工责任　职工要加强安全知识的学习和培训，遵守安全操作规程。

2. 安全生产责任制的组织实施

（1）安全生产责任制度的建立　企业应制定安全生产责任制度，包括组织架构、工作流程等内容。

（2）安全生产责任的分工与执行　明确各级责任人的安全生产职责，并建立健全责任追究制度。

（3）安全生产责任的考核与奖惩　制定科学合理的安全考核指标，对安全生产工作进行评价，并采取相应的奖惩措施。

3. 安全生产责任制的监督检查

（1）内部监督　组织内部应建立严格的安全生产监督机制，定期开展安全检查和隐患排查。

（2）外部监督　政府监督机构应加强对企业安全生产责任制的监督检查，发现问题及时处理。

4. 安全责任制的改进与提升

（1）学习先进经验　学习其他企业的安全管理经验，引进先进技术设备，提升安全生产水平。

（2）安全培训与教育　加强职工的安全培训和教育，提高职工的安全意识和应急处置能力。

二、安全生产教育培训制度

安全生产教育培训制度是为了提高从业人员的安全意识和技能水平，确保生产安全而制定的一系列规定，是安全生产管理工作的重要组成部分，是实现安全生产的基础性工作。有关统计资料表明，90%以上事故是由人的不安全行为引起的，其中安全培训不到位是重要原因之一。

《中华人民共和国安全生产法》第二十八条规定：

① 生产经营单位应当对从业人员进行安全生产教育和培训，保证从业人员具备必要的安全生产知识，熟悉有关的安全生产规章制度和安全操作规程，掌握本岗位的安全操作技能，了解事故应急处理措施，知悉自身在安全生产方面的权利和义务。未经安全生产教育和培训合格的从业人员，不得上岗作业。

② 生产经营单位使用被派遣劳动者的，应当将被派遣劳动者纳入本单位从业人员统一管理，对被派遣劳动者进行岗位安全操作规程和安全操作技能的教育和培训。劳务派遣单位应当对被派遣劳动者进行必要的安全生产教育和培训。

③ 生产经营单位接收中等职业学校、高等学校学生实习的，应当对实习学生进行相应的安全生产教育和培训，提供必要的劳动防护用品。学校应当协助生产经营单位对实习学生进行安全生产教育和培训。

④ 生产经营单位应当建立安全生产教育和培训档案，如实记录安全生产教育和培训的时间、内容、参加人员以及考核结果等情况。

按照本条规定，生产经营单位是安全教育和培训的责任主体，培训的对象包括生产经营单位的主要负责人、安全管理人员、特种作业人员（即“三项岗位”人员），以及一般从业人员。这里的从业人员包括新上岗的临时工、合同工、劳务派遣工、轮换工、协议工等。

三、安全生产检查及事故隐患整改制度

安全生产检查及事故隐患整改制度是为了及时发现生产过程中人的不安全行为和物的不安全状态，消除事故隐患，增强全员的安全意识，提高安全生产的自觉性和责任感而制定的制度。

1. 安全生产检查制度

（1）制度制定的目的　增强从业人员的安全意识，杜绝违章指挥、违章作业、违反劳动纪律现象的发生，及时消除事故隐患，确保安全生产。

（2）安全生产检查的依据　国家有关安全生产的法律、法规、标准、规范及政府、上级和公司有关安全生产的各项规定、制度等。

（3）安全生产检查的内容　查思想、查制度、查措施、查隐患、查教育培训、查安全防护、查机械设备、查操作行为、查劳保用品使用、查伤亡事故处理等。

（4）安全生产检查的形式　分为定期检查和不定期检查，以定期检查为主。定期检查形式有：日常检查、月检、季检、年检、重大节假日检等。不定期检查有重点检查和专项检查等。

2. 安全生产事故隐患整改制度

安全生产事故隐患，根据国家安全生产监督管理总局《安全生产事故隐患排查治理暂行规定》第三条，是指生产经营单位违反安全生产法律、法规、规章、标准、规程和安全生产管理制度的规定，或者因其他因素在生产经营活动中存在可能导致事故发生的物的不安全状态、人的不安全行为和管理上的缺陷。

（1）安全生产事故隐患分类　事故隐患分为一般事故隐患和重大事故隐患。一般事故隐患，是指危害和整改难度较小，发现后能够立即整改排除的隐患。重大事故隐患，是指危害和整改难度较大，应当全部或者局部停产停业，并经过一定时间整改治理方能排除的隐患，或者因外部因素影响致使生产经营单位自身难以排除的隐患。

（2）安全生产事故隐患整改制度　事故隐患整改制度是指为了消除和整改可能导致事故发生的隐患而制定的一系列规章制度和措施，是确保企业生产安全的重要保障之一。

① 整改责任。事故隐患坚持“谁存在事故隐患，谁负责监控整改”的原则，由存在事故隐患的单位组织整改，整改责任人为单位法定代表人。

② 整改要求。整改责任单位的主要领导人亲自抓整改，分管领导人靠上抓整改，工会组织督促协助，确保事故整改工作取得实效。整改责任单位要按照《事故隐患整改通知书》要求，对事故隐患认真整改，并于规定的时限内，向上级安委会报告整改情况。整改期限内，要采取有效的防范措施，进行专人监控，明确责任，坚决杜绝各类事故的发生。整改工作结束后，整改单位要按要求写出验收报告，由上级安委会组织检查验收。检查验收不合格、事故隐患未消除的停止其运营和操作使用，由上级安委会下达停止工作通知。

③ 事故隐患的档案管理。整改责任单位要建立健全事故隐患档案，完善管理制度，做到专人负责、专人管理、及时准确、完整成套、长期保存。

四、安全生产危险源分级管理制度

安全生产危险源分级管理制度是指根据危险源在生产、储存、使用等过程中的危险

程度和潜在危险性，将其分为不同的级别，并采取相应的管理措施，以保障安全生产的制度。

根据危险程度和潜在危险性，危险源一般可分为四级或三级，其中一级为最高级别。各级危险源的管理措施和监管要求也有所不同，例如一级危险源应加强监控和管理，制定应急预案并定期演练；二级危险源应定期进行检查和评估，加强日常管理；三级危险源应定期进行一般性检查和评估，加强作业人员的安全培训等。

在危险源分级管理制度中，应明确各级危险源的管理责任和监管要求，建立完备的档案和记录，及时发现和整改安全隐患。同时，还应加强危险源的宣传和教育，提高员工的安全意识和技能水平。

五、安全生产事故应急预案管理制度

安全生产事故应急预案管理制度是为了有效地进行企业危机防范、监测和预控，树立危机管理思维，提高应对突发事件的能力，规范企业安全生产事故应急预案的管理而制定的。应急管理部于2019年7月11日对《生产安全事故应急预案管理办法》进行了修正。

安全生产事故应急预案管理制度主要包括以下几个方面。

（1）应急预案的编制和审批　企业应按照相关法规、标准和规范，结合本单位的实际情况，编制安全生产事故应急预案，并经过专家评审和相关部门审批后发布实施。

（2）应急预案的培训和演练　企业应定期组织应急预案的培训和演练，提高员工应对突发事件的能力和熟练程度，确保在紧急情况下能够迅速、有效地启动应急预案。

（3）应急预案的评估和修订　企业应定期对应急预案进行评估，针对存在的问题和不足进行修订和完善，确保应急预案的时效性和有效性。

（4）应急预案的启动和实施　在发生安全生产事故时，企业应按照应急预案的启动条件和程序，及时启动应急预案，组织应急救援工作，最大限度地减少事故造成的损失。

此外，安全生产事故应急预案管理制度还应明确各级组织机构和人员的职责和权限，建立应急预案管理的档案和记录，加强与政府和其他应急机构的沟通和协调等方面的内容。企业应根据自身特点和实际情况，制定符合本单位实际的安全生产事故应急预案管理制度。

六、安全生产事故管理制度

安全生产事故是指在生产经营活动中，突然发生的、危及人身安全和健康、造成人员伤亡或者财产损失的、导致原生产经营活动暂时或永久终止的意外事件。它包括生产经营过程中发生的生产事故、设备事故、人员伤亡事故等。2022年，我国因各类生产安全事故共死亡20963人。

为了及时报告、统计、调查和处理安全生产事故，积极采取预防措施，预防事故发生，根据《中华人民共和国安全生产法》《企业职工伤亡事故报告和处理规定》的相关规定，制定了安全生产事故管理制度。

1. 安全生产事故等级划分

根据安全生产事故造成的人员伤亡或者直接经济损失，事故一般分为四个等级：一般事故、较大事故、重大事故、特别重大事故（表4-1）。

表 4-1　安全生产事故等级划分表

类别	死亡/人	重伤/人	直接经济损失/元
一般事故	<3	<10	<1000 万
较大事故	3～10	10～50	1000 万～5000 万
重大事故	10～30	50～100	5000 万～1 亿
特别重大事故	≥30	≥100	≥1 亿

注：较大事故和重大事故含下限。

2. 安全生产事故的抢修与救护

发生事故后，应当立即启动应急预案，事故主要负责人应直接指挥有关人员做好现场抢救和警戒工作，采取有效措施，防止事故蔓延扩大，并注意保护好现场，及时上报有关部门。由上级部门根据事故的等级进行下一步抢修和救护工作。

3. 安全生产事故的报告程序

① 凡发生事故，最先发现者应立即向公司领导报告，负责人接到报告后，应当于 1 小时内向上级有关部门报告；对重大事故，应立即用快速方法向上级机关报告。

② 伤亡事故的报告内容主要有：

a. 事故发生单位概况；

b. 事故发生的时间、地点以及事故现场情况；

c. 事故的简要经过；

d. 事故已经造成或者可能造成的伤亡人数（包括下落不明的人数）和初步估计的直接经济损失；

e. 已经采取的措施；

f. 其他应当报告的情况。

③ 凡因工负伤人员，当时不能确诊为重伤，从受伤时起，一个月内仍不能确定为重伤者，按轻伤事故统计；若一个月后由轻伤转为重伤或死亡，则不再按重伤或死亡上报，也不再作为专题调查报告。

4. 事故的调查与处理

① 成立事故调查组。

a. 调查组成员的职责：查明事故原因、过程和人员伤亡、经济损失情况；确定事故责任；提出事故处理意见、防范措施和建议；编写《事故调查报告》。

b. 调查组成员的权利：事故调查组有权向发生事故的单位、部门和有关人员了解情况和获取资料，任何单位和个人不得拒绝。

② 各部门应严肃认真地调查和分析事故，找出事故发生的原因，查明责任，确定整改措施并限期落实。

③ 对一般事故，有关职能部门应根据各自职责组织召开事故分析会，找出原因，吸取教训，提出防范措施，对事故责任者提出处理意见，并报公司备案。

④ 对重大事故，公司领导应组织有关部门进行调查和分析，必要时请求上级主管部门或当地应急部门、公安部门和检察部门等有关单位参加，找出原因，查明责任，制定防范措施，并对事故责任者提出处理意见。

⑤ 防范措施的内容。

a. 技术措施：对设备、设施的操作从安全管理的角度考虑设计、检查和保养措施，减少或消除物的不安全状态。

b. 教育措施：加强从业人员的安全教育，使从业人员掌握防止事故发生的有效方法和知识，消除或减少人的不安全行为。

c. 管理措施：认真贯彻实施有关的法令、标准、规范，严格执行本企业的各种安全生产制度，组织安全管理检查，落实隐患整改，实施经济考核。

5. 安全生产事故调查报告的编写

① 事故调查组人员在全面分析事故后，编写《事故调查报告》。

② 事故调查报告应包括以下内容：

a. 事故的基本情况，包括单位名称、日期、类别、地点、伤亡人数、伤亡人员情况、经济损失、事故等级等；

b. 事故经过；

c. 事故原因分析，包括直接原因和间接原因；

d. 事故的预防措施；

e. 事故责任者及对责任者的处理意见；

f. 调查组成员名单及调查组成员签字；

g. 附件，包括图片、照片、技术鉴定等资料。

6. 安全生产事故的处理

① 任何事故的处理都要按照“四不放过”的原则进行：事故原因未查清不放过；责任人员未处理不放过；整改措施未落实不放过；有关人员未受到教育不放过。

② 调查结束后，生产企业主管部门应按照调查组提出的处理意见和防范措施认真整改落实，防止类似事故发生。

③ 调查组依照《生产安全事故报告和调查处理条例》对事故责任者提出处理意见。

a. 对严重违章指挥、违章作业又不听劝阻的人员，或由于失职造成重大事故的责任者应给予纪律处分，直至追究刑事责任。

b. 对蓄意制造事故，造成严重后果，需追究刑事责任的，应交司法机关依法处理。

c. 对防止或抢救事故有功的单位或个人，应给予表彰奖励。

④ 按《工伤保险条例》对事故中的伤亡人员进行赔偿处理。

⑤ 事故处理意见确定后，安全生产领导小组负责监督事故处理的执行情况，并反馈执行情况，将相关信息纳入事故档案材料。

⑥ 事故处理后，生产企业应将事故详情、原因和处理结果以最有效的形式在本企业通报，使广大从业人员能吸取教训，增强安全意识。

⑦ 伤亡事故处理工作应当在 90 日内结案。如因特殊情况，应急部门同意延期的，事故处理时间最迟不得超过 180 天。

7. 事故结案归档与统计

(1) 归档保存　将事故调查和处理的所有资料进行整理归档，包括调查报告、分析报告、整改措施、会议记录等，以便日后查阅和参考。

（2）统计报告　定期对事故进行统计和分析，编写《事故统计报告》，向上级领导和相关部门汇报。

第三节　安全生产责任

安全生产责任是指生产经营企业在生产活动过程中，要充分关注从事生产的劳动者的人身和健康安全，并对此负有全面的责任。生产经营单位的每一位从业人员，尤其是新时代的青年，更应该努力学习，勇于担当，做新时代具有安全意识、责任意识的建设者。

一、生产经营单位的安全生产责任

生产经营单位的安全生产责任是指生产经营单位在生产经营过程中应当履行的安全生产法律法规规定的各项责任。

生产经营单位是安全生产工作的直接承担主体，具有以下安全生产责任：

① 生产经营单位的主要负责人对本单位的安全生产工作负总责。

② 设立安全生产管理机构，配备必要的安全部门，并在每个班次聘请专职安全生产管理人员。

③ 建立安全生产责任制。企业主要负责人、生产经营单位的安全生产管理人员、生产一线员工、外来承包单位和个体工商户等，应当按照各自的职责，共同参与安全生产工作。

④ 建立健全安全生产管理制度。

⑤ 加强安全生产宣传教育和培训。

⑥ 落实安全生产措施，确保生产经营活动不会对人民群众的生命财产安全造成危害。

⑦ 定期开展安全生产检查和隐患排查，及时整改存在的安全隐患，保障生产经营活动的安全稳定。

⑧ 加强安全生产投入，有效地提高安全生产的水平。

二、从业人员的安全生产权利和义务

1. 从业人员的安全生产权利

《中华人民共和国安全生产法》中规定，从业人员有以下权利：

① 生产经营单位的从业人员有权了解其作业场所和工作岗位存在的危险因素、防范措施及事故应急措施，有权对本单位的安全生产工作提出建议。

② 从业人员有权对本单位安全生产工作中存在的问题提出批评、检举、控告，有权拒绝违章指挥和强令冒险作业。

③ 从业人员发现直接危及人身安全的紧急情况时，有权停止作业或者在采取可能的应急措施后撤离作业场所。

④ 生产经营单位发生生产安全事故后，应当及时采取措施救治有关人员。因生产安全事故受到损害的从业人员，除依法享有工伤保险外，依照有关民事法律尚有获得赔偿的权利的，有权提出赔偿要求。

2. 从业人员的安全生产义务

《中华人民共和国安全生产法》中规定，从业人员有以下义务：

① 从业人员在作业过程中，应当严格落实岗位安全责任，遵守本单位的安全生产规章制度和操作规程，服从管理，正确佩戴和使用劳动防护用品。

② 从业人员应当接受安全生产教育和培训，掌握本职工作所需的安全生产知识，提高安全生产技能，增强事故预防和应急处理能力。

③ 从业人员发现事故隐患或者其他不安全因素，应当立即向现场安全生产管理人员或者本单位负责人报告；接到报告的人员应当及时予以处理。

第四节　特殊从业人员的安全生产保护

特殊从业人员主要指女职工、未成年工以及特种作业人员。

一、女职工的安全生产保护

女职工保障是安全生产的重要环节，也是我国劳动力市场的一个重要组成部分。女职工的安全生产保护是指除了对男女职工都必须实行的带有普遍意义的劳动保护外，针对女职工的身体结构、生理机能等特点以及生育、哺乳、教育子女的需要和劳动条件对女职工身体健康的影响而进行的特殊保护。

1. 我国关于女职工安全生产保护的主要法规

我国关于女职工劳动保护的法律法规有：《中华人民共和国劳动法》《中华人民共和国妇女权益保障法》《中华人民共和国劳动合同法》《女职工劳动保护特别规定》《中华人民共和国就业促进法》等。这些法律法规对女职工在劳动中的权利、特殊保护、权益保障等方面做出了明确的规定。

(1)《中华人民共和国劳动法》《中华人民共和国劳动法》以更权威的法律形式维护了女职工的特殊劳动权益，即对女职工的安全生产活动进行了特殊的保护。

《中华人民共和国劳动法》第七章“女职工和未成年工特殊保护”中规定：

第五十九条　禁止安排女职工从事矿山井下、国家规定的第四级体力劳动强度的劳动和其他禁忌从事的劳动。

第六十条　不得安排女职工在经期从事高处、低温、冷水作业和国家规定的第三级体力劳动强度的劳动。

第六十一条　不得安排女职工在怀孕期间从事国家规定的第三级体力劳动强度的劳动和孕期禁忌从事的劳动。对怀孕七个月以上的女职工，不得安排其延长工作时间和夜班劳动。

第六十二条　女职工生育享受不少于九十天的产假。

第六十三条　不得安排女职工在哺乳未满一周岁的婴儿期间从事国家规定的第三级体力劳动强度的劳动和哺乳期禁忌从事的其他劳动，不得安排其延长工作时间和夜班劳动。

(2)《中华人民共和国妇女权益保障法》《中华人民共和国妇女权益保障法》第四十八条规定，用人单位不得因结婚、怀孕、产假、哺乳等情形，降低女职工的工资和福利待遇，限制女职工晋职、晋级、评聘专业技术职称和职务，辞退女职工，单方解除劳动（聘用）合同或者服务协议。女职工在怀孕以及依法享受产假期间，劳动（聘用）合同或者服务协议期满的，劳动（聘用）合同或者服务协议期限自动延续至产假结束。但是，用人单位依法解除、终止劳动（聘用）合同、服务协议，或者女职工依法要求解除、终止劳动（聘用）合同、服务协议的除外。用人单位在执行国家退休制度时，不得以性别为由歧视妇女。

(3)《女职工劳动保护特别规定》《女职工劳动保护特别规定》是为了减少和解决女职工在劳动中因生理特点造成的特殊困难，保护女职工健康而制定的规定。

第一条 为了减少和解决女职工在劳动中因生理特点造成的特殊困难，保护女职工健康，制定本规定。

第二条 中华人民共和国境内的国家机关、企业、事业单位、社会团体、个体经济组织以及其他社会组织等用人单位及其女职工，适用本规定。

第三条 用人单位应当加强女职工劳动保护，采取措施改善女职工劳动安全卫生条件，对女职工进行劳动安全卫生知识培训。

第四条 用人单位应当遵守女职工禁忌从事的劳动范围的规定。用人单位应当将本单位属于女职工禁忌从事的劳动范围的岗位书面告知女职工。女职工禁忌从事的劳动范围由本规定附录列示。国务院安全生产监督管理部门会同国务院人力资源和社会保障行政部门、国务院卫生行政部门根据经济社会发展情况，对女职工禁忌从事的劳动范围进行调整。

第五条 用人单位不得因女职工怀孕、生育、哺乳降低其工资、予以辞退、与其解除劳动或者聘用合同。

第六条 女职工在孕期不能适应原劳动的，用人单位应当根据医疗机构的证明，予以减轻劳动量或者安排其他能够适应的劳动。对怀孕7个月以上的女职工，用人单位不得延长劳动时间或者安排夜班劳动，并应当在劳动时间内安排一定的休息时间。怀孕女职工在劳动时间内进行产前检查，所需时间计入劳动时间。

第七条 女职工生育享受98天产假，其中产前可以休假15天；难产的，增加产假15天；生育多胞胎的，每多生育1个婴儿，增加产假15天。女职工怀孕未满4个月流产的，享受15天产假；怀孕满4个月流产的，享受42天产假。

第八条 女职工产假期间的生育津贴，对已经参加生育保险的，按照用人单位上年度职工月平均工资的标准由生育保险基金支付；对未参加生育保险的，按照女职工产假前工资的标准由用人单位支付。女职工生育或者流产的医疗费用，按照生育保险规定的项目和标准，对已经参加生育保险的，由生育保险基金支付；对未参加生育保险的，由用人单位支付。

2. 我国女职工禁忌从事的生产劳动

① 矿山井下作业；

②《体力劳动强度分级》标准中规定的第四级体力劳动强度的作业；

③ 每小时负重6次以上、每次负重超过20kg的作业，或者间断负重、每次负重超过25kg的作业。

3. 女职工经期禁忌从事的生产劳动

女职工生理期期间，生理上会发生很大的变化，身体对外界的抵御能力大大下降，为了保护女职工的身体健康，减少女职工的患病率，国家对女职工经期劳动保护做了具体的规定。

女职工在经期禁忌从事的劳动范围：

①《冷水作业分级》标准中规定的第二级、第三级、第四级冷水作业；

②《低温作业分级》标准中规定的第二级、第三级、第四级低温作业；

③《体力劳动强度分级》标准中规定的第三级、第四级体力劳动强度的作业；

④《高处作业分级》标准中规定的第三级、第四级高处作业。

4. 女职工孕期禁忌从事的生产劳动

《中华人民共和国劳动法》中规定，不得安排女职工在怀孕期间从事国家规定的第三级体力劳动强度的劳动和孕期禁忌从事的劳动。对怀孕7个月以上的女职工，不得安排其延长工作时间和夜班工作。

除与《中华人民共和国劳动法》中相同的规定外，《女职工劳动保护特别规定》还作了进一步的规定。

① 作业场所空气中铅及其化合物、汞及其化合物、苯、镉、铍、砷、氰化物、氮氧化物、一氧化碳、二硫化碳、氯、己内酰胺、氯丁二烯、氯乙烯、环氧乙烷、苯胺、甲醛等有毒物质浓度超过国家职业卫生标准的作业。

② 从事抗癌药物、己烯雌酚生产，接触麻醉剂气体等的作业。

③ 非密封源放射性物质的操作，核事故与放射事故的应急处置。

④《高处作业分级》标准中规定的高处作业。

⑤《冷水作业分级》标准中规定的冷水作业。

⑥《低温作业分级》标准中规定的低温作业。

⑦《高温作业分级》标准中规定的第三级、第四级的作业。

⑧《噪声作业分级》标准中规定的第三级、第四级的作业。

⑨《体力劳动强度分级》标准中规定的第三级、第四级体力劳动强度的作业。

⑩ 在密闭空间、高压室作业或者潜水作业，伴有强烈振动的作业，或者需要频繁弯腰、攀高、下蹲的作业。

5. 女职工哺乳期禁忌从事的生产劳动

为了保证母亲和婴儿的健康，我国相关法规对女职工在哺乳期内的劳动保护作了明确的规定。

《中华人民共和国劳动法》和《女职工劳动保护特别规定》均规定，不得安排女职工在哺乳未满1周岁的婴儿期间从事国家规定的第三级体力劳动强度的劳动和哺乳期禁忌从事的劳动，不得安排其延长工作时间和夜班劳动。

《女职工禁忌从事的劳动范围》中对女职工哺乳期禁忌从事的生产劳动作了具体的规定：

① 作业场所空气中铅及其化合物、汞及其化合物、苯、镉、铍、砷、氰化物、氮氧化物、一氧化碳、二硫化碳、氯、己内酰胺、氯丁二烯、氯乙烯、环氧乙烷、苯胺、甲醛等有毒物质浓度超过国家职业卫生标准的作业；非密封源放射性物质的操作，核事故与放射事故的应急处置；《体力劳动强度分级》标准中规定的第三级、第四级体力劳动强度的作业。

② 作业场所空气中锰、氟、溴、甲醇、有机磷化合物、有机氯化合物等有毒物质浓度超过国家职业卫生标准的作业。

二、未成年工的安全生产保护

1. 未成年工劳动保护的必要性

未成年工是指年满十六周岁、未满十八周岁的劳动者。在我国，公民享有劳动的权利和义务，这一般是相对于成年人来说的，但年满十六周岁的未成年人也是可以进行劳动的。但是由于这些未成年人的民事行为能力还不是十分健全，所以我国对未成年工的劳动进行了特殊的保护，包括禁止从事某些作业、定期进行健康检查等。

2. 我国关于未成年工安全生产保护的主要法规

我国关于未成年工安全生产保护的法律法规主要有《中华人民共和国劳动法》《未成年人保护法》《违反〈中华人民共和国劳动法〉行政处罚办法》《未成年工特殊保护规定》等。

（1）《中华人民共和国劳动法》《中华人民共和国劳动法》第六十四条规定，不得安排未成年工从事矿山井下、有毒有害、国家规定的第四级体力劳动强度的劳动和其他禁忌从事的劳动。第六十五条规定，用人单位应当对未成年工定期进行健康检查。

（2）《未成年工特殊保护规定》《未成年工特殊保护规定》是为了维护未成年工的合法权益，保护其在生产劳动中的健康而制定的。

《未成年工特殊保护规定》第三条规定用人单位不得安排未成年工从事以下范围的劳动：

①《生产性粉尘作业危害程度分级》国家标准中第一级以上的接尘作业；

②《有毒作业分级》国家标准中第一级以上的有毒作业；

③《高处作业分级》国家标准中第二级以上的高处作业；

④《冷水作业分级》国家标准中第二级以上的冷水作业；

⑤《高温作业分级》国家标准中第三级以上的高温作业；

⑥《低温作业分级》国家标准中第三级以上的低温作业；

⑦《体力劳动强度分级》国家标准中第四级体力劳动强度的作业；

⑧ 矿山井下及矿山地面采石作业；

⑨ 森林业中的伐木、流放及守林作业；

⑩ 工作场所接触放射性物质的作业；

⑪ 有易燃易爆、化学性烧伤和热烧伤等危险性大的作业；

⑫ 地质勘探和资源勘探的野外作业；

⑬ 潜水、涵洞、涵道作业和海拔三千米以上的高原作业（不包括世居高原者）；

⑭ 连续负重每小时在六次以上并每次超过二十公斤，间断负重每次超过二十五公斤的作业；

⑮ 使用凿岩机、捣固机、气镐、气铲、铆钉机、电锤的作业；

⑯ 工作中需要长时间保持低头、弯腰、上举、下蹲等强迫体位和动作频率每分钟大于五十次的流水线作业；

⑰ 锅炉司炉。

（3）《违反〈中华人民共和国劳动法〉行政处罚办法》《违反〈中华人民共和国劳动法〉行政处罚办法》中规定：

① 用人单位安排未成年工从事矿山井下、有毒有害、国家规定的第四级体力劳动强度的劳动和其他禁忌从事的劳动的，应当责令改正，并按每侵害一名未成年工罚款三千元以下的标准处罚。

② 用人单位未按规定对未成年工定期进行健康检查的，应责令限期改正；逾期不改正的，按每侵害一名未成年工罚款三千元以下的标准处罚。

三、特种作业人员的安全生产保护

特种作业是指容易发生人员伤亡事故，对操作者本人、他人的生命健康及周围设施的安全可能造成重大危害的作业。直接从事特种作业的人员称为特种作业人员，要求年满 18 周岁。做好特种作业人员的管理，对于防止发生人员伤亡事故，促进安全生产，具有重大意义。

1. 特种作业人员的范围

特种作业人员的范围是由国务院应急管理部门会同国务院有关部门确定的，包括电工作业、焊接与热切割作业、高处作业、制冷与空调作业、煤矿安全作业、金属非金属矿山安全作业、石油天然气安全作业、冶金（有色）生产安全作业、危险化学品安全作业和烟花爆竹安全作业等。

2. 特种作业人员的安全生产保护措施

① 特种作业人员必须具备的基本条件。《特种作业人员安全技术培训考核管理规定》中第四条规定，特种作业人员应当符合下列条件：

a. 年满 18 周岁，且不超过国家法定退休年龄；

b. 经社区或者县级以上医疗机构体检健康合格，并无妨碍从事相应特种作业的器质性心脏病、癫痫病、梅尼埃病、眩晕症、癔症、震颤麻痹症、精神病、痴呆症以及其他疾病和生理缺陷；

c. 具有初中及以上文化程度；

d. 具备必要的安全技术知识与技能；

e. 相应特种作业规定的其他条件。

② 特种作业人员必须经专门的安全技术培训并考核合格，取得《中华人民共和国特种作业操作证》后，方可上岗作业。

特种作业人员三级安全教育培训是指对特种作业人员进行的分级培训，内容包括基础知识、操作技能和实际应用。离开特种作业岗位达 6 个月以上的特种作业人员，应当重新进行实际操作考核，经确认合格后方可上岗作业。

③ 特种作业操作证有效期为 6 年，每 3 年复审 1 次。

复习思考题

1. 简述我国安全生产管理体制。
2. 我国安全生产管理制度有哪些？
3. 试述我国安全生产责任制的主体责任。
4. 试述我国安全生产事故等级划分方法。
5. 详述我国伤亡事故的报告内容。
6. 生产经营单位的安全生产责任有哪些？
7. 试述从业人员安全生产的权利。
8. 试述从业人员安全生产的义务。
9. 简述女职工禁忌从事的劳动范围。
10. 简述特种作业人员的范围。

阅读材料

安全定律海因里希法则

海因里希法则（Heinrich rule），又称海因里希安全法则或事故三角，是美国安全工程师赫伯特·威廉·海因里希（Herbert William Heinrich）提出的一种工业事故预防理论。

海因里希法则是多米诺效应（Domino effect）的一种形式，它描述了事故和伤害的统计规律。根据这个法则，事故和伤害事件之间存在着一个统计关系，大多数意外事件都是由许多较小的事故或低风险行为相互关联和累积而成的。

海因里希法则的核心内容是“300：29：1”法则，即在一个由330起同类事故组成的组中，有300起未产生人员伤害、29起造成人员轻伤、1起导致重伤或死亡。这一法则意味着，在一个重大事故背后，通常有29起轻度的事故，以及300起潜在的隐患。这种关系被称为“金字塔”（图4-1），因为它显示了事故事件从底部逐渐上升到顶部的过程。海因里希法则还提出了冰山理论和事故因果连锁理论，认为事故的发生不是一个孤立的事件，而是由一系列因素造成的连锁反应，包括人的不安全行为、物的不安全状态等。

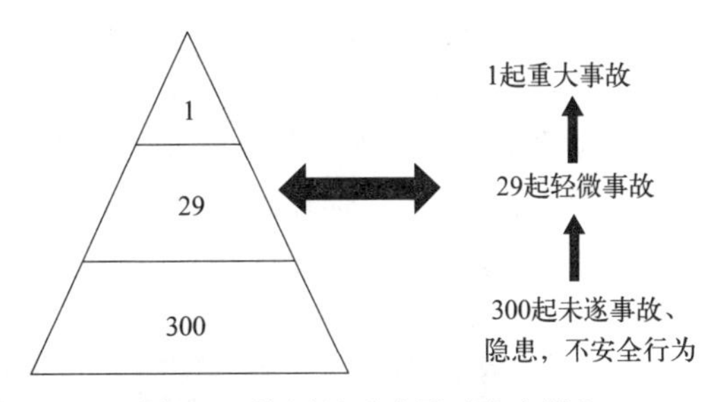

图4-1 海因里希法则“金字塔”

1. 海因里希冰山理论

浮在海面上的冰山，往往只是整个冰山的一小部分，大部分冰山隐藏在海面下（图4-2）。海面上的冰山是可见事故；海面下的冰山是不可见事故，包括安全障碍、各种未遂的事故、危险行为等，这些小因素隐藏在海面下，越积越多，最终形成可见事故。

图4-2 海因里希冰山理论

所以要避免事故，不能只关心海面上的事故，还要关心海面下隐藏的各种不安全因素与行为。事故是不安全行为或不安全条件不断积累发展的必然结果。

2. 海因里希事故因果连锁理论

海因里希事故因果连锁理论用以阐明导致伤亡事故的各种原因与事故的关系。该理论认为，伤亡事故的发生不是一个孤立的事件，尽管伤害可能在某一瞬间突然发生，却是一系列事件相继发生的结果。

海因里希把工业伤害事故的发生、发展过程描述为具有一定因果关系事件的连锁发生过程，即：

① 人员伤亡的发生是事故的结果；

② 事故的发生是由于人的不安全行为或物的不安全状态；

③ 人的不安全行为或物的不安全状态是由人的缺点造成的；

④ 人的缺点是由不良环境诱发的，或是由先天的遗传因素造成的。

海因里希事故因果连锁过程包括 5 个因素：遗传及社会环境、人的缺点、人的不安全行为或物的不安全状态、事故、伤亡（图 4-3）。

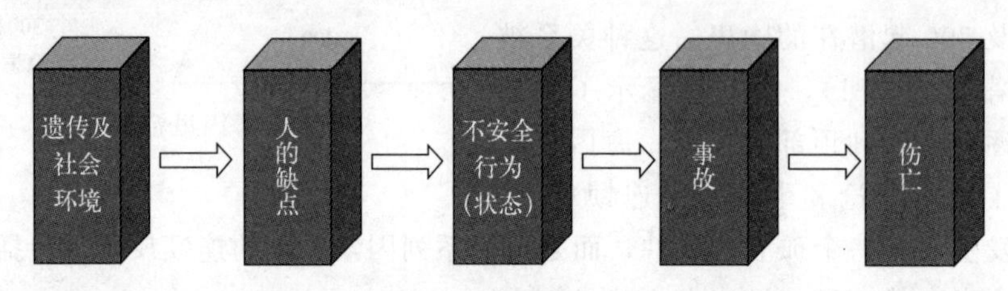

图 4-3 海因里希事故因果连锁理论示意图

遗传和社会环境决定人会有缺陷，人的缺陷又导致了人会有不安全行为，对物的管理缺陷会导致物的不安全状态，从而导致事故，事故导致伤亡。

海因里希法则对 20 世纪的健康和安全文化产生了重大影响，它强调了事故预防的重要性，提醒人们在重大事故发生之前，就应该重视并解决那些看似微小的不安全因素。

第五章 安全生产作业控制要点及安全防护

【内容提要】本章主要叙述了化工企业、建材企业、制药企业、机械制造企业、冶金企业和采矿企业常见的危险和有害因素，以及这些企业的安全作业控制要点——“四点控制”；安全防护基本知识，包括安全标准与安全防护、安全色与安全标志、防火与安全用电、压力容器防爆安全知识、防暑降温与劳动防护用品知识、工伤事故急救知识等。

【重点要求】掌握重点行业安全生产的危险有害因素和作业控制要点——“四点控制”。熟知安全色与安全标志、防火与安全用电、压力容器防爆安全知识、防暑降温与劳动防护用品知识、工伤事故急救知识。了解安全标准与安全防护。

安全生产一直是企业生产过程中最受关注的问题，因为安全无小事，所以要时时讲安全、事事讲安全。生产企业做好“四点控制”是保证企业生产安全最为关键的一环，安全防护则是通过日常防范的手段达到安全的目的。习近平总书记说，安全生产是民生大事，一丝一毫不能放松。所以每一位从业人员都要时刻绷紧“安全生产”这根弦，做好日常防范，并将从事企业的安全生产作业控制要点时刻牢记心间。

第一节　企业常见的危险和有害因素

危险和有害因素是指影响人的身体健康、导致疾病甚至可对人造成伤亡的因素。

一、危险和有害因素的分类

根据《生产过程危险和有害因素分类与代码》(GB/T 13861—2022) 的规定，将生产过程中的危险和有害因素分为四个大类，分别是“人的因素”“物的因素”“环境因素”“管理因素”。每一大类又分为中类、小类和细类共四层。

(一) 人的因素

人的因素，主要是指人的不安全行为，包括心理、生理性危险和有害因素与行为性危险和有害因素两个中类。

1. 心理、生理性危险和有害因素

人的心理、生理性危险和有害因素包括负荷超限、健康状况异常、从事禁忌作业、心理异常、辨识功能缺陷 5 个小类［细类见《生产过程危险和有害因素分类与代码》（GB/T 13861—2022）］。

2. 行为性危险和有害因素

人的行为性危险和有害因素包括指挥错误、操作错误、监护失误 3 个小类。

（二）物的因素

物的因素主要是指物的不安全状态，分为物理性危险和有害因素、化学性危害和有害因素、生物性危险和有害因素三个中类。

1. 物理性危险和有害因素

物的物理性危险和有害因素，包括设备、设施、工具、附件缺陷，防护缺陷，电危害，噪声，振动危害，电离辐射，运动物危害，明火，高温物质等共 16 个小类。

2. 化学性危险和有害因素

物的化学性危险和有害因素，包括理化危险（爆炸物、易燃气体、自燃液体等）、健康危险（致癌性、急性毒性、吸入危险等）、其他化学性危险有害因素 3 小类。

3. 生物性危险和有害因素

物的生物性危险和有害因素，包括致病微生物、传染病媒介物、致害动物、致害植物、其他生物性危险和有害因素共 5 个小类。

（三）环境因素

环境因素包括室内作业场所环境不良，室外作业场所环境不良，地下（含水下）作业环境不良和其他作业环境不良四个中类。

1. 室内作业场所环境不良

室内作业场所环境不良包括室内地面滑、室内作业场所狭窄、室内作业场所杂乱、室内地面不平、室内梯架缺陷等 15 个小类。

2. 室外作业场所环境不良

室外作业场所环境不良包括恶劣气候与环境，作业场所和交通设施湿滑，作业场地狭窄，作业场地杂乱，作业场地不平，交通环境不良，脚手架、阶梯和活动梯架缺陷等 19 个小类。

3. 地下（含水下）作业环境不良

地下（含水下）作业环境不良不包括以上室内作业环境已列出的有害因素。主要包括隧道/矿井顶板或巷帮缺陷、隧道/矿井作业面缺陷、隧道/矿井地板缺陷、地下作业面空气不良、地下火、冲击地压（岩爆）、地下水、水下作业供氧不当、其他地下作业环境不良共 9 个小类。

（四）管理因素

管理因素包括职业安全卫生管理机构设置和人员配备不健全、职业安全卫生责任制不完善或未落实、职业安全卫生管理制度不完善或未落实、职业安全卫生投入不足、应急管理缺陷和其他管理因素缺陷 6 个中类。

二、化工企业常见危险有害因素

根据《企业职工伤亡事故分类》（GB 6441—86）对化工企业生产过程中的危险有害因素辨识分析，将化工企业生产过程中的危险有害因素分为以下几类。

1. 火灾和爆炸

火灾、爆炸是化工企业最常见的危险之一。易燃易爆物质的泄漏、设备故障或操作失误、静电火花或电弧、明火或高温物体接触易燃易爆物质、外部火源或热源影响、雷击或电气短路、化学反应失控或自燃等因素都可能导致火灾或爆炸的发生。

2. 中毒和窒息

中毒、窒息主要是化学品泄漏、生物污染（如霉菌、细菌等）、自然环境中的有毒气体（如硫化氢、一氧化碳等）以及化学反应过程中的有毒气体（如氯气、氨气等）导致的。

3. 水害、坍塌和滑坡

这些情况通常发生在化工厂区排水不畅或者地质条件不佳的情况下，可能会导致设备和人员的损失。

4. 泄漏和腐蚀

由于化学品的不当存放和使用，可能会发生泄漏，对环境和人体健康造成伤害；同时，化工过程也可能导致设备的腐蚀损坏。

5. 触电

化工企业布置有大量的电气设备，电气设备的使用不当或不充分的安全防护，都可能导致触电事故的发生。

6. 坠落、机械伤害

一些机械设备的安装、维修和使用不当，或者作业人员在作业时不注意安全，都可能导致坠落或其他形式的机械伤害。

7. 运输伤害

另外，化工产品在运输途中也存在危险因素，如公路设施伤害、铁路设施伤害、水上运输伤害、航空港伤害等其他类隐患。

以上各种危险有害因素都需要化工企业和相关单位采取有效的预防和管理措施，以保障人员和财产的安全。

三、建材企业常见危险有害因素

建材企业主要是从事水泥、熟料、平板玻璃、建筑和卫生陶瓷、玻璃纤维、耐火材料、保温材料、防水材料、石膏制品、建筑石材加工以及新型墙体材料、新型防水密封材料、新型保温隔热材料和装饰装修材料等生产作业活动的企业。

建材企业有高温、煤气作业，具有事故多发的特点，特别是窑炉作业容易发生喷窑、中毒窒息和煤气爆炸事故。据统计，建材企业发生安全生产事故较多的是水泥厂，水泥生产企业的危险源点主要是煤粉制备、料仓、料库和回转窑等。下面以水泥厂为例，分析建材企业常见的危险有害因素。

1. 火灾

水泥企业主要潜在的火灾危险是易燃及可燃物储存、加工、输送的设施与场所，如：煤粉制备、收集、输送、除尘全过程及电缆夹层、危险品库、油库区、变压器区等。易燃及可燃物质泄漏遇到明火或者火星引起燃烧，会造成火灾；设备润滑油泄漏也会引起火灾。

2. 化学性爆炸

水泥企业化学性爆炸潜在的危险，主要是煤粉制备和输送、除尘系统、储油槽罐、电气设备、回转窑的窑尾煤粉不完全燃烧产生的CO等。

① 煤粉与空气混合能形成爆炸性混合物，遇高热或明火即会引起爆炸。

② 回转窑尾生成的CO若不能及时排走，形成局部范围的集聚与空气混合能形成爆炸性混合物，遇高热或明火即会引起爆炸。

③ 电火花、电弧和电气设备部件的高温以及高压静电火花等是引起可燃气体、可燃粉尘及其他可燃、易燃物质爆炸的点火源之一。

3. 物理性爆炸

水泥企业物理性爆炸潜在的危险，主要是各类压力容器、压力管道等。

由于物理能量突然释放而形成的爆炸。在水泥企业项目建设中有余热锅炉以及分布于生产线各系统的大小储气罐等容器，若这些设备有缺陷或操作不当造成超压，有发生物理爆炸的危险。

4. 化学性危害

水泥企业生产过程中排放或泄漏的有害物质主要有CO、SO_2、NO_2、CO_2，这些有害物质可使人体、设备、设施受到不同程度的伤害。存在有毒物质及酸碱介质的场所有化验室等。

① 生产中产生和使用的酸、SO_2、碱均具有腐蚀性，因此对建筑物、设备、管道、仪表、电气设施、地坪、设备基础、操作平台等，均会造成腐蚀性破坏，影响生产安全。

② 化验室使用的酸、碱等一旦外泄接触人体会造成灼伤。

③ 回转窑高温煅烧产生的SO_2、NO_2，回转窑的窑尾煤粉不完全燃烧产生的CO等，有造成人员中毒的危险；回转窑产生的CO_2，有造成人员窒息的危险。

5. 噪声危害

水泥企业生产过程中的主要噪声源、振动源主要集中在破碎机、球磨机、选粉机、空压机和各类风机等设备以及工艺设备在运转过程中由振动、摩擦、碰撞产生的机械动力噪声，风管、气管中产生的气体动力噪声等。这些设备产生的噪声对人体均可产生不良影响，如损伤耳膜、听力下降，严重时引起耳聋。

6. 电危害

水泥企业生产过程中有大量的电动机和各种高、低压电气设备，它们是触电事故可能发生的对象。在有强电、弱电操作的环境中，如高压配电所、变压器室、配电室、电气控制室、电气设备等处，电弧漏电、静电放电、雷电放电均可造成人员触电、仪表损坏或引起燃烧，导致人员电伤、火灾或造成因控制失灵产生的其他伤害事故。

7. 起重伤害

水泥悬窑、余热发电站等岗位设有检修电动葫芦，存在发生起重伤害的可能。一般发生起重伤害的原因主要有：①脱钩；②钢丝绳折断；③安全防护装置缺乏或失灵；④吊物坠落；⑤碰撞；⑥触电；⑦指挥信号不明或乱指挥；⑧吊物上面站人；⑨工件紧固不牢；⑩光纤阴暗看不清物体；⑪起重设备带“病”运转。

8. 高温灼伤

水泥企业的回转窑、冷却机、预热器、分解炉、烘干机熟料提升机起始部位、余热锅炉、汽轮发电机、系统尾气排放的管道和蒸汽管道等存在高温物质，工作人员在运行、检修（物料未充分冷却）、巡视检查过程中很容易发生烧伤、烫伤事故。

此外，各种高速运转设备的高温部件、长期运转致使温度升高的机械部件、检修时的电焊作业等部位及场所，作业人员在检修巡查或操作过程中均有意外灼伤的可能。

9. 粉尘危害

水泥企业的粉尘主要产生于原料破碎、生料磨、煤磨及输送、水泥磨、选粉机、水泥包装及输送系统等。

10. 机械伤害

水泥企业生产中所用的破碎机、刮板机、提升机、皮带运输机、风机、压缩机、车辆、泵的传动轴等，这些设备在生产过程中频繁使用，作业人员在检修、巡查或操作过程中均可能发生意外伤害，所以各类转动机械都是机械伤害事故可能发生的对象。

11. 中毒和窒息

水泥企业煤粉制备系统、烧成系统、收尘系统、脱硝工作中有 CO、CO_2 和 SO_2 等有害气体存在，当工作人员进入设备内作业，未进行气体置换和气体分析，未采取有效的安全技术措施时，有可能发生中毒事故。

生产中使用的生产原材料和产品大多为细碎散料堆放，若未采取安全措施，作业人员在储存、运输散料的场所进行作业时，滑落或陷入散料内被散料掩埋会导致作业人员窒息。

12. 高处坠落

水泥企业生产中，高空坠落事故的主要原因有以下几个方面：

① 不扣安全带或安全带扣环未扣到位或所扣位置不当；

② 高处作业不戴安全帽或安全帽带子未扣牢，从高处坠落时头部受打击加重伤害，造成伤亡；

③ 操作平台无防护栏或脚手架有缺陷；

④ 梯子的使用不符合规定；

⑤ 孔洞不封闭，图方便、违章搭乘载货吊笼；

⑥ 触电后引发高处坠落死亡；

⑦ 自我保护意识差；

⑧ 原料、燃料及产品筒仓、主厂房及其他生产建筑内有大量的平台、楼梯、塔、罐、槽、吊物孔洞、行车等，均有可能造成人员高处坠落伤害。

13. 辐射危害

水泥企业生产中在线分析仪存在辐射伤害，应通过缩短与放射源的接触时间、保持距离、增加屏蔽物等措施避免伤害。

14. 坍塌

水泥厂区工程地质不符合要求，会造成建成的建（构）筑物坍塌。建（构）筑物、钢结构等弱强度、刚性不足或质量存在缺陷，检修时临时搭建的脚手架、支架稳定性差，都有发生坍塌的可能。另外，如果原材料、产品等多以堆码形式存放且堆放角度过陡、堆码过高，都存在置物坍塌的可能。

15. 淹溺

煤粉筒仓、原料粉筒仓和水泥筒仓，生产过程中需登上筒仓顶进行巡查、检查、检修，进入该区的人员会有坠落仓内被粉体淹溺的危险。送料的仓斗若被堵塞，会对检修孔施加很大的压强，若检修孔挡板破裂，造成大量的煤粉、生料粉、水泥粉从仓斗中泄漏，会造成进入该区的人员被掩埋窒息。循环泵站的蓄水池、循环水池存在淹溺的危险因素。

16. 车辆伤害

水泥企业原辅料及产品的运输量较大，车辆进出频繁，发生车辆伤害事故的可能性较大。

17. 物体打击

水泥企业生产过程中发生物体打击的主要原因如下：

① 如果在高空平台、通道上堆物或者高空装置零件破损，可能会造成物料或装置部件坠落；

② 高空抛物，未划定警戒线，无人监护；

③ 建（构）筑物倒塌、支架搭设和拆除；

④ 冲击作业中锤头脱落、飞出；

⑤ 在高处作业时工具、物件放置不当；

⑥ 物件设备摆放不稳、倾覆，易滚动物件堆放时无防滚动措施；

⑦ 使用提升机用于物料的输送，可能会发生料斗或物料坠落；

⑧ 在设备安装、检修、拆除过程中，由于工艺措施不当或违章、冒险作业，零部件发生移动和坠落。

综上所述，水泥企业在设备检修、预分解系统、耐火砖和浇注料脱落、物料提升、余热锅炉系统等场所存在发生物体打击的可能。

四、制药企业常见危险有害因素

在制药企业的生产过程中，存在多种危险和有害因素，这些因素可能对员工的安全和健康产生不利影响。药品生产中的原辅料很多是危险化学品（如甲醇、乙醇、丙酮、浓盐酸等），具有易燃易爆和腐蚀性，且在生产过程中通常需要加热、冷却、加压等复杂工艺，这就决定了整个生产过程中存在诸多危险有害因素。为了确保生产安全，需要对这些危险和有害因素进行辨识和分析，分析发现制药企业生产中常见危险有害因素有以下几类。

1. 化学品泄漏

制药企业的生产过程中，涉及多种化学品的存储和使用。如果化学品泄漏，可能会对环境和员工健康产生危害。

2. 火灾和爆炸

在制药企业的生产过程中，火灾和爆炸是常见的危险事故。这可能是由于易燃物品的存储和处理不当、电气设备故障和违规操作等。

3. 触电和机械伤害

制药企业的生产过程中，涉及各种机械设备和电气设备，如果操作不当或设备故障，可能导致触电或发生机械伤害事故。

4. 空气污染、水污染、噪声污染、辐射污染

制药企业的生产过程中，可能会产生废气、废水、噪声、辐射等污染，如果处理不当，可能对环境和员工健康产生不利影响。

5. 废弃物污染

制药企业的生产过程中会产生大量的废弃物，这些废弃物大多是有毒有害物质，如果处理不当，可能会对环境和员工健康产生不利影响。

五、机械制造企业常见危险有害因素

机械制造业是一个高度自动化、集成化、精密化的行业，涉及的设备、工具、材料等都存在着一定的危险有害因素。这些危害因素会对机械制造工人的身体健康和安全造成威胁，必须采取有效的措施进行防护。根据危险源辨识和分析发现机械制造生产中常见的危险有害因素主要有以下几种。

1. 机械设备

机械设备是机械制造生产中最主要的危害因素之一。机械设备不仅会产生机械噪声、振动和尘土等有害物质，而且还存在着机械冲击、机械伤害等安全问题。机械冲击是指机械设备在操作中突然停止或速度突然改变时产生的冲击。机械伤害则是指机械设备的机械部件对人体造成的物理损伤，例如机械压伤、机械割伤等。

2. 化学物质

在机械制造生产中，常常需要使用液体、固体等化学物质来完成加工过程。这些化学物质可能会对人体造成损害，例如切削液、清洗剂、涂料等，会产生刺激性气味和刺激性气体。这些有害物质的吸入会引起头痛、失眠、呼吸不畅等健康问题。

3. 粉尘和颗粒物

机械制造生产中的钢铁加工、焊接、切削等工序都会产生大量的粉尘和颗粒物。这些有害物质会被吸入人体，造成呼吸系统疾病，例如肺尘埃沉着病、支气管炎等。同时，粉尘和颗粒物还会对设备产生蚀刻和磨损，加速设备老化，降低设备寿命。

4. 噪声和振动

机械设备产生的噪声和振动会对工人的听觉和身体造成损伤。噪声会导致听力下降、耳聋等听觉问题；振动则会对身体产生刺激，引发震颤、神经系统症状等。长期暴露在高强度噪声和振动环境下，还会对工人的心理健康和生产效率造成负面影响。

5. 电气设备

机械制造生产中涉及的很多设备都是电气设备，例如电机、电线、电缆等。如果这些设备没有得到适当的维护和保护，就有可能发生电气火灾、电击等安全事故。同时，高压电线在施工和维护过程中也存在危险，容易造成人身伤害和设备损坏。

六、冶金企业常见危险有害因素

冶金企业是指与冶炼金属相关、提供矿石（包括烧结矿、球团矿、生铁、废钢等）和金属产品的生产企业。这类企业通常会涉及大量的物理和化学过程，包括高温冶炼、电解、精炼等，以及相关的机械和自动化设备操作。

由于冶金企业生产过程中涉及的工艺复杂且危险物质较多，所以存在大量的危险有害因素，主要有以下几类。

1. 火灾和爆炸

冶金生产过程中涉及高温、高压和大量易燃、易爆物质，如煤气、氧气、氢气等，一旦失控，容易引发火灾和爆炸事故。

2. 机械伤害和人体坠落

冶金设备复杂，机械运转部位多，且部分设备需要人工操作，若设备安全防护设施缺失或人员操作不当，易造成机械伤害事故。同时，冶金企业厂房高大，存在高处作业，若安全防护措施不到位或人员违章作业，易导致人体坠落事故。

3. 粉尘和有害气体

冶金生产过程中会产生大量粉尘和有害气体，如铁粉尘、煤粉尘、一氧化碳、二氧化硫等，长期接触会对人员健康造成危害，易引发肺尘埃沉着病、中毒等。

4. 高温和辐射

冶金生产涉及高温作业和强辐射环境，如炼铁、炼钢、轧钢等环节，长时间处于这种环境下会对人员健康产生影响，如中暑、职业性白内障等。

5. 噪声和振动

冶金设备运转时会产生较大的噪声和振动，长期接触会对人员听力造成损害，同时还可能引起神经系统、消化系统等方面的疾病。

6. 触电和雷击

冶金生产过程中涉及大量电气设备，若设备绝缘损坏、接地不良或人员操作不当，易引发触电事故。同时，冶金企业厂房高大，易遭受雷击，若防雷措施不到位，会对设备和人员造成损害。

7. 起重伤害

冶金生产过程中涉及大量起重作业，若起重设备安全防护设施缺失或人员操作不当，易引发起重伤害事故。

8. 交通伤害

冶金企业内部运输车辆频繁，若道路设计不合理、车辆管理不善或人员违章行走，易引发交通伤害事故。

七、采矿企业常见危险有害因素

采矿企业生产地形、地质条件复杂，工作环境比较差，危险有害因素较多。根据开采矿石性质的不同，矿山作业的危害有很大差异。一般按开采方式和开采矿石性质的不同，将矿山分为4类：煤矿井、非煤矿井、露天煤矿和非煤露天矿。煤矿井的井下作业是最危险的作业之一，煤矿井是施工作业最复杂、危险因素最多的作业场所。

在矿山作业中，最常见的危险、有害因素有以下几种。

1. 材料搬运

作业人员在移动、提举、搬运、装载和存放材料、供应品、矿石或废料时发生的事故，主要是使用不安全的工作方法和判断失误引起的。在地下矿井、地面矿场以及选矿厂中搬运事故是最容易发生的事故之一。在矿山作业中，特别容易发生材料运输事故的作业有：①井下的巷道支护及支护拆除作业；②井下的工作面支护和支护拆除作业；③材料、矿石的装卸作业；④材料、矿石的运输作业；⑤掘进作业；⑥开采作业；⑦狭窄空间的其他作业。

2. 人员滑跌或坠落

人员滑跌或坠落也是采矿业中容易发生的事故之一。容易发生人员滑跌和坠落的场所主要有：①露天矿山的台阶；②立井或斜井的人行道；③立井或斜井的平台；④露天矿山的行人坡道；⑤积水的采、掘工作面；⑥倾角较大的采、掘工作面。

3. 机械伤害

在操作机器、移动设备、用机械运输、在机械周围工作时发生的机械伤害事故居伤残事故的第三位。随着采矿工业机械化程度的提高，特别是大型和重型机械进入采矿场所，机械对其操作和周围人员造成伤害的可能性增大。

4. 拖曳伤害

在各类运输设备上都可能发生拖曳伤害，如胶带输送机、链条输送机、轨道矿车、提升运输机、卡车和其他车辆等。

5. 岩层坍塌

岩层坍塌包括：巷道的片帮和冒顶、露天工作面的片帮、矿井工作面的片帮和冒顶、露天的滑坡等。

片帮和冒顶是地下开采中最严重的事故，也是最普遍的事故之一。片帮和滑坡事故也发生在露天矿场和采石场。

6. 瓦斯和粉尘爆炸

在煤炭开采过程中，特别是在井下采煤过程中，易燃和爆炸性煤尘、瓦斯的危害始终存在。瓦斯或煤尘爆炸事故一旦发生，一般会造成灾难性的后果。较容易发生瓦斯积聚的场所（地点）主要有：①井下采煤工作面的上（下）隅角；②高瓦斯煤层的煤巷掘进工作面；③井下工作面的采空区；④高瓦斯煤层工作面的冒落区；⑤发生瓦斯突出后的瓦斯积聚区；⑥井下独头掘进煤巷工作面；⑦通风不良的井下其他场所；⑧出现逆温气候条件时的深凹露天采煤工作面。

7. 矿井水灾

水的涌入是井下作业区的灾难性事故，加强井下的探水和堵水、小煤矿及废井的管理和控制，是控制这种事故的主要办法。

8. 爆炸事故

矿山企业在生产过程中，使用炸药（如在瓦斯或煤尘危险区域进行爆破），在潮湿的或含有某种爆炸性气体的环境中使用电气或电气设备等都是危险因素。

9. 其他危险因素

包括手工工具使用不当、物件或材料跌落、气焊和电弧焊或切割、酸性或碱性物质的灼伤、飞溅颗粒物等。

第二节 企业安全生产控制要点

生产企业根据生产性质的不同，如化工企业、建材企业、制药企业、机械制造企业、冶金企业和采矿企业等，其危险和有害因素固然存在不同，虽然发生事故的概率很大，但只要安全措施到位、防范办法周密，就可以把事故发生的概率降到最低。

安全生产中“人的不安全行为”、“物的不安全状态”、“环境影响伤害因素”和“安全管理缺陷”，这“四点控制”是最为关键的环节之一。所以预防事故的发生，主要把握好“四点控制”。

一、人的不安全行为

人的不安全行为是指造成人身伤亡事故的人为错误，包括引起事故发生的不安全动作和应该按照安全规程去做，而没有去做的行为。不安全行为反映了事故发生的人的方面的原因。

1. 不安全行为的内容

在安全生产中，人的不安全行为主要包括以下方面：

① 操作错误、忽视安全、忽视警告；

② 造成安全装置失效；

③ 使用不安全设备；

④ 手代替工具操作；

⑤ 物体（指成品、半成品、材料、工具等）存放不当；

⑥ 冒险进入危险场所；

⑦ 攀坐不安全位置（如平台护栏等）；

⑧ 在起吊臂下作业、停留；

⑨ 机器运转时加油、修理、检查、调整、焊接、清扫等；

⑩ 有分散注意力行为；

⑪ 没有正确使用个人防护用品和用具；

⑫ 不安全装束；

⑬ 对易燃、易爆等危险品处理错误。

2. 保证人员安全的措施

人员安全是安全生产中最关键的环节。为了保证人员安全，企业需要采取多种措施：

① 加强安全培训，提高员工的安全意识和安全操作技能。

② 制定完善的安全管理制度，确保员工的安全行为得到规范和约束。

③ 加强现场安全管理，确保员工在工作现场的安全。

二、物的不安全状态

人机系统把生产过程中发挥一定作用的机械设备、物料、生产对象以及其他生产要素统称为物。物具有不同形式、性质的能量，有出现能量意外释放，引发事故的可能性。物的能量可能释放引起事故的状态，称为物的不安全状态。

1. 常见的物的不安全状态

① 防护、保险、信号等装置缺乏或有缺陷；

② 设备、设施、工具、附件有缺陷；

③ 强度不够，如机械强度不够、电气设备绝缘强度不够等；

④ 设备在非正常状态运行，如设备带“病”运转、超负荷运转等；

⑤ 维修、调整不良，如设备失修、保养不当等；

⑥ 个人防护用品缺乏或不符合安全要求；

⑦ 生产（施工）场地环境不良，如照明光线不良、通风不良、作业场所狭窄、地面滑等；

⑧ 交通线路的配置不安全；

⑨ 特种设备长期超负荷运行；

⑩ 物料存放、使用不当等。

2. 保证物料安全的措施

① 建立健全防护、保险、信号等装置；

② 对各种设备定期进行检验、检测，确保设备正常运行；

③ 制定设备安全操作规程，确保员工正确操作设备；

④ 建立防护用品发放管理制度，杜绝有缺陷的防护用品；

⑤ 加强物料采购管理、存储管理和使用管理，确保物料安全；

⑥ 全体员工岗前使用安全检查表，对自己使用或操作的设备设施、工具、仪表、附件等进行安全检查；

⑦ 加强日常现场检查，加强巡检，一旦发现问题，能及时整改的予以整改，不能整改的备档记录，现场设置标示牌。

三、环境影响伤害因素

生产企业的环境因素不仅影响着企业的生产效益，而且与生产操作人员的身心健康有着很直接的关系。合理的生产环境是确保工人安全和生产顺利进行的基础。影响安全生产的环境因素主要是温湿度、照明、噪声、气味、色彩五个方面。

1. 温湿度

温度和湿度的变化，对人机系统的安全有着很大的影响。温度高、湿度大的环境，会使工作人员感到闷热难耐、疲惫和头晕，在生产操作中会变得反应迟钝，易产生差错，造成事故。科学试验表明：在39℃以上的环境中连续工作两小时以上，就会使人发生虚脱现象。寒冷的环境：沉重的御寒服装会影响人手脚的灵活性，妨碍操作；衣衫单薄，又会使操作者手脚僵硬或冻伤，甚至僵冷到无法操作机器设备的地步。这都是安全生产的潜在危险。

科学研究得出的结论是：理想的工作环境其最佳温度是17～23℃，人脑在18℃时思考问题最敏捷，工作时出错率最低。由此可见，要保证安全生产和良好的工作效率，一定要创造适宜的环境温度和湿度。

2. 照明

眼睛是人在生产劳动中接收信息的主要器官。实践证明，在人们通过五感来认识事物的过程中，视觉占75%～87%。在生产劳动中，工作人员通过视觉的信息积累进行判断以适应外界的急剧变化，提高对危险的敏感度，以确保安全生产。因此，如果采光及照明条件不好，则会影响操作人员的视觉能力，使之容易接收错误的信息，并在操作时产生差错而导致事故的发生。所以，生产企业一定保证适宜的照明。

3. 噪声

噪声是让人难以忍受的声音。科学研究证实：噪声不仅对人的听觉器官、神经系统和心血管系统有损害，而且还会带来其他许多病患，诸如头痛、头晕、失眠、多梦、记忆力减退等。生产企业噪声的产生，一般来自空气、机械和电磁三种。空气动力性噪声主要源自风动振动空气，高达100～200分贝；机械性噪声源自机床运转时的撞击、摩擦和振动，其噪声可高达115～125分贝；电磁性噪声源自发电机等，可高达100分贝以上。长期在高噪声的环境里面工作，对于视觉无力发现的危险程度，要靠听力去探知的本领就会削弱，从而就有可能影响安全生产甚至发生事故。所以，生产企业一定要控制噪声。

4. 气味

清新的空气使人的大脑有充足的氧气供应，有利于提高用脑效率。在工作场所，如果经常飘浮着诸如腐味、臭气甚至有毒气体的气味，就会使人的嗅觉器官产生不适感，进而影响工作情绪，造成潜在的危险。所以，生产企业一定要给工作人员创造清新的环境。

5. 色彩

工作环境的色彩，对人的身心健康和工作效率也有一定的影响。色彩在情绪上、心理上引起的反应，是眼睛和躯体接受光刺激的结果。所以，色彩不仅影响人们的生活，还直接影响着安全工作。

因此，对生产场所的墙壁、设备、管线等的色彩处理，要进行科学合理的安排，尽可能适合于生产操作人员的生理状态，以利于安全生产。

四、安全管理缺陷

安全管理是为了控制人的不安全行为、物的不安全状态和环境影响伤害因素，以扎实的知识、态度和能力为基础进行的一系列综合活动。其目的是使风险受控、隐患可控、事故处于无限期的零状态。

安全生产管理缺陷是指在工作场所安全生产管理过程中，存在一些不完善、不符合规范要求或者存在疏漏的现象。近年来我国特别重视安全生产，所以管理上也越加严格，但是在执行中还是存在一定的缺陷。

1. 缺乏有效的安全意识培养

部分企业对安全意识培养不够重视，仅仅安排几次培训课程，而忽视了长期培养和潜移默化的效果。因此，员工的安全意识不强，对危险行为和安全隐患的认识不够清晰。

2. 缺乏全员参与

某些企业安全生产管理只由管理层和直接管理者来执行，并不是所有员工都积极参与进来，所以部分员工缺乏安全生产的责任感，难以形成全员的安全意识和责任意识。

3. 安全管理制度不完善

一部分企业的安全管理制度存在漏洞，规章制度不完善，缺乏切实可行的操作细则和标准。此外，在紧急情况下，缺乏相应的处置和应对方案，导致员工不知所措，安全风险难以控制。

4. 安全设施、设备不到位

部分企业对于安全设施、设备的配置不够重视，例如防护设施不完备、消防设备老化、检修维护不及时等。这些问题将导致工作场所存在安全风险，增加职工遭受伤害的概率。

5. 监督检查不到位

有些企业在安全生产管理中缺乏监督检查的力度，没有建立有效的监督机制，导致安全隐患无法及时发现和解决，安全风险无法有效控制。

安全管理“永远在路上”，没有“最后一公里”的终点站，只有不断延续的新起点。为了弥补安全生产管理上的缺陷，企业需要加强对员工的安全意识培养，建立全员参与的安全管理机制，加强安全培训的及时性和灵活性。同时，要完善安全管理制度，优化安全设施、设备配置，加强监督检查。只有全面提升安全生产管理水平，才能有效预防事故的发生，保护员工的安全和健康。

第三节　安全防护基本知识

一、安全标准与安全防护

（一）安全标准

1. 安全标准的概念

安全标准是指为保护人体健康、生命和财产安全而制定的技术要求和规范，是强制性标准，即必须执行的标准，是安全生产和安全防护的基础。

2. 制定机构

安全标准的制定机构通常是政府或行业协会等权威机构，根据法律法规、技术要求和行业经验制定安全标准。

3. 安全标准的作用

安全标准的作用是规范生产、作业和管理行为，降低事故风险，保障人员安全和财产安全。

（二）安全防护

1. 安全防护的概念

安全防护是企业做好准备和保护，以应对攻击或者避免受害，从而使从业人员始终处于没有危险、不受侵害、不出现事故的安全状态。

2. 安全防护的内涵

安全是目的，防护是手段，通过防范的手段达到安全的目的，是安全防护的基本内涵。

3. 安全防护技术

（1）物理安全防护　物理安全防护的方式有设置围栏与监控、门禁与报警装置和物理锁与钥匙管理等。

（2）技术安全防护　技术安全防护的方式有设置防火墙与入侵检测、数据加密与备份和软件安全更新等。

（3）管理安全防护　管理安全防护的方式有制定安全政策和培训计划，提高员工的安全意识和技能；定期进行安全审计和监控，确保安全措施的有效性；实施严格的访问控制和权限管理，确保只有授权人员能够访问敏感信息等。

（4）应急安全防护　应急安全防护的方式主要有应急预案的制定、应急演练与培训和应急响应与处置等。

二、安全色与安全标志

为了提醒人们注意不安全因素，预防发生意外事故，需要在有危险的场所和设备上悬挂各类不同颜色及不同图形的标志。

（一）安全色

1. 安全色的种类

安全色通过不同的颜色表示安全的不同信息，使人们能迅速、准确地分辨各种不同环境，预防事故发生。《安全色》中规定，传递安全信息含义的颜色，包括红、蓝、黄、绿四种。

2. 安全色的含义

安全色用以表示禁止、警告、指令、指示等。红色表示禁止、停止、危险或提示消防设备的信息，蓝色表示指令、必须遵守的规定，黄色表示警告、注意，绿色表示安全。其作用在于使人们能够快速发现或分辨安全标志，提醒人们注意，以防发生事故。详见表 5-1。

表 5-1　安全色的用途及含义

颜色	含义	用途举例
红色	禁止 停止 危险	禁止标志、停止标志：如机器、车辆上的紧急停止手柄或按钮，禁止人们触动的部位
	消防设备	灭火器
蓝色	指令 必须遵守	指令标志：如必须佩戴个人防护用具，道路上指引车辆和行人行驶方向的指令
黄色	警告 注意	警告标志、警戒标志：如危险作业场所和坑、沟周边的警戒线，行车道中线，机械上齿轮箱的内部，安全帽
绿色	安全	提示标志，车间内的安全通道，行人和车辆通行标志，安全防护装置的位置

注：1. 蓝色只有与几何图形同时使用时，才表示指令。
2. 为了不与道路两旁树木相混淆，道路上的提升标志用蓝色。

3. 对比色

为了提高安全色的辨别度，在安全色标上一般采用对比色。如红色、蓝色和绿色均用白色作对比色，黑色和白色互作对比色，黄色用黑色作对比色，也可用红白相间、蓝白相间、黄黑相间条纹表示强化含义。

在运用对比色时，黑色用于安全标志的文字、图形符号和警告标志的几何边框。白色既可以用作红、蓝、绿色的背景色，也可以用于安全标志的文字和图形符号。另外，红色和白色、黄色和黑色的间隔条纹是两种较醒目的标志，其用途见表 5-2。

表 5-2　间隔条纹表示的含义和用途

颜色	含义	用途举例
红白相间	禁止超过	道路上的防护栏杆
黄黑相间	警告危险	工矿企业内部的防护栏杆 吊车吊钩的滑轮架 铁路和道路交叉口上的防护栏杆

（二）安全标志

1. 安全标志的概念

根据《安全标志及其使用导则》（GB 2894—2008），安全标志是用以表达特定安全信息的标志，由图形符号、安全色、几何形状（边框）或文字构成。安全标志是向工作人员警示工作场所或周围环境的危险状况，指导人们采取合理行为的标志。

2. 安全标志的作用

安全标志能够提醒工作人员预防危险，从而避免事故发生。当危险发生时，能够指示人们尽快逃离，或者指示人们采取正确、有效、得力的措施，对危害加以遏制。安全标志不仅类型要与所警示的内容相吻合，而且设置位置要正确合理，否则就难以真正充分发挥其警示作用。安全标志不能替代安全操作规程和防护措施。

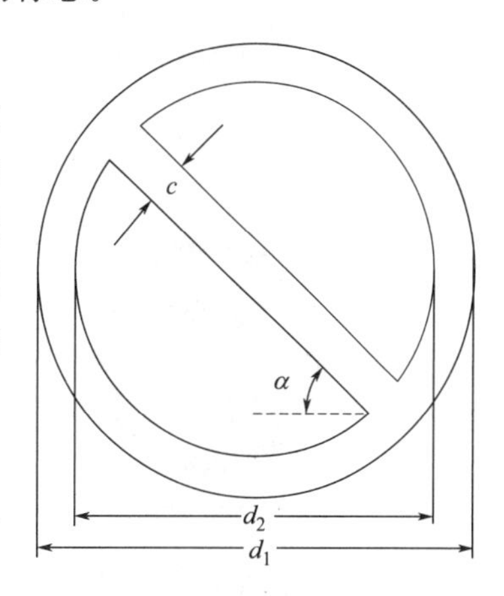

图 5-1 禁止标志的基本形式

3. 安全标志的类型

根据作用和使用范围，安全标志分为禁止标志、警告标志、指令标志和提示标志四大类型。

（1）禁止标志 禁止标志是禁止人们不安全行为的图形标志，其基本形式是带斜杠的圆边框，如图 5-1 所示。

基本参数：外径 $d_1=0.025L$；内径 $d_2=0.800d_1$；斜杠宽 $c=0.080d_1$；斜杆与水平线的夹角 $\alpha=45°$；L 为观察距离。例如，需要在 5 米外看到这个标志，那么标志的外径 d_1 就是 0.025×5 米。

禁止标志共有 40 种。图形为黑色，禁止符号与文字底色为红色。其图形和含义如表 5-3 所示。

表 5-3 禁止标志（部分）

编号	图形标志	名称	设置范围和地点
1	禁止吸烟	禁止吸烟 No smoking	有甲、乙、丙类火灾危险物质的场所和禁止吸烟的公共场所等，如木工车间、油漆车间、沥青车间、纺织厂、印染厂等
2	禁止烟火	禁止烟火 No burning	有甲、乙、丙类火灾危险物质的场所，如面粉厂、煤粉厂、焦化厂、施工工地等

续表

编号	图形标志	名称	设置范围和地点
3	禁止带火种	禁止带火种 No kindling	有甲类火灾危险物质及其他禁止带火种的各种危险场所，如炼油厂、乙炔站、液化石油气站、煤矿井内、林区、草原等
4	禁止用水灭火	禁止用水灭火 No extinguishing with water	生产、储运、使用中有不准用水灭火的物质的场所，如变压器室、乙炔站、化工药品库、各种油库等
5	禁止放置易燃物	禁止放置易燃物 No laying inflammable thing	具有明火设备或高温的作业场所，如动火区、各种焊接、切割、锻造、浇注车间等场所
6	禁止堆放	禁止堆放 No stocking	消防器材存放处、消防通道及车间主通道等
7	禁止启动	禁止启动 No starting	暂停使用的设备附近，如设备检修、更换零件等

续表

编号	图形标志	名称	设置范围和地点
8	禁止合闸	禁止合闸 No switching on	设备或线路检修时，相应开关附近
9	禁止转动	禁止转动 No turning	检修或专人定时操作的设备附近
10	禁止叉车和厂内机动车辆通行	禁止叉车和厂内机动车辆通行 No access for fork lift trucks and other industrial vehicles	禁止叉车和其他厂内机动车辆通行的场所
11	禁止通行	禁止通行 No throughfare	有危险的作业区，如：起重、爆破现场，道路施工工地等
12	禁止攀登	禁止攀登 No climbing	不允许攀爬的危险地点，如：有坍塌危险的建筑物、构筑物、设备旁

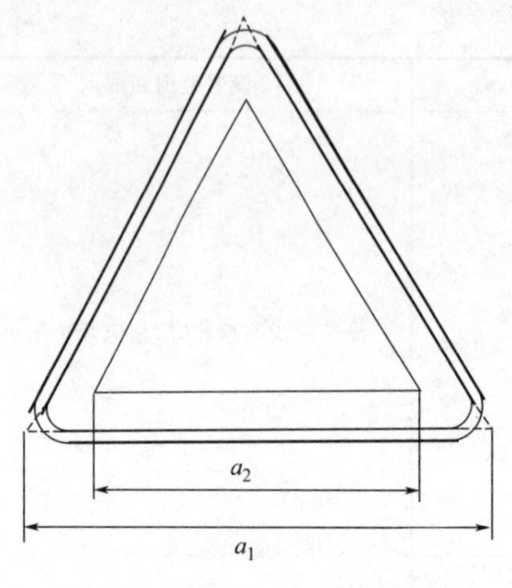

图 5-2　警告标志的基本形式

（2）警告标志　警告标志是提醒人们注意周围环境，以避免可能发生危险的图形标志。如图 5-2 所示。

基本参数：外边 $a_1=0.034L$；内边 $a_2=0.700a_1$；边框外角圆弧半径 $r=0.080a_2$；L 为观察距离。

警告标志底色为黄色，图案及边框为黑色。警告标志的基本形式是正三角形边框，顶角向上。其图形和含义如表 5-4 所示。

表 5-4　警告标志（部分）

编号	图形标志	名称	设置范围和地点
1	注意安全	注意安全 Warning danger	易造成人员伤害的场所及设备等
2	当心火灾	当心火灾 Warning fire	易发生火灾的危险场所，如：可燃性物质的生产、储运、使用等地点
3	当心爆炸	当心爆炸 Warning explosion	易发生爆炸危险的场所，如易燃易爆物质的生产、储运、使用或受压容器等地点

续表

编号	图形标志	名称	设置范围和地点
4	当心腐蚀	当心腐蚀 Warning corrosion	有腐蚀性物质(GB 12268—2012 中第 8 类所规定的物质)的作业地点
5	当心中毒	当心中毒 Warning poisoning	剧毒品及有毒物质(GB 12268—2012 中第 6 类第 1 项所规定的物质)的生产、储运及使用地点
6	当心感染	当心感染 Warning infection	易发生感染的场所,如:医院传染病区;有害生物制品的生产、储运、使用等地点
7	当心触电	当心触电 Warning electric shock	有可能发生触电危险的电器设备和线路,如:配电室、开关等
8	当心机械伤人	当心机械伤人 Warning mechanical injury	易发生机械卷入、轧压、碾压、剪切等机械伤害的作业地点

续表

编号	图形标志	名称	设置范围和地点
9	当心塌方	当心塌方 Warning collapse	有塌方危险的地段、地区，如：堤坝及土方作业的深坑、深槽等
10	当心冒顶	当心冒顶 Warning roof fall	具有冒顶危险的作业场所，如：矿井、隧道等
11	当心落物	当心落物 Warning falling objects	易发生落物危险的地点，如：高处作业、立体交叉作业的下方等
12	当心烫伤	当心烫伤 Warning scald	具有热源易造成伤害的作业地点，如：冶炼、锻造、铸造、热处理车间等

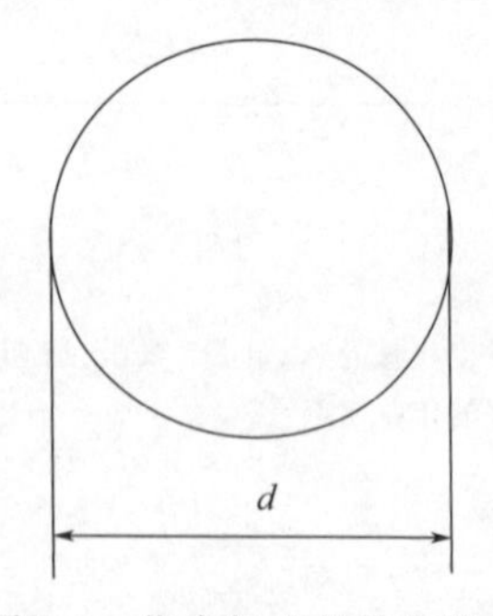

图 5-3 指令标志的基本形式

(3) 指令标志 指令标志的含义是必须遵守，是强制人们必须做出某种动作或采用防范措施的图形标志。如图 5-3 所示。

基本参数：直径 $d=0.025L$；L 为观察距离。

指令标志共有 16 个，其几何图形是圆形，蓝色背景，白色图形符号。其图形和含义如表 5-5 所示。

(4) 提示标志 提示标志是向人们提供某种信息（如标明安全设施或场所等）的图形标志。提示标志的几何图形是方形，绿色背景，白色图形符号及文字。

表 5-5　指令标志

编号	图形标志	名称	设置范围和地点
1	必须戴防护眼镜	必须戴防护眼镜 Must wear protective goggles	对眼睛有伤害的各种作业场所和施工场所
2	必须配戴遮光护目镜	必须配戴遮光护目镜 Must wear opaque eye protection	存在紫外、红外、激光等光辐射的场所，如电气焊等
3	必须戴防尘口罩	必须戴防尘口罩 Must wear dust proof mask	具有粉尘的作业场所，如：纺织清花车间、粉状物料拌料车间以及矿山凿岩处等
4	必须戴防毒面具	必须戴防毒面具 Must wear gas defence mask	具有对人体有害的气体、气溶胶、烟囱等作业场所，如：有毒物散发的地点或处理由毒物造成的事故现场
5	必须戴护耳器	必须戴护耳器 Must wear ear protector	噪声超过 85dB 的场所，如：铆接车间、织布车间、射击场、工程爆破、风动掘进等处

续表

编号	图形标志	名称	设置范围和地点
6		必须戴安全帽 Must wear safety helmet	头部易受外力伤害的作业场所，如：矿山、建筑工地、伐木场、造船厂及起重吊装处等
7		必须戴防护帽 Must wear protective cap	易造成人体碾绕伤害或有粉尘污染头部的作业场所，如：纺织、石棉、玻璃纤维以及具有旋转设备的机加工车间等
8		必须系安全带 Must fastened safety belt	易发生坠落危险的作业场所，如：高处建筑、修理、安装等地点
9		必须穿救生衣 Must wear life jacket	易发生溺水的作业场所，如：船舶、海上工程结构物等
10		必须穿防护服 Must wear protective clothes	具有放射、微波、高温及其他需要穿防护服的作业场所
11		必须戴防护手套 Must wear protective gloves	易伤害手部的作业场所，如：具有腐蚀、污染、灼烫、冰冻及触电危险的作业等地点

续表

编号	图形标志	名称	设置范围和地点
12	必须穿防护鞋	必须穿防护鞋 Must wear protective shoes	易伤害脚部的作业场所，如：具有腐蚀、灼烫、触电、砸(刺)伤等危险的作业地点
13	必须洗手	必须洗手 Must wash your hands	接触有毒有害物质作业后
14	必须加锁	必须加锁 Must be locked	剧毒品、危险品库房等地点
15	必 须 接 地	必须接地 Must connect an earth terminal to the ground	防雷、防静电场所
16	必须拔出插头	必须拔出插头 Must disconnect mains plug from electrical outlet	在设备维修、故障、长期停用、无人值守状态下

4. 其他与安全有关的色标

除了上述规定的安全色和安全标志外，在工厂里还有一些与安全有关的色标。常见的色标有气瓶、气体管道和供电汇流条等方面的漆色。这些漆色代表一定的含义，一见到它们，人们就能迅速加以判别。这对预防事故、保证安全是有好处的。

（1）气瓶的色标 《气瓶安全技术规程》（TSG 23—2021）指出，气瓶的颜色标志应当明显、持久，并易于区分。颜色标志的主要目的是方便识别和分类不同种类的气瓶，避免混淆和误用。气瓶的颜色标志应当符合国家标准《气瓶颜色标志》（GB/T 7144）的规定，即气瓶的颜色、字样、色环以及位置等都需要按照标准进行统一。具体见表5-6。

表5-6 气瓶漆色表

<table>
<tr><th>序号</th><th>充装气体</th><th>化学式</th><th>体色</th><th>字样</th><th>字色</th><th>色环</th></tr>
<tr><td>1</td><td>空气</td><td></td><td>黑</td><td>空气</td><td>白</td><td rowspan="2">$P=20$,白色单环
$P\geqslant30$,白色双环</td></tr>
<tr><td>2</td><td>氩</td><td>Ar</td><td>银灰</td><td>氩</td><td>深绿</td></tr>
<tr><td>3</td><td>氟</td><td>F_2</td><td>白</td><td>氟</td><td>黑</td><td rowspan="4">$P=20$,白色单环
$P\geqslant30$,白色双环</td></tr>
<tr><td>4</td><td>氦</td><td>He</td><td>银灰</td><td>氦</td><td rowspan="3">深绿</td></tr>
<tr><td>5</td><td>氪</td><td>Kr</td><td>银灰</td><td>氪</td></tr>
<tr><td>6</td><td>氖</td><td>Ne</td><td>银灰</td><td>氖</td></tr>
<tr><td>7</td><td>一氧化氮</td><td>NO</td><td>白</td><td>一氧化氮</td><td>黑</td><td></td></tr>
<tr><td>8</td><td>氮</td><td>N_2</td><td>黑</td><td>氮</td><td>白</td><td rowspan="2">$P=20$,白色单环
$P\geqslant30$,白色双环</td></tr>
<tr><td>9</td><td>氧</td><td>O_2</td><td>淡(酞)蓝</td><td>氧</td><td>黑</td></tr>
<tr><td>10</td><td>二氟化氧</td><td>OF_2</td><td>白</td><td>二氟化氧</td><td rowspan="3">大红</td><td rowspan="3"></td></tr>
<tr><td>11</td><td>一氧化碳</td><td>CO</td><td>银灰</td><td>一氧化碳</td></tr>
<tr><td>12</td><td>氘</td><td>D_2</td><td>银灰</td><td>氘</td></tr>
</table>

注：P 为气瓶的公称工作压力，MPa。

（2）管道的色标 根据国际标准，一般是：红色标识的管道为火灾应急管道，用于灭火系统或紧急事故处理；黄色标识的管道为危险品管道，用于运输或处理危险物质；蓝色标识的管道为冷却水管道，用于循环冷却系统或空调系统；绿色标识的管道为废水管道，用于排放废水或处理废水系统；紫色标识的管道为气体管道，用于输送或处理气体；黑色标识的管道为非常规管道，用于特殊用途或特定工艺；白色标识的管道为物质输送管道，用于输送水、气体、液体等非危险物质。

（3）供电汇流条的色标 供电汇流条的色标规定主要是为了方便工作人员进行识别和操作，确保电力系统的安全运行。通常黄色表示A相母线，绿色表示B相母线，红色表示C相母线，黄绿色表示地线。

三、防火与安全用电

（一）安全防火

据统计，2023年全国消防救援队伍共接报城乡火灾87.8万起，森林草原火灾156起，死亡和受伤人数均超过2000人，直接经济损失超60亿元。可见，安全防火直接关系到人民的生命财产安全，所以我们每个人都应该增强防火意识，遵守防火规定，积极参与防火工作，共同维护社会的和谐稳定。

1. 火灾发生条件

火灾的发生必须同时具备以下三个基本条件：

(1) 可燃物质　不论是固体、液体还是气体，只要它们具有可燃性，就可能在特定条件下引发火灾。常见的可燃物质包括木材、纸张、汽油、酒精等。

(2) 氧化剂　也就是通常所说的助燃物质，如空气、氧气等。

(3) 点火源　即能引起可燃物质燃烧的能源。点火源可以是明火、高温物体、电火花、化学反应等。

生产企业易燃易爆的物品较多，发生火灾后影响范围较大，后果严重，易造成人员的灼烫伤害和人员中毒窒息、设备损坏、环境污染等事故。

2. 预防火灾发生的措施

生产企业预防火灾事故的发生需要注意以下几点：

(1) 加强防范易发生火灾的场所　化工厂、家具厂、油库、木模间、油漆间、变电室、木料库房等。

(2) 严格落实消防安全制度　生产企业应该严格落实消防安全责任制度：消防安全教育、培训制度，防火检查、巡查制度，消防安全巡查制度，消防安全疏散设施管理制度，消防设施器材维护管理制度，消防值班制度，火灾隐患整改制度，用火、用电安全管理制度，灭火和应急疏散预案演练制度以及易燃易爆危险物品和场所防火防爆管理制度，共十项制度。

3. 常用灭火方法

(1) 冷却灭火法　将灭火剂直接喷洒在可燃物上，使可燃物的温度降低到自燃点以下，从而使燃烧停止。例如，用水冷却尚未燃烧的可燃物质以防止其达到燃点而着火。这种方法适用于一般物质的起火，如木材、纸张等。

(2) 窒息灭火法　采取措施阻止空气进入燃烧区，或用惰性气体稀释空气中的含氧量，使燃烧物质因缺乏或断绝氧气而熄灭。适用于扑救封闭式的空间、生产设备装置及容器内的火灾。

(3) 隔离灭火法　将着火点附近的可燃物搬开，防止火势蔓延。这也是一种消除可燃物的方法。

(4) 使用灭火器灭火　针对不同类型的火灾，选择适合的灭火器进行灭火。例如，干粉灭火器适用于扑救油类、电器等火灾，二氧化碳灭火器则适用于扑救精密仪器、图书资料等火灾。

需要注意的是，不同类型的火灾需要采用不同的灭火方法。对于油类、电器等火灾，不能用水灭火，而应使用相应的灭火器材。同时，在使用灭火器材时，也要确保自身安全，避免受到火势或灭火剂的伤害。

(二) 安全用电

随着科学技术的发展，生产企业电气化程度越来越高。电气设备的结构和装置不完善或工作人员操作不当，都会引起电气事故，对生命财产安全造成威胁。所以，工作人员应该熟练掌握用电技术，确保用电设备安全。

1. 电气事故类别

根据电能的不同作用形式，电气事故可分为电击、电伤、射频电磁场危害、雷电灾害、静电伤害和电气系统故障危害等。其中最常见的是电击和电伤事故。

（1）电击　电击是指一定量的电流通过人体时引起的不同程度组织损伤或器官功能障碍或猝死。

（2）电伤　电伤是指电流的热效应、机械效应和化学效应等对人体外部组织或器官造成的局部伤害。电伤通常包括电灼伤、金属溅伤、电烙印、机械性损伤、皮肤金属化等。

2. 电气事故发生的原因

电气事故发生的原因多种多样，主要包括以下几个方面：

（1）生产管理混乱　企业停送电权限没有归口统一管理，导致多头领导，可能引发工厂的误停电或误送电，进而造成停工停产或人员伤亡。

（2）电气工作人员操作不当　包括玩忽职守、违章作业、不按工作票要求进行操作或是不开工作票进行盲目操作，这些行为可能导致停电、电气设备短路崩烧或人员伤亡。

（3）供电系统不完善　例如，继电保护的定值不配套或定试不严格，可能导致开关误动或拒动，从而引发停电或扩大事故范围。

（4）设备维修不当　不按期进行检修，导致电气设备绝缘水平下降、设备接地不良或外壳带电，从而造成设备损坏、火灾或人员伤亡。

（5）设备老化与安装不合理　设备老化、绝缘损坏导致漏电，设备安装不合理可能引发短路和火灾。

（6）线路布置不合理　不合理的线路布置容易发生电弧故障，增加电气事故的风险。

（7）环境因素　在易燃易爆场所使用电气设备，若设备制造水平低或检修不力等，设备发生故障可能引发周围易燃易爆物质的燃烧或爆炸。

（8）安全意识薄弱　部分工作人员安全意识淡薄，工作前未进行安全风险分析，或在作业时未检查确认电源是否已断开，这些行为都可能导致触电等电气事故的发生。

3. 预防电气事故发生的措施

为了预防电气事故的发生，可以采取以下措施：

① 使用符合标准的电气设备，确保其质量和性能可靠。工作人员应接受必要的培训和指导，了解如何正确操作电气设备，并严格按照操作规程进行操作。

② 定期检查电线和插座，确保其无裸露的导线、破损的绝缘层或松动的插头。

③ 使用安全开关和保护装置，防止电流过大或电气设备过热。

④ 建立合理的电气系统布局，避免电线交叉、悬挂或过度拉伸。

⑤ 防潮是预防电气事故的重要环节，应采取有效的防潮措施。

⑥ 加强用电安全管理和工作人员的安全技能培训。

四、压力容器防爆安全知识

1. 压力容器介绍

压力容器是指包含气体或液体并承载一定压力的封闭装置。这些装置由于其内部承载高压，一旦操作不当或设备存在缺陷，就可能引发严重的事故，如爆炸、泄漏等，对人员和设备造成巨大损害。

2. 压力容器爆炸的危害

（1）冲击波破坏　冲击波是一种不连续峰在介质中的传播现象，当任何波源的运动速度超过其波的传播速度时，这种波动形式就会产生。在高压、高速的条件下，冲击波可以造成严重的破坏，破坏产生的爆炸碎片，可导致人员伤亡，还可能损坏四周的设备和管道，引起连续爆炸或火灾。

（2）介质泄漏　介质泄漏产生的危害主要是有毒介质的毒害和高温水汽的烫伤。

3. 压力容器爆炸的原因

压力容器爆炸的原因主要有以下几个方面：

（1）超压　超压是压力容器最主要的危险因素。容器内超压会使容器超出其承受能力范围，导致破坏。压力表失灵无法泄放压力、紧急切断装置失灵无法进行正常操作、安全附件不全或失灵等情况，都可能导致容器超压而发生爆炸。操作不当、工艺不成熟或工艺条件未得到有效控制等，也可能造成超温超压，从而引发爆炸。

（2）泄漏　密封失效引起的泄漏是引发容器爆炸的另一个重要因素。设计不当造成的结构不严密、材料强度不够、腐蚀和机械损伤等都可能导致泄漏，一旦有气态或液态介质泄漏出来，遇到明火或高温，就可能发生燃烧和爆炸。

（3）违规操作　使用压力容器的人员未经专业培训，违规操作或者处理不当，极易引发容器爆炸事故。

（4）设备质量问题　使用劣质阀门、法兰等零配件，或容器本身质量差，导致设备承压能力不足、密闭性能差，从而引发事故。压力容器存在先天性缺陷，如未经过设计或设计错误、结构不合理、选材不当、强度不够、制造质量低劣或安装组焊质量差等，也是爆炸事故的重要原因。

4. 压力容器爆炸的预防措施

生产企业要想预防压力容器爆炸事故的发生，应采取以下措施：

（1）合理设计与选材　在设计阶段，应采用合理的结构，如全焊透结构，避免应力集中和几何突变。针对设备使用工况，选用塑性、韧性较好的材料，并确保强度计算及安全阀排量计算符合标准。

（2）严格制造、修理、安装与改造过程　在这些过程中，应加强焊接管理，提高焊接质量，并按规范要求进行热处理和探伤。同时，加强材料管理，避免采用有缺陷的材料或用错钢材、焊接材料。

（3）加强锅炉与液化气槽车的使用管理　对于锅炉，应加强运行管理，保证安全附件和保护装置灵活、齐全；加强水质管理，防止腐蚀、结垢和相对碱度过高。对于液化气槽车，要避免操作失误，防止超温、超压、超负荷运行，以及防止失检、失修和安全装置失灵等问题。

（4）防止超压运行　超压是压力容器爆炸的主要危险因素，因此应确保安全附件齐全、灵敏、可靠，并实行定期检查与校验。对于装有减压装置的管道，应定期检查减压装置是否完好，防止压力容器超压。

（5）提高操作人员素质　加强操作人员的专业培训，确保他们经过技术培训并持证上岗，能够独立、安全地操作压力容器。操作人员应严格遵守劳动纪律和工艺安全操作规程。

(6) 加强检验与维护 认真做好压力容器的选购、安装或组焊质量的验收工作，防止先天性缺陷。加强容器的维护保养，积极开展容器的定期检验（包括每年至少一次的外部检查），及时发现缺陷并处理。

五、防暑降温与劳动防护用品知识

（一）防暑降温

1. 中暑的症状

高温车间，尤其是夏季，不注意防暑降温就会发生中暑现象。中暑初期工作人员会感到头晕、眼花、耳鸣、心慌、乏力等，接着会体温急速上升，出现晕厥或肌肉痉挛等症状。

2. 预防中暑的措施

① 加强生产车间通风；建立冷气休息室，避免长时间处于高温高湿的环境中。

② 提供清凉的矿物饮品，如盐水、绿茶、果汁等。

③ 设立高温临时宿舍，供路远的高温工作人员临时休息，保证充足睡眠。

④ 组织医疗人员现场巡回检查，发放防暑备用药物等。

（二）劳动防护用品

劳动防护用品（又称个人防护用品）是指劳动者在生产过程中为免遭或减轻事故伤害或职业危害所配备的一种防护性装备。

以人体防护部位为法定分类标准，根据《劳动防护用品分类与代码》（LD/T 75—1995）的规定，劳动防护用品共分为九大类。

1. 头部防护用品

头部防护用品是为防御头部不受外来物体打击和其他因素危害而配备的个人防护装备。根据防护功能要求，主要有一般防护帽、防尘帽、防水帽、防寒帽、安全帽、防静电帽、防高温帽、防电磁辐射帽、防昆虫帽等九类产品。

2. 呼吸器官防护用品

呼吸器官防护用品是为防御有害气体、蒸气、粉尘、烟、雾经呼吸道吸入，或直接向使用者供氧或清净空气，保证尘、毒污染或缺氧环境中作业人员正常呼吸的防护用具。呼吸器官防护用品主要分为防尘口罩和防毒口罩（面具）两类，按功能又可分为过滤式和隔离式两类。

3. 眼（面部）防护用品

眼（面部）防护用品是预防烟雾、尘粒、金属火花和飞屑、热、电磁辐射、激光、化学飞溅物等因素伤害眼睛或面部的个人防护用品。眼（面部）防护用品种类很多，根据防护功能，大致可分为防尘、防水、防冲击、防高温、防电磁辐射、防射线、防化学飞溅、防风沙、防强光九类。目前我国普遍生产和使用的主要有焊接护目镜和面罩、炉窑护目镜和面罩以及防冲击眼护具等三类。

4. 听觉器官防护用品

听觉器官防护用品是能防止过量的声能侵入外耳道，使人耳避免噪声的过度刺激，减少听力损失，预防由噪声对人身引起的不良影响的个体防护用品。听觉器官防护用品主要有耳塞、耳罩和防噪声头盔等三类。

5. 手部防护用品

手部防护用品是具有保护手和手臂功能的个体防护用品，通常称为劳动防护手套。手部防护用品按照防护功能分为十二类，即一般防护手套、防水手套、防寒手套、防毒手套、防静电手套、防高温手套、防X射线手套、防酸碱手套、防油手套、防振手套、防切割手套、绝缘手套。每类手套按照材料又能分为许多种。

6. 足部防护用品

足部防护用品是防止生产过程中有害物质和能量损伤劳动者足部的护具，通常称为劳动防护鞋。

足部防护用品按照防护功能分为防尘鞋、防水鞋、防寒鞋、防冲击鞋、防静电鞋、防高温鞋、防酸碱鞋、防油鞋、防烫鞋、防滑鞋、防穿刺鞋、电绝缘鞋、防振鞋等十三类，每类鞋根据材质不同又能分为许多种。

7. 躯干防护用品

躯干防护用品就是通常讲的防护服。根据防护功能，防护服分为一般防护服、防水服、防寒服、防冲击服、防毒服、阻燃服、防静电服、防高温服、防电磁辐射服、防射线服、耐酸碱服、防油服、水上救生衣、防昆虫服、防风沙服和其他防护服等十六类，每一类又可根据具体防护要求或材料分为不同品种。

8. 护肤用品

护肤用品用于防止皮肤（主要是面、手等外露部分）免受化学、物理等因素危害的个体防护用品。

按照防护功能，护肤用品分为防毒、防射线、防油等。

9. 防坠落用品

防坠落用品是防止人体从高处坠落的整体及个体防护用品。个体防护用品是通过绳带将高处作业者的身体系接于固定物体上，整体防护用品是在作业场所的边沿下方张网，以防不慎坠落，主要有安全网和安全带两种。

安全网是应用于高处作业场所边侧立装或下方平张的防坠落用品，用于防止和挡住人和物体坠落，使操作人员避免或减轻伤害的集体防护用品。根据安装形式和目的，分为立网和平网。

六、工伤事故急救知识

在生产过程中，难免会发生各类工伤事故。为了及时正确地做好事故现场急救工作，每个工作人员都应掌握一些最常用的急救知识。

1. 急救原则

伤害事故急救的原则是：先救命、后治伤。

2. 急救步骤

伤害事故急救的步骤是：止血、包扎、固定、救运。

3. 常用急救方法

（1）包扎　伤口包扎绷带必须清洁，伤口不要用水冲洗。如伤口大量出血，要用折叠多层的绷带盖住，并用毛巾（必要时要撕下衣服）扎紧，直到流血减少或停止。

（2）碰伤　轻微的碰伤，应将冷湿布敷在伤处。较重的碰伤，应小心把伤员安置在担架上，等待医生处理。

（3）骨折　手骨或腿骨折断，应将伤员安放在担架上或地上，用两块长度超过上下两个关节、宽度不小于10～20厘米的木板或竹片绑缚在肢体的外侧，夹住骨折处，并扎紧，以减轻伤员的痛苦和伤势。

（4）碎屑入目　当眼睛为碎屑所伤时，要立即去医院治疗，不要用手、毛巾及别的东西揩擦眼睛。

（5）灼烫伤　用干净的布或毛巾覆盖创面后包扎，不要弄破水泡，避免创面感染。伤员口渴时可给适量饮用水或含盐饮料。经现场处理后的伤员要迅速送医院治疗。

（6）煤气中毒　立即将中毒者移到空气新鲜的地方，让其仰卧，解开衣服，但勿使其受凉。如中毒者呼吸停止，则施行人工呼吸抢救。

（7）触电　发现有人触电时，应立即关闭电门或用干木等绝缘物把电线自触电者身上拨开。进行抢救时，注意勿直接接触触电者。如触电者已失去知觉，应使其仰卧地上，解开衣服，使其呼吸不受阻碍。触电者呼吸停止，则应进行人工呼吸。

对于任何伤害事故，都应首先确保伤者的生命安全，及时拨打急救电话（如120），并通知相关部门进行处理。同时，保留现场证据，以便后续的事故调查和处理。

复习思考题

1. 简述化工企业安全生产危险有害因素及作业控制要点。
2. 简述建材企业安全生产危险有害因素及作业控制要点。
3. 简述制药企业安全生产危险有害因素及作业控制要点。
4. 简述机械制造企业安全生产危险有害因素及作业控制要点。
5. 简述冶金企业安全生产危险有害因素及作业控制要点。
6. 简述采矿企业安全生产危险有害因素及作业控制要点。
7. 简述企业安全生产“四点控制”是指什么。
8. 哪些属于人的不安全行为？
9. 哪些属于物的不安全状态？
10. 安全防护技术有哪些？
11. 试述安全色的种类及含义。
12. 安全标志有哪几种？
13. 试述压力容器爆炸的原因。
14. 简述急救原则和急救步骤。

阅读材料

全球十大惨烈安全生产事故

尽管近年来全球在安全生产方面取得了显著进步，事故数量有所减少，但历史上那些惨烈的安全生产事故仍然时刻警醒着我们。这些事故不仅造成了大量的人员伤亡和财产损失，也对社会和环境造成了深远的影响。以下是历史上比较惨烈的安全生产事故。

1. 切尔诺贝利核事故

1986 年 4 月 26 日凌晨 1 点 23 分，乌克兰普里皮亚季邻近的切尔诺贝利核电厂的第四号反应堆发生了爆炸。爆炸所释放出的辐射线剂量是二战时期爆炸于广岛的原子弹的 400 倍以上，该事故被认为是历史上最严重的核电事故。到 2006 年，官方的统计结果是，从事发到目前共有 4000 多人死亡，受害者总计达 9 万多人，并且随时可能死亡。

2. 印度博帕尔毒气泄漏事故

1984 年 12 月 3 日凌晨，印度中央邦博帕尔市（Bhopal）的美国联合碳化物（Union Carbide）属下的联合碳化物（印度）有限公司（UCIL），设于博帕尔贫民区附近的一所农药厂发生氰化物泄漏事件。官方公布瞬间死亡人数为 2259 人，当地政府确认和气体泄漏有关的死亡人数为 3787 人。还有大约 8000 人在接下来的两个星期中丧命。一份 2006 年的官方文件显示，这次泄漏共造成了 558125 人受伤，包括 38478 人的暂时局部残疾以及大约 3900 人的严重和永久残疾。

3. 圣胡安尼科大爆炸

1984 年 11 月 19 日，墨西哥国家石油公司在圣胡安尼科的储油设施发生爆炸，整个工厂被摧毁，工厂内当时储有 11000 立方米的液化丙烷和丁烷气体。这一爆炸也毁掉了附近的小镇，超过 5000 人遇难，另有数千人被严重烧伤。

4. 哈利法克斯大爆炸

1917 年 12 月 6 日，一艘装载有大量军事炸药的运输船在加拿大哈利法克斯镇爆炸，2000 人死亡，近万人受伤。直到第一枚核弹爆炸之前，这是有史以来死伤最惨重的人为爆炸事故，其爆炸力相当于 2.9 千吨 TNT（三硝基甲苯）。

5. 印度比哈尔铁轨事故

1981 年 6 月 6 日，一列由新德里开往加尔各答的列车在经过巴格马蒂河大桥时，司机突然发现一只水牛停在铁道中间，司机采取了紧急制动措施，结果列车发生了可怕的倾覆，七节车厢跌落桥下。由于正值周末，列车超员严重，车顶上都坐满了人，列车落水后许多人被河水冲走或吞没，导致死亡人数无法准确统计，保守估计死亡人数不少于 800 人，有媒体估计的死亡人数超过 2000 人。

6. 中国本溪湖矿难

1942 年 4 月 26 日，处在日本统治下的伪满洲国辽宁省本溪湖（今中华人民共和国辽宁省本溪市）煤矿发生瓦斯爆炸，日本矿主为了保存矿产资源停止向矿井下送风导致 1549 人死亡，占当日入井作业矿工的 34％。

7. 泰坦尼克沉没事故

1912 年 4 月 15 日，“泰坦尼克”号豪华游轮在航行中撞在冰山上沉没，当时它是世上最为奢华富丽的游轮，造价 700 万美元（相当于现在的 1.5 亿美元）。在冰冷的海水中丧生的人在 1500 人以上。

8. 法国科瑞尔斯矿难

1906 年 3 月 10 日，法国北部科瑞尔斯煤矿发生粉尘爆炸。爆炸共造成 1099 人死亡，占当时正在作业矿工总数的 2/3，其中包括很多童工。这起事故被认为是欧洲历史上最严重的矿难。

9. 西班牙空难

1977 年 3 月 27 日发生了航空史上最严重的一次事故，一架美国泛美航空公司的波音 747 和一架荷兰皇家航空公司的波音 747 飞机在西班牙洛斯罗德奥斯机场发生地面相撞事故，致使 583 人死亡。

10. 美国得克萨斯州爆炸事故

1947 年 4 月 16 日，在美国得克萨斯州，发生了一场美国历史上最致命的工业事故：一艘装载化肥的船只起火、爆炸。这起爆炸事件共有 576 人死亡，超过 3500 人受伤，参与灭火的得克萨斯市消防志愿队只有一人幸存。至于财产损失，更是难以估量，上千居民楼和商业建筑被摧毁，1100 艘船只和 362 辆汽车损毁，直接财产损失达 1 亿美元。

历史上这些惨烈的安全生产事故时刻提醒我们，安全生产是一项长期而艰巨的任务，不能有丝毫的松懈和麻痹。我们必须始终保持高度警惕，严格遵守安全规定，加强安全管理，采取切实有效的预防措施，以最大程度地减少事故的发生。

让我们以此为鉴，共同努力，创造一个更加安全、和谐的社会环境。

第六章 职业病危害与防护

【内容提要】 本章主要叙述了职业病的概念、种类及职业病的特点；重点叙述了职业病的危害因素，以及职业病的防治措施。

【重点要求】 掌握职业病的特点、职业病的危害因素以及职业病的防治措施。熟知职业病的概念和职业病的种类。了解职业危害的定义和严重性。

职业病危害与防护是思政教育中不可或缺的一部分，它旨在提高劳动者对职业病危害的认识，增强防护意识，保障劳动者的健康和安全。通过职业病危害与防护内容的学习，引导劳动者树立正确的职业价值观和健康观念，增强他们的职业责任感和使命感。同时提高劳动者的法律意识和维权能力，使他们能够更好地维护自己的合法权益。

第一节 职业病的危害

一、职业病概述

（一）职业病的概念

《中华人民共和国职业病防治法》中规定，职业病是指企业、事业单位和个体经济组织等用人单位的劳动者在职业活动中，因接触粉尘、放射性物质和其他有毒、有害物质等因素而引起的疾病。

（二）职业病的种类

职业病的种类繁多，《职业病分类和目录》中将职业病分为十大类 132 种。

1. 职业性肺尘埃沉着病及其他呼吸系统疾病

（1）肺尘埃沉着病　肺尘埃沉着病，是一种由长期吸入无机矿物质粉尘引起，以肺组织弥漫性结节状或网格状纤维化为特征的疾病。如硅沉着病、煤工尘肺、水泥沉着病、石墨沉着病、炭黑沉着病、石棉沉着病、滑石沉着病、陶工沉着病等共 13 种。

（2）其他呼吸系统疾病　呼吸道疾病是指影响呼吸器官正常功能的各种疾病。如过敏性肺炎、哮喘、金属及其化合物粉尘肺沉着病等共 6 种。

2. 职业性皮肤病

职业性皮肤病是由于职业性因素（化学、物理、生物）引起的皮肤及其附属器的疾病。如接触性皮炎、化学性皮肤灼伤、光接触性皮炎、电光性皮炎、黑变病、痤疮等共 9 种。

3. 职业性眼病

职业性眼病是指因为职业因素导致眼部出现结构或功能异常，引起视力下降、视野缺失，甚至完全失明的疾病。如化学性眼部灼伤、电光性眼炎和白内障等共 3 种。

4. 职业性耳鼻喉口腔疾病

职业性耳鼻喉口腔疾病主要有噪声聋、铬鼻病、牙酸蚀病和爆震聋共 4 种。

5. 职业性化学中毒

职业性化学中毒是劳动者在生产劳动过程中，短期内吸收大剂量职业性化学物所引起的中毒。如铅及其化合物中毒、汞及其化合物中毒、锰及其化合物中毒、镉及其化合物中毒、铊及其化合物中毒等共 60 种。

6. 物理因素所致职业病

物理因素所致职业病主要有中暑、高原病、航空病、冻伤等共 7 种。

7. 职业性放射性疾病

放射性疾病是由电离辐射照射机体引起的一系列疾病。职业性放射性疾病包括外照射急性放射病、外照射慢性放射病、放射性肿瘤、放射性骨损伤、放射性甲状腺疾病、放射性性腺疾病等共 11 种。

8. 职业性传染病

职业性传染病主要有炭疽、森林脑炎、布鲁氏菌病、艾滋病和莱姆病等共 5 种。

9. 职业性肿瘤

职业性肿瘤是指在工作环境中长期接触致癌因素，经过较长的潜伏期而患的某种特定的肿瘤。如石棉所致肺癌和间皮瘤、联苯胺所致膀胱癌、苯所致白血病等共 11 种。

10. 其他职业病

金属烟热、滑囊炎（限于井下工人）、股静脉血栓综合征、股动脉闭塞症或淋巴管闭塞症（限于刮研作业人员）等也都属于职业病。

（三）职业病的特点

职业病有如下特点。

1. 病因明确

病因即职业危害因素，在控制病因或作用条件后，可消除或减少发病。

2. 剂量反应关系明显

职业病的发生与接触的职业性有害因素的强度（浓度或剂量）有明显的剂量反应关系。一般来说，暴露水平越高，发生职业病的可能性就越大。

3. 具有群体性发病的特征

在同一作业环境下，多是同时或先后出现一批相同的职业病患者，很少出现仅有个别人发病的情况。

4. 具有临床特征

同一种职业病在发病时间、临床表现、病程进展上往往具有特定的表现。

5. 具有隐匿性、迟发性

隐匿性是指职业病在初期往往没有明显的症状或体征，使得劳动者难以察觉自己的健康状况正在受到损害。迟发性则是指职业病的症状和体征通常在暴露于有害因素一段时间后才出现，有时甚至是数年或数十年后。这都导致职业病的危害过程往往被忽视。

6. 已经被发现的职业病可以预防或减少

大多数职业病如能在早期发现并及时处理，其预后效果通常较好。然而，也有一些职业病（如硅沉着病）目前尚无特效的治疗方法，只能进行对症治疗。

二、职业危害及职业病危害因素

1. 职业危害的定义

职业危害是指在特定工作环境中，由于生产过程中可能存在的物理、化学、生物等因素所引起的对从业人员身体健康和劳动能力的危害。

这些危害可能导致职业病、工伤、劳动力下降以及工作质量和效率的降低。

2. 职业危害的严重性

无论是工业发达国家还是发展中国家，无一例外地发生过不同程度的工伤事故和职业病。近年来，国际劳工组织（International Labour Organization，ILO）统计数据表明，全球发生各类事故125亿人次，死亡110万人，平均每秒有4人受到伤害，每100个死者中有7人死于职业事故，欧盟每年有8000人死于事故和职业病，发展中国家每年有21万人死于职业事故，1.5亿工人遭受职业伤害。

（1）职业危害对从业人员的身体健康产生直接损害　从业人员在职业活动中接触生产性粉尘、有害化学物质、物理因素和放射性物质等，这些有害因素可能导致各种职业病，如硅沉着病、放射性肿瘤、汞中毒、中暑、高原病、炭疽以及职业性皮肤病等。这些职业病不仅影响人体的组织器官，还可能对呼吸系统、血液系统、神经系统等造成损害，严重时甚至危及生命。

（2）职业危害对从业人员的心理健康产生负面影响　长期在有害的工作环境中工作，可能导致从业人员出现焦虑、紧张、抑郁等不良情绪，严重时可能导致自残、自杀等行为。

（3）职业危害对社会稳定和国家经济造成巨大损失　职业危害不仅损害从业人员的基本权利，如安全权、健康权和生命权，也是从业人员及其家庭的灾害，成为影响社会安全的不利因素。同时，职业危害还导致大量的职业病损失，每年职业病损失近百亿元，对国民经济造成巨大损失。

3. 职业病危害因素

（1）职业病危害定义　职业病危害则是指对从事职业活动的劳动者可能导致职业病的各种危害。

（2）职业病危害因素　在作业过程中产生职业病危害的因素，每个生产企业都有所不同，但是归纳起来主要有三个方面，分别是：

① 化学因素。化学因素是最常见的职业病危害因素，比如粉尘、铅以及苯等都可能引起职业病，甚至会引起化学物质中毒等。

② 物理因素。噪声、异常的天气条件和电辐射、电离辐射、紫外线、激光等都是物理因素。例如，长期在噪声环境下工作的人可能会出现听力问题，接触电辐射或电离辐射的人可能会出现放射性皮肤病、白内障或肿瘤等问题。

③ 生物因素。主要涉及一些病菌和细菌，如炭疽杆菌、森林脑炎病毒等。接触这些生物因素的劳动者有可能患上相关疾病。

下面以水泥生产企业为例，分析不同企业的职业病危害因素。水泥生产过程中，存在的职业病危害因素主要有：

① 水泥粉尘。在生料、熟料、制成、运输等作业过程中均可产生粉尘，工人可因接触的粉尘性质不同分别患水泥沉着病、混合肺尘埃沉着病。

② 噪声。水泥生产企业的噪声主要来源于生产过程中设备运行产生的机械振动、冲击振动以及风机运行时产生的声音等。具体来说，石灰石破碎机、回转窑、生料磨机、窑头鼓风机、水泥磨机、煤磨等设备运行时都会产生噪声，且噪声级别都很高，一般在80～120dB(A)范围内。长期接触强烈噪声可引起职业性噪声性耳聋，对神经系统、心血管系统和消化系统产生不同程度的影响。

③ 高温。水泥企业在生产过程中会产生高温，因为很多生产环节，特别是烧结过程，需要使用高温来完成。这个过程通常在窑炉中进行，而窑炉内的温度一般控制在1300～1450℃之间。为了确保工人的安全和生产的正常进行，水泥企业通常会采取一系列的降温措施，以控制工作环境温度在适宜的范围内。因为长期在高温环境下工作，会使从业人员体温调节失衡、消化系统紊乱、神经系统失调、情绪波动等。

第二节　职业病防治措施

《中华人民共和国职业病防治法》第三条规定，职业病防治工作应坚持预防为主、防治结合的方针，建立用人单位负责、行政机关监管、行业自律、职工参与和社会监督的机制，实行分类管理、综合治理。

可见，职业病防治措施是一个系统性的工作，需要从经费投入、基础管理、健康检查以及技术措施等多个方面入手，共同构建一个安全、健康的工作环境，以有效预防和控制职业病的发生。

一、建立职业病防治管理经费投入制度

生产企业必须投入一定的经费，主要用于防护设施的配置、维护和更新，个人防护用品的配置与维护，作业场所职业病危害因素的监督、监测与评价，职业健康监护，职业卫生培训，职业病人诊断与管理，工伤保险等方面的工作。

二、加强职业卫生基础管理

① 生产企业职业卫生主管人员应加强产生职业病危害的作业岗位的管理，建立工业卫

生档案，对每一位接触职业病危害因素的人员建立健康卡片。

② 对存在严重职业病危害的作业场所，应日常监测，督促加强通风等。

③ 对产生职业病危害的作业场所，应在醒目位置设置公告栏，公布有关职业病危害防治规章制度、操作规程等。

④ 对产生较严重的职业病危害的作业场所，应在醒目位置设置警示标识和文字警示说明。

三、实施上岗前健康检查

上岗前健康检查均为强制性职业健康检查，应在开始从事有害作业前完成。

四、采取技术措施预防职业病

1. 技术革新和工艺改革

优先采用无毒或低毒物质替代有毒或高毒物质，这是预防职业病危害的根本措施。例如，在化工生产中，可以研发新的无毒或低毒原料，替代原有的有毒原料。

针对粉尘危害，改革工艺过程，采取湿式作业、密闭、抽风、除尘等措施；佩戴防尘护具，如防尘安全帽、防尘口罩等；并讲究个人卫生，勤换工作服，勤洗澡。

针对有机溶剂中毒，通过工艺改革和密闭通风措施，降低空气中的有机溶剂浓度，并加强对作业工人的健康检查。

2. 生产设备的改善

通过改进生产设备和操作方法，减少工人与有害物质的接触。例如，采用自动化、机械化操作，减少人工操作环节，从而降低工人接触有害物质的机会。

3. 通风排毒

在有害物质产生的作业场所，应设置有效的通风排毒设施，确保空气流通，减少有害物质的浓度。同时，要定期对通风设备进行维护和检查，确保其正常运行。

五、个人防护

生产企业应为劳动者提供符合标准的个人防护用品，如防毒面具、防护服、手套等，并培训他们正确佩戴和使用这些用品。此外，还应定期更换和清洗个人防护用品，确保其防护效果。

六、应急救援

制定完善的职业病危害事故应急救援预案，并定期组织演练。一旦发生职业病危害事故，应立即启动应急预案，迅速控制事故现场，减少事故损失。

复习思考题

1. 职业病的概念是什么？
2. 职业病有哪些特点？
3. 简述职业病的种类。

4. 试述职业病的危害因素。

5. 试述职业病的防治措施。

阅读材料

全球职业病现状

劳动是很多人赖以谋生的手段，除了梦想，生活才是大多数人劳动的目的。然而，劳动过程可能会对健康产生影响，所谓的职业病就是这么来的。

国际劳工组织（ILO）2019 年公布的数据显示，全球每天有 7500 人死于职业相关疾病和职业事故，其中 6500 人死于工作相关疾病，1000 人死于工伤事故；每年有 278 万人死于工伤事故和工作相关疾病，其中死于工作相关疾病的劳动者 240 万人。

据估计，循环系统疾病（占 31.0%）、职业肿瘤（占 26.0%）和呼吸系统疾病（占 17.0%）共占工作相关死亡总数的近四分之三；工作导致的死亡人数总体上有所增加，从 2014 年的 233 万人增加至 2017 年的 278 万人。

在死于工伤事故和工作相关疾病的劳动者中，因工作相关疾病死亡者占 86.3%，致命性职业事故死亡者仅占 13.7%；因工作相关的死亡人数占全球死亡人数的 5.0%～7.0%；因工作相关疾病造成的疾病负担占全球疾病负担的 2.7%。

同时，各类职业危害因素导致疾病负担的相对贡献率正在发生变化。在 2016 年全球疾病负担调查中测量的 18 种职业病危害因素中，只有职业接触石棉的比率在 1990～2016 年期间有所下降，而其他职业病危害因素增加了近 7.0%；全球约 20.0%的腰背痛和 25.0%的成年人听力丧失由职业接触导致。

上述数据说明，化学、物理、生物等传统职业病危害因素在全球范围内仍然大规模流行，全球范围内扭转传统的职业病危害因素接触导致的健康风险不断增加的趋势仍有一段很长的路要走。

另外，随着社会经济的发展，产业结构不断优化升级，产生了很多新兴职业，同时也出现了相应的职业危害，继而需要扩展一些新的职业病。因工作原因感染传染病、肌肉骨骼疾病和职业紧张等社会心理因素导致的疾病患者越来越多，也成为呼吁纳入职业病最多的三类疾病。

第二篇
环境保护

随着工业化和城市化的快速推进，人类从环境中索取的自然资源越来越多，同时向环境中排放的污染物质也与日俱增，从而造成了资源枯竭、环境退化、自然界的生态平衡严重破坏，大气、水、土壤的污染和生物多样性的丧失达到了惊人的程度。可见，我们的生存环境正面临着严峻的挑战。为此，环境保护已经成了全世界各个国家在发展经济的同时必须高度关注和重视的问题。

我国更是把生态环境保护列入政府工作的重点。2024 年 1 月 23 日，生态环境部部长在 2024 年全国生态环境保护工作会议上指出，2023 年是贯彻落实党的二十大精神的开局之年，也是生态环境领域具有重要里程碑意义的一年，生态环境治理取得新成效。2024 年仍然要积极推进美丽中国先行区建设；持之以恒打好污染防治攻坚战——持续深入打好蓝天保卫战、持续深入打好碧水保卫战、持续深入打好净土保卫战、加强固体废物和新污染物治理；积极推动绿色低碳高质量发展；加大生态保护修复监管力度；确保核与辐射安全；加强生态环境督察执法和风险防范；大力推进生态环境领域科技创新；加快健全现代环境治理体系。

环境保护是一项功在当代、利在千秋的事业。它关乎人类的生存环境和未来的可持续发展，每一个国家和个人都应该积极承担责任。只有这样，我们才能为子孙后代留下一片蓝天、一片净土。

第七章 环境与环境问题

【内容提要】本章主要叙述了环境的概念与内涵、环境的分类及组成、环境的功能及承载力、环境问题的概念及分类、当代人类所面临的主要环境问题、产生环境问题的根源及解决途径；重点叙述了绿色矿山的概念、绿色矿山建设规范、绿色矿山监督管理办法以及矿山生态修复技术。

【重点要求】掌握环境与环境问题的概念、环境的分类与组成、当代人类所面临的主要环境问题、矿山生态修复技术。熟知环境的功能及承载力、产生环境问题的根源及解决途径。了解绿色矿山建设规范和绿色矿山监督管理办法。

环境是我们赖以生存的自然资源，是人类生活和发展的基础，为我们提供了生存所需的空气、水、土壤和生物多样性等关键资源。然而，随着人类活动的不断扩张，全球环境问题日益凸显，如全球气候变暖、空气污染、水污染、土壤退化、生物多样性丧失等。这些环境问题不仅影响人类的生存质量，也对生态系统和全球可持续发展造成了严重威胁。虽然我国环境有逐年变好的趋势，但是地球是个大的生态系统，我们仍然不能掉以轻心。作为中国公民尤其是当代大学生更应该做具有环保意识、行动能力、社会责任感和环保素养的新时代青年。

第一节　环　境

一、环境的概念与内涵

1. 环境的概念

所谓“环境”（environment）是个抽象的、相对的概念，是相对于某一中心事物而言的，它是指作用于这一中心事物周围的所有客观事物的总体，因中心事物的不同而不同，随中心事物的变化而变化，如生物的环境、人的环境分别是以生物和人作为中心事物。环境的含义和内容极为丰富。从哲学上来说，环境是一个相对于主体而言的客体，它与主体相互依存，其内容随着主体的不同而不同。对于环境科学而言，中心事物是人类，环境是以人类为主体的外部世界的总体，即人类已经认识到的，直接或间接影响人类生存与发展的各种自然因素与社会因素的综合体。从实际工作层面讲，不同国家和地区具体的环境概念有所不同，它反映了一个国家和地区改造和利用环境的水平。

《中华人民共和国环境保护法》从法学的角度对环境概念进行阐述："本法所称环境，是指影响人类生存和发展的各种天然的和经过人工改造的自然因素的总体，包括大气、水、海洋、土地、矿藏、森林、草原、湿地、野生生物、自然遗迹、人文遗迹、自然保护区、风景名胜区、城市和乡村等。"对人类来说，环境就是人类的生存环境。

2. 环境的内涵

环境的内涵十分丰富，它不仅包括人类生存的空间以及其中可以直接或间接影响人类生活和发展的各种自然因素，还涵盖了对人的心理产生实际影响的整个生活环境，后者更多被称为心理环境。具体来说，生活环境可以进一步划分为自然环境和社会环境。

二、环境的分类和组成

（一）环境的分类

环境是一个复杂而庞大的体系，人们可以从不同的角度或以不同的原则，按照人类环境的组成和结构关系对它进行不同的分类。按照环境的功能，可分为生活环境和生态环境；按照环境要素，可分为大气环境、水环境、土壤环境、生物环境、地质环境等；按照环境范围，可分为生活环境、区域环境、城市环境、全球环境和宇宙环境等。

目前，环境科学所研究的环境，是以人类为主体的外部世界，即人类生存和繁衍所必需的、相适应的环境或物质条件的综合体，即趋向于按环境要素的属性进行分类，一般分为自然环境和人工环境两种类型。

1. 自然环境

自然环境就是指人类生存和发展所依赖的各种自然条件的总和。自然环境不等于自然界，只是自然界的一个特殊部分，包括大气、水、土壤、生物和各种矿物资源等。自然环境是人类赖以生存和发展的物质基础。在自然地理学上，通常把这些构成自然环境总体的因素，划分为大气圈、水圈、生物圈、土壤圈和岩石圈等五个自然圈。

2. 人工环境

人工环境即社会环境，是指人类在自然环境的基础上，为不断提高物质和精神文化生活水平，通过长期有计划、有目的的发展，逐步创造和建立起来的高度人工化的生存环境，即由于人类活动而形成的各种事物。人工环境包括由人工形成的物质、能量和精神产品，以及人类活动中所形成的人际关系，如城市、农村、工矿区、疗养地、人工森林、人工草地、娱乐场所等。

自然环境和人工环境是人类生存、繁衍和发展的基础。根据科学发展的要求，保护和改善环境、建设环境友好型社会，是人类维护自身生存与发展的需要。

（二）环境的组成

环境是由若干规模和性质不同的子系统组成的，这些子系统包括：聚落环境、地理环境、地质环境和宇宙环境。

1. 聚落环境

聚落是指人类聚居的中心，是人类活动的场所。聚落环境是人类有目的、有计划地利用和改造自然环境而创造出来的生存环境，是与人类的生产和生活关系最密切、最直接的工作和生活环境。聚落环境中的人工环境因素占主导地位，也是社会环境的一种类型。人类的聚落环境，从自然界中的穴居和散居，直到形成密集栖息地（乡村和城市）。显然，聚居环境的变迁和发展，为人类提供了安全清洁和舒适方便的生存环境。但是，聚落环境乃至周围的生态环境由于人口的过度集中、人类缺乏节制的频繁活动以及对自然界资源和能源超负荷索取受到的巨大压力，造成局部、区域以至全球性的环境污染。因此，聚落环境历来都引起人们的重视和关注，也是环境科学的重要和优先研究领域。

聚落环境根据其性质、功能和规模，可分为院落环境、村落环境、城市环境等。

（1）院落环境　院落环境是由一些功能不同的建筑物和与其联系在一起的场院组成的基本环境单元。一座农家小院就可以理解为最基本的院落环境，如中国西南地区的竹楼、内蒙古草原的蒙古包、陕北的窑洞、北京的四合院等。由于经济文化发展的不平衡性，不同院落环境及其各功能单元的现代化程度相差甚远，并具有鲜明的时代和地区特征。它可以简单到一座孤立的家屋，也可以复杂到一座大庄园；可以是简陋的茅舍，也可以是具有防震、防噪声功能和自动化空调设备的现代化住宅。院落环境是人类在发展过程中适应自己生产和生活的需要，因地制宜地创造出来的。

院落环境污染近年来开始受到关注，其主要污染源来自生活“三废”。院落环境污染量大面广，已构成难以解决的环境问题，如千家万户的油烟排放、每年秋季的秸秆焚烧，导致附近大气污染。当前提倡院落环境园林化，在室内、室外及窗前、房后种植瓜果、蔬菜和花草，美化环境，净化环境，更是大力推广无土栽培技术，不仅创造一个色、香、味俱美，清洁新鲜，令人心旷神怡的居住环境，而且其产品除供人畜食用外，所收获的有机质及生活废弃物又可用于生产沼气，提供清洁能源，其废渣、废液又可用作肥料，以促进收获更多的有机质。这样就把院落环境建造成一个结构合理、功能良好、物尽其用的人工生态系统。

（2）村落环境　村落环境则是农业人口聚居的地方，由于自然条件的不同，以及从事农、林、牧、渔业的种类、规模大小、现代化程度不同，因而村落环境无论从结构上、形态上、规模上，还是功能上看，其类型都极多。最普遍的如平原上的农村、海滨湖畔的渔村、深山老林的山村等。

当前村落环境的污染主要来自以下几个方面。①生产方式的变迁（潜在因素）。城市化的浪潮席卷农村之后，为村民提供了更广阔的就业空间和多样的谋生手段，大部分年轻的村民都去城区打工，村中只剩下留守儿童和老人。田地开始荒芜，且部分村民在原来的田地上建上了房屋，水土得不到很好的保持。自来水的推广和普及，使得河水以饮用为主的功能被替代，因此，即使河水遭到污染也不会无水可喝，水体“饮用”功能不断退化。村民维护水和土地的意识不断减弱，面对经济效益的诱惑，村民以牺牲环境来维持生计。②污染企业的进驻（主要因素）。农村对污染企业具有诸多“诱惑”：一是农村资源丰富，一些企业可以就地取材，成本低廉；二是农村劳动力成本很低，像“小钢铁”“小造纸”这样的污染企业落户农村后，一般都以附近村民为主要用工对象；三是农村地广人稀，排污隐蔽。因此，近年来部分污染企业开始进驻农村“暗度陈仓”，村落环境成了个别污染企业的战略转移地。③拆迁过渡期（破窗效应）。随着城市化进程的加快，城市开始向农村扩张，部分村落进入了拆迁过渡期。由于各种因素的影响，拆迁并不是成片拆的，有的地方拆了，有的地方还没有拆，而且拆迁期通常很长。在结构上处于拆迁过渡期的境况产生了一种类似“破窗效应”的现象。一方面，个别村民和加工厂商趁拆迁前牟取私利；另一方面，一些人觉得多点污染也没有那么难以接受了。“破窗效应”表明，环境对人产生强烈的暗示性和诱导性，一扇窗户被打破，如果没有修复，将会导致更多的窗户被打破。村民等着拆迁和补偿，企业主等着拆迁户再换个地方，环境修复留给了政府和开发商。④农业污染及生活污染。特别是农药、化肥的使用和污染日益增加，影响农副产品的质量，威胁人们的身体健康。

(3) 城市环境　城市是人类聚居的场所、活动的中心。城市环境是人类利用和改造自然环境过程中创造出来的高度人工化的生存环境。它是一个典型的受自然-经济-社会因素共同作用的地域综合体。

城市环境是典型的人工环境，其组成可分为自然环境和人为环境。城市自然环境是城市环境的基础，包括城市居民生产和生活离不开的大气、水、土壤和动物、植物以及各种矿物资源和能源，是围绕城市居民的各种自然现象的总和。人为环境，即人类社会为了不断提高物质文明和精神文明而创造的环境，如人口密度、园林绿化、房屋建筑、交通港口、文化教育等。

如今，世界上约80%的人口都居住在城市。城市化使城市出现居住、活动密集，生产、生活资料集中供应，垃圾集中清运，路面硬化为主，动植物种类和数量减少等一系列显著特点，城市里除了密密麻麻的高楼大厦、车水马龙、熙熙攘攘的人群，几乎看不到其他的生命，被称为“城市荒漠”。可见，城市化使环境遭到了严重的污染和破坏，主要表现在以下几个方面：

① 城市大气环境污染。首先，城市化改变了下垫面的组成和性质。城市用砖瓦、水泥、玻璃和金属等人工表面代替了土壤、草地和森林等自然地面，改变了反射和辐射的性质及近地面层的热交换和地面粗糙度，从而影响了大气的物理性质。

其次，城市化向空气中排放各种气体和颗粒污染物，改变了城市大气的组成。我国城市大气污染的主要来源是工厂排放的废气和汽车排放的尾气，其中工业污染占整体大气污染的40%。生态环境部发布的《中国移动源环境管理年报（2023年）》（以下简称《年报》），公布了2022年全国移动源环境管理情况。《年报》显示，移动源污染已成为我国大中城市空气污染的重要来源。为此，近年来我国开始大力推广新能源汽车。市场研究机构Canalys的报告显示，2023年我国新能源汽车的市场占有率达到了31.6%，2024年将继续增长，显示出新能源汽车市场的强劲增长势头。这会对减少城市空气污染起到显著作用。

再者，城市化改变了大气的热量状况。城市化由于人口和工业比较集中，消耗大量能源，释放出大量热能，使城市气温高于四周，形成所谓的“城市热岛”（图7-1）。

热岛形成过程是：城市市区被污染的暖气流上升，并从高空向四周扩散；城市郊区较新鲜的冷空气则从底层吹向市区，构成局部环流。这样虽然加强了市区和郊区的气体交换，但也一定程度上使污染物局限于局部环境之中而不易向更大范围扩散，常常在城市上空形成一个污染物幕罩。

② 城市水环境污染。城市化对水量的影响表现在：城市化增加了不透水地面和排水工程，减少了渗透，增加了流水，地下水得不到足够的补给，破坏了水循环；城市化增加了耗水量，导致水资源枯竭，供水紧张；地下水开采过度，导致地下水面下降和地面下沉。城市化对水质的影响表现在生活、工业、交通、运输及其他行业对水环境的污染。

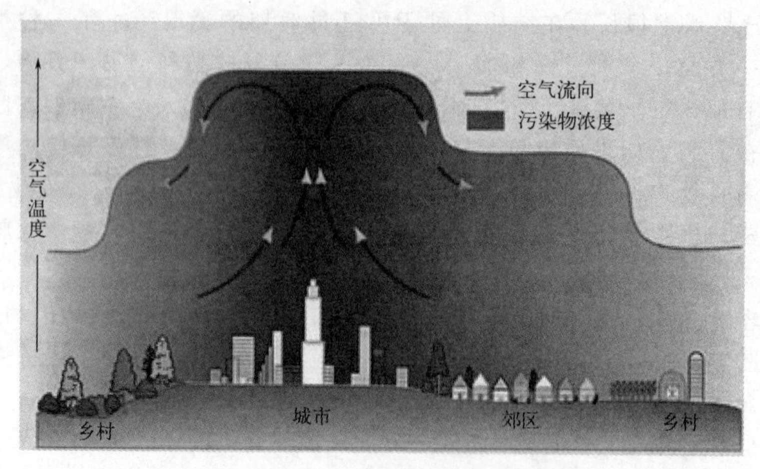

图 7-1 城市边界层污染及热岛环流特征

③ 城市噪声污染。城市噪声问题在发达国家很突出，尤其是城市交通噪声污染严重。在美国，大约每 10 人中就有 1 人受到持续的高强度噪声的危害。在日本，每 3 个人中就有 1 人为公路噪声所困扰。意大利首都罗马是世界噪声污染最严重的城市之一，调查表明，在车流高峰时刻，罗马最为拥挤的街道和广场上的噪声强度竟达 79dB(A)，有的地方甚至超过了极限，达 91dB(A)。

近些年随着城市化的发展，交通运输、汽车制造业的迅速发展，城市噪声污染程度迅速上升，已成为我国环境污染的重要组成部分。据不完全统计，我国城市交通噪声的等效声级超过 70dB(A) 的路段达 70%，城市区域有 60%的面积噪声水平超过 55dB(A)。

④ 城市固体废物污染。城市固体废物主要是工业固体废物（包括危险废物）和城市垃圾。随着城市化进程加快，固体废物产量日益增多、种类日益复杂。固体废物处置和处理过程，不仅要占用大批土地甚至占用良田，而且会污染空气、土壤、水体，造成传染病的传播和流行等。这不仅造成了严重的环境污染，而且直接影响社会和经济发展。

⑤ 生态环境破坏。城市化导致非农业人口大量聚集，城市建设规模不断扩大。所引起的生态环境破坏主要是植被破坏、绿地不断减少、生物多样性锐减。森林、草地和土壤等自然地表被砖瓦、水泥等人工地表所代替，使城市生态系统的结构和功能发生不良改变。

2. 地理环境

地理环境（geographical environment）位于地球表层，处于岩石圈、水圈、大气圈、土壤圈和生物圈相互制约、相互渗透、相互转化的交锋地带。它下起岩石圈的表层，上至大气圈下部的对流层顶，厚 10～30km，包括了全部的土壤圈。概括地说，地理环境是由岩石、地貌、土壤、水、气候、生物等自然要素构成的自然综合体，即同人类社会直接有关的地球自然环境部分。

地理环境是人类社会赖以生存和发展的必要的物质条件，是人们活动的场所，它为社会生活提供必要的物质和能量资源。地理环境和人类社会是相互作用的，人类依赖于地理环境，同时又能动地改造它。随着社会生产力的提高以及人类征服自然的广度和深度的扩大，地理环境的面貌也在不断地发生改变。地理环境条件的优劣能够加速或延缓社会的发展。因此，要保护好地理环境，因地制宜地进行国土规划、区域资源合理配置、结构与功能优化等。

3. 地质环境

地质环境（geological environment）在《地质大辞典》中的释义是由岩石圈、水圈和大气圈组成的体系，即可理解为地质环境是以人类为中心，由自然环境中与地质相关的部分组成的体系，是自然环境的一部分。

如果说地理环境为人类提供了大量的生活资料，即可再生的资源，那么地质环境则为人类提供了大量的生产资料，特别是丰富的矿产资源，即难以再生的资源，它对人类社会发展的影响将与日俱增。但近年来，随着人类对环境的改变程度和范围的日益扩大，各种地质环境问题相继出现，对人类造成的危害也越加严重。地质灾害造成的人员伤亡和财产损失令人震惊。因此，我们要加强地质环境的保护。

4. 宇宙环境

宇宙环境又称为星际环境，是指地球大气圈以外的宇宙空间环境，由广漠的空间、各种天体、弥漫物质以及各类飞行器组成。它是人类活动进入地球邻近的天体和大气层以外的空间的过程中提出的概念，是人类生存环境的最外层部分。太阳辐射能为地球的人类生存提供主要的能量。太阳的辐射能量变化和对地球的引力作用会影响地球的地理环境，与地球的降水量、潮汐现象、风暴和海啸等自然灾害有明显的相关性。随着科学技术的发展，人类活动越来越多地延伸到大气层以外的空间，发射的人造卫星、运载火箭、空间探测工具等飞行器本身失效和遗弃的废物，将给宇宙环境以及相邻的天体环境带来新的环境问题。

三、环境的功能及环境承载力

（一）环境的功能

环境的功能是指环境各要素（大气、水体、土壤、生物等）构成的环境状态对人类的社会活动所承担的职能或所起的作用。环境最基本的功能有三个：①空间功能，通常指环境为人类和其他生物提供了栖息、生长、繁衍的场所，且这种场所是适合其生存发展要求的；②营养功能，通常指为人类及其他生物提供生长繁衍所必需的各类营养物质及各类资源、能源等；③调节功能，通常指对各种生物植被及相关联的物质发挥调节作用，如森林具有蓄水、防止水土流失、吸收二氧化碳的调节作用。

（二）环境承载力

环境承载力又称环境承受力或环境忍耐力。它是指在某一时期、某种环境状态下，某一区域环境对人类社会、经济活动的支持能力的限度，即在维持人与自然环境之间和谐的前提下，环境所能够承受的人类活动的阈值。

人类赖以生存和发展的环境是一个大系统，它既为人类活动提供空间和载体，又为人类活动提供资源并容纳废弃物。对于人类活动来说，环境系统的价值体现在它能为人类社会生存发展活动的需要提供支持。由于环境系统的组成物质在数量上有一定的比例关系、在空间上具有一定的分布规律，所以它对人类活动的支持能力有一定的限度。当今存在的种种环境问题，大多是人类活动与环境承载力之间出现冲突的表现。人类社会经济活动对环境的影响超过了环境所能支持的极限，即外界的“刺激”超过了环境系统维护其动态平衡与抗干扰的能力，也就是人类社会行为对环境的作用力超过了环境承载力。因此，人们用环境承载力作为衡量人类社会经济与环境协调程度的标尺。

第二节　环境问题

一、环境问题及其分类

（一）环境问题的概念

所谓环境问题是指由于人类活动作用于周围环境所引起的环境质量变化，以及这种变化对人类的生产、生活和健康造成影响的问题。

产生环境问题的原因，一方面是人类索取资源的速度大于资源本身及其替代品的再生速度导致的生态破坏，另一方面是人类生产、生活过程中排放废弃物的数量大于环境自净能力所导致的环境质量的下降。

（二）环境问题的分类

环境问题多种多样，归纳起来有两大类：一类是自然原因引起的，称为第一类环境问题，即由于自然演变和自然灾害引起的原生环境问题，如地震、海啸、洪涝、干旱、风暴、崩塌、滑坡、泥石流等；另一类是人为原因引起的，称为第二类环境问题，即由于人类活动引起的次生环境问题。在讨论环境问题时，人类更重视由于其自身的生存和发展，在利用和改造自然的过程中，因破坏生态环境而对人类产生的各种环境负效应。由人为因素造成的环境问题又可分为两类：

第一类是因工农业生产和人类生活向环境排放过量污染物质而造成的环境污染，具体地说，环境污染是指有害的物质，主要是工业的“三废”（废气、废水、废渣）对大气、水体、土壤和生物的污染。环境污染包括大气污染、水体污染、土壤污染、生物污染等由物质引起的污染和噪声污染、热污染、放射性污染或电磁辐射污染等由物理性因素引起的污染。

第二类是因人类不合理地开发利用资源、破坏自然生态而产生的生态效应，如乱砍滥伐引起的森林植被破坏、过度放牧引起的草原退化、大面积开垦草原引起的土地沙化、乱采滥捕使珍稀物种灭绝等。其后果往往需要很长时间才能恢复，有的甚至不可逆转。

这两类原因往往同时存在，但在局部地区表现上以某一类为主。

二、当代主要环境问题

（一）温室效应

1. 温室效应的概念

近地面大气中水蒸气与温室气体的增加，加大了对地面长波辐射的吸收，从而在地面与大气之间形成一个绝热层，使近地面的热量得以保持，造成全球气温升高的现象称为“温室效应”。

2. 温室气体的种类

目前大气中能产生温室效应的气体大约有 30 种，其中 CO_2 对温室效应的贡献大约为 66%、CH_4 为 16%、CFCs（氯氟烃）为 12%，其他气体为 6%，可见 CO_2 是造成温室效应的最主要的气体。

3. 温室气体的影响

从封闭在南极冰盖内的空气中 CO_2 的体积分数的测定结果看，空气中 CO_2 比例持续上升。

据推测，21 世纪中叶：

① 地球温度将以每 10 年增加 0.5℃的速度上升。

② 海平面每 10 年将上升 3cm。有学者认为，海平面若上升 1m，可导致尼罗河三角洲全部淹没，埃及的耕地减少 12%～15%，将淹没孟加拉国土地的 11.5%。

③ 相当一部分物种将灭绝。

④ 气温升高 2℃，即使水量不变，粮食产量也可能下降 3%～17%。

⑤ 病虫的危害增加 10%～13%。

⑥ 气温上升 2～4℃，人口死亡率将明显增加。

（二）臭氧（O_3）层空洞

1. 臭氧层概述

所谓“臭氧层空洞”或臭氧层损耗是指由于人类活动臭氧层遭到破坏而变薄。臭氧是空气中的痕量气体组分。据估计，若将自地球表面至 60km 高处的所有臭氧集中在地球表面上，也仅有 3mm 厚，总质量为 3.0×10^9t 左右。空气中臭氧主要集中在平流层中，距地面 20～30km。

2. 臭氧层的作用

臭氧层在保护环境方面起着十分重要的作用。臭氧层能够吸收强烈的紫外线，是太阳辐射的一种过滤器，对紫外线的总吸收率为 70%～90%。它可以保护地球上的所有生物免受紫外线的伤害。

3. 臭氧层的破坏状况

① 20 世纪 70 年代，美国科学家最先观察到臭氧层受损。

② 1985 年，英国科学家证实南极上空的臭氧层出现“空洞”，即臭氧层被破坏，浓度变稀薄。

③ 1994 年，南极上空的臭氧层破坏面积已达到 2.4×10^7 km^2。南极上空的臭氧层是在两亿年里形成的，可在一个世纪就被破坏了 60%。

④ 2019 年 9 月，臭氧层的空洞一度缩小到 6.16×10^6 km^2，这个面积仅相当于各年份平均值的 30%左右，是自臭氧层空洞被人类发现以来规模最小的一段时间。

4. 臭氧层破坏的后果

① 危害人体健康，使角膜炎、晒斑、皮肤癌、免疫系统疾病等增加，臭氧总量减少 1%，皮肤癌变率上升 4%，扁平细胞癌变率上升 6%，白内障发病率上升 0.28%～0.6%。

② 破坏生态系统，影响植物光合作用，导致农作物减产。紫外线还能导致某些生物物种突变，实验表明，人工照射 280～320nm 紫外线后使 200 种植物中的 2/3 受损。若臭氧层中臭氧减少 10%，将使许多水生生物变畸 18%，浮游植物光合作用减少 5%。

③ 过量紫外线照射，将使塑料等高分子材料容易老化和分解。

(三) 酸雨

1. 酸雨概述

酸雨是指 pH 值小于 5.6 的雨、雪或其他方式形成的大气降水(如雾、露、霜、雹等),是一种大气污染现象,是 SO_2、NO_x 在空气或水中转化为 H_2SO_4 与 HNO_3 所致,这两种酸占酸雨中总量的 90%以上。国外酸雨中 H_2SO_4 ∶ HNO_3 = 2 ∶ 1,中国以 H_2SO_4 为主。

2. 酸雨污染现状

随着大气污染的日益严重,世界各地均不同程度地出现了酸雨现象,目前酸雨的酸度不断增强,范围日益扩大。例如,在欧洲,据近 20 年的连续观测,整个欧洲都在降酸雨,雨水的酸度每年以 10%的速度递增,土壤酸度增加了 3～5 倍;在北美,降落 pH 值为 3～4 的强酸雨已司空见惯,美国西弗吉尼亚州曾出现最严重的酸雨记录 pH 值为 1.5;俄罗斯西部地区酸雨的 pH 值也为 4.6～4.3。酸雨亦席卷亚洲,如日本、印度南部和东南亚等地也在降酸雨。再如,瑞典有 3000 多个湖泊仍清澈,却因酸度过高,鱼虾绝迹而成为"死亡之湖";欧洲 15 个国家中有 700 万公顷森林受到酸雨影响。根据《2023 中国生态环境状况公报》,我国酸雨区面积约 44.3 万平方千米,占陆地国土面积的 4.6%。其中较重酸雨区面积占 0.04%,主要分布在长江以南—云贵高原以东地区,主要包括湖南中东部、广西东北部和南部,以及重庆、广东、上海、江苏部分区域。

3. 酸雨的危害

① 引起水生态系统的变化,导致水生生物群落结构趋于单一化。耐酸的藻类与真菌增多,微生物减少,水中的有机物分解速度降低,水质恶化。若水体 $pH < 5.6$,鱼类的生长将会受到影响。例如,据报道,由于水质恶化,挪威南部 5000 个湖泊有 1750 个无鱼,900 个生态平衡受到严重影响。

② 导致土壤酸化,使土壤贫瘠。

③ 腐蚀建筑物及名胜古迹。

(四) 森林资源减少

1. 森林资源概述

森林资源是林地及其所生长的森林有机体的总称,以林木资源为主,还包括林中和林下植物、野生动物、土壤微生物及其他自然环境因子等资源。森林是人类赖以生存的生态系统中的一个重要组成部分,在整个生态平衡、资源供应、气候调节、水土保持、防风固沙等方面起着重要作用。

2. 森林资源的破坏状况

地球上曾经有 76 亿公顷的森林,到 20 世纪时下降为 55 亿公顷,到 1976 年已经减少到 28 亿公顷。森林资源的减少,损害了地球的"呼吸作用",扰乱了全球的水循环。

近年来,为了改变这种现状,各个国家都在大规模植树造林。我国是世界上森林资源增长最快、最多的国家。

(五) 水土流失和沙漠化

1. 水土流水

水土流失是指在水力、重力、风力等外营力作用下，水土资源和土地生产力的破坏和损失，包括土地表层侵蚀和水的损失，亦称水土损失。即由于各种原因，土壤有机物的流失、肥力下降直至丧失的过程。水土流失的原因：一方面是耕地的减少，植被覆盖一旦消失，土壤有机质很容易被冲刷或刮起；另一方面是过度的耕种和放牧，不仅降低土壤肥力，而且使植被减少，使土壤暴露在阳光和风力侵蚀之中。中国是世界上水土流失较为严重的国家之一，由于特殊的自然地理和社会经济条件，水土流失成为主要的环境问题之一。我国的水土流失分布范围广、面积大，目前中国的水土流失面积达 $356\times10^4km^2$，占国土总面积的 37%。

2. 土地沙漠化

沙漠化是指干旱和半干旱地区，由于自然因素和人类活动的影响而引起生态系统的破坏，原来非沙漠地区出现了类似沙漠环境的变化。在干旱和半干旱地区，在干旱多风和具有疏松沙质地表的情况下，由于人类不合理的经济活动，原非沙质荒漠的地区出现了以风沙活动、沙丘起伏为主要标志的类似沙漠景观的环境退化过程。简单地说就是指土地退化，也叫“沙漠化”。全球沙漠化土地面积已经达到 $3600\times10^4km^2$，占陆地总面积的 1/4，而且仍以平均每年 $6\times10^4km^2$ 的速度在扩展。我国西北和华北地区也有许多耕地，如内蒙古和陕西的毛乌素沙漠、新疆的塔克拉玛干沙漠等，曾经都是水草丰盛的地区，现在都在沙漠的覆盖之下。可见，土地沙漠化已成为全球生态的“头号杀手”。

(六) 生物多样性锐减

生态系统是由多种生物物种组成的。生物物种的多样性是生态系统成熟和平衡的标志。当自然灾害或人类行为阻扰了生态系统中能量流通和物质循环，就会破坏生态平衡，导致生物物种的减少。

20 世纪末，全球有 100 多万种生物被灭绝。联合国环境规划署预测，在今后二三十年内，地球上将有 1/4 的生物物种陷入绝境；到 2050 年，约有半数动植物将从地球上消失。这就是说，每天有 50～150 种、每小时有 2～6 种生物离我们悄然而去。地球上充满了形形色色的生物，科学家把这称为“生物多样性”。生物多样性包括物种、基因和生态环境的多样性，其中物种的数量是衡量生物多样性丰富程度的标志。

生物多样性锐减对自然环境的影响非常广泛和深远。首先，它会破坏生态平衡，使得某些物种数量减少或消失，导致其他生物的数量增加或减少，从而影响整个生态系统的稳定性。其次，生物多样性减少也会导致生态功能失调，降低生态系统的弹性，使其难以适应环境的变化。更重要的是，生物多样性的减少还会破坏生态系统的服务功能，对人类的生存和发展产生负面影响。

(七) 人口问题

人口问题是由于人口在数量、结构、分布等方面快速变化，人口与经济、社会以及资源、环境之间的矛盾冲突。人口问题与环境问题有密切的互为因果的联系，在一定社会发展阶段、一定地理环境和生产力水平条件下，人口增殖应保持在适当比例内。人口问题和环境问题具有辩证统一性。控制人口在于适应环境的容量，而保护环境的目的在于实现人的可持续发展。人口过多会打破环境平衡，过少会影响到人们的生产能力和创造能力，影响到人文环境，导致人的生活质量恶化；环境的质量下降，同样会降低人们的生活质量。可以说，人口和环境问题所影响到的大的方面是国家和社会的发展进步，长远的方面则在于人的本身的发展。人类必须控制自己，做到有计划地生育，使人口的增长与社会、经济的发展相适应，与环境、资源相协调。

三、环境问题的解决途径

环境问题产生的最终根源是人，解决环境问题的根本性措施也落实到人身上。具体地讲，环境问题的解决主要靠政府、公众和企业的共同努力。

1. 政府在环境问题的解决中起到关键作用

政策是环境问题产生的根源之一，而政策出自政府。政府作为社会管理的主导力量可以采取各种环境保护的必要措施，使环境保护得以有效实现。首先，政府在思想上可以发挥其引导作用，如加大环保宣传力度，加强环保教育，提高公众环保意识，营造社会全体成员保护环境的氛围等。其次，政府有能力做好环境保护。政府可以根据《宪法》和法律或实际的需要制定行政法规，来规范全社会的环境行为，并加大执行力度。在行动上，政府依法执行各项环境保护法律法规，从而使环保工作达到实效。最后，政府作为社会管理者，有权利，也有责任做好环境保护工作。因此，政府在环境问题的解决中起到关键作用。

2. 公众在环境问题的解决中起到基础性作用

环境保护要靠政府，但是不能仅靠政府，它需要全体人民的共同参与。因为公众是环境问题的直接受害者，也是环境保护的直接受益者。公众在环境问题的发现、反映、制止、提议等方面的作用都是基础性的。目前，公众参与环境保护是国际社会环境保护的主流趋势。“公众参与是解决环境问题不可替代的力量”，这个共识正在形成。公众参与环境保护的程度，直接体现了一个国家可持续发展的水平。我国人口众多，环境问题最大的特殊性就是污染容易、治理难，这就要求必须发挥公众的力量，树立保护环境人人有责的意识。

3. 企业在环境问题的解决中起到直接作用

企业的发展给社会创造大量财富，也为社会提供了大量的就业机会。但是企业也是造成污染的最重要的原因之一。如果企业在环保方面做出努力，会直接减少环境污染。因此，企业在环境问题的解决中起到直接作用。企业树立环保意识、法律意识，在生产经营过程中严守法律法规，做到守法经营至关重要。企业应特别注重环保创新，注重技术的进步，不断地创造出新的环保产品，创造出新的控制环境污染的方法。企业在环保上所做的任何努力都会惠及社会和自身，直接减轻政府和公众的环保难度。

第三节 绿色矿山建设

矿山开采对环境的影响尤其是对地质环境的影响相对于其他企业来说比较显著。2010年我国绿色矿山建设正式启动，目前已在多个方面取得了显著的成果，但仍有大量矿山未达到绿色矿山建设标准。因此，2024 年 4 月 15 日自然资源部等七部委联合发文《关于进一步加强绿色矿山建设的通知》(自然资规〔2024〕1号)。随着政策的进一步完善和技术的不断进步，相信不久的将来我国就会实现建设绿色矿山的战略目标，实现矿业发展与生态环境保护的和谐共生。

一、绿色矿山的概念和建设的意义

1. 绿色矿山的概念

绿色矿山是指在矿产资源开发全过程中，实施科学有序开采，对矿区及周边生态环境扰动控制在可控制范围内，实现环境生态化、开采方式科学化、资源利用高效化、管理信息数字化和矿区社区和谐化的矿山。

2. 绿色矿山建设的意义

绿色矿山以保护生态环境、降低资源消耗、追求可循环经济为目标，将“绿色”生态的理念与实践贯穿于矿产资源开发利用的全过程(包括矿山勘探、规划与设计、矿山开发和闭坑设计)，体现了对自然原生态的尊重，对矿产资源的珍惜，对景观生态的保护与重建。坚持矿产资源开发与生态环境保护相同步，坚持“谁开发，谁保护”“谁受益，谁补偿”的原则，能够实现矿山开采科学有序。

二、绿色矿山建设规范

2018年6月22日，自然资源部发布了九大行业绿色矿山建设规范，包括《非金属矿行业绿色矿山建设规范》(DZ/T 0312—2018)、《化工行业绿色矿山建设规范》(DZ/T 0313—2018)、《黄金行业绿色矿山建设规范》(DZ/T 0314—2018)、《煤炭行业绿色矿山建设规范》(DZ/T 0315—2018)、《砂石行业绿色矿山建设规范》(DZ/T 0316—2018)、《陆上石油天然气开采业绿色矿山建设规范》(DZ/T 0317—2018)、《水泥灰岩绿色矿山建设规范》(DZ/T 0318—2018)、《冶金行业绿色矿山建设规范》(DZ/T 0319—2018)和《有色金属行业绿色矿山建设规范》(DZ/T 0320—2018)，全部于2018年10月1日起实施。

这是目前全球发布的第一个国家级绿色矿山建设行业标准，标志着我国的绿色矿山建设进入了“有法可依”的新阶段，将对我国矿业的绿色发展起到有力的支撑和保障作用。九大行业绿色矿山建设规范均包括以下十个方面的内容(每个行业规范的具体内容请查阅文件)：

1. 范围

每个行业的绿色矿山建设规范均适用于该行业的新建、改扩建和生产的绿色矿山建设。

2. 规范性引用文件

绿色矿山建设规范对每个行业原来发布的文件的应用是必不可少的。凡是注日期的引用文件，仅所注日期的版本适用于本文件。凡是不注日期的引用文件，其最新版本(包括所有的修改单)适用于本文件。

3. 术语和定义

(1) 绿色矿山(green mine)　在矿产资源开发全过程中，实施科学有序开采，对矿区及周边生态环境扰动控制在可控制范围内，实现环境生态化、开采方式科学化、资源利用高效化、管理信息数字化和矿区社区和谐化的矿山。

(2) 矿区绿化覆盖率(green coverage rate of the mining area)　矿区土地绿化面积占废

石场、矿区工业场地、矿区专用道路两侧绿化带等厂界内可绿化面积的百分比。

（3）研发及技改投入（input of research and development and technical innovation） 企业开展研发和技改活动的资金投入。研发和技改活动包括科研开发、技术引进，技术创新、改造和推广，设备更新，以及科技培训、信息交流、科技协作等。

4. 总则

① 矿山应遵守国家法律法规和相关产业政策，依法办矿。

② 矿山应贯彻创新、协调、绿色、开放、共享的新发展理念，遵循因矿制宜的原则，实现矿产资源开发全过程的资源利用、节能减排、环境保护、土地复垦、企业文化和企地和谐等统筹兼顾和全面发展。

③ 矿山应以人为本，保护职工身体健康，预防、控制和消除职业危害。

④ 新建、改扩建矿山应根据本标准建设；生产矿山应根据本标准进行升级改造；绿色矿山建设应贯穿设计、建设、生产、闭坑全过程。

5. 矿区环境

（1）基本要求 矿区功能分区布局合理；矿区应绿化、美化，整体环境整洁美观；生产、运输、贮存管理规范有序。

（2）矿容矿貌 具体见各行业绿色矿山建设规范文件。

（3）矿区绿化 矿区绿化应与周边自然环境和景观相协调，绿化植物搭配合理，矿区绿化覆盖率应达到100%。

6. 资源开发方式（详见各行业绿色矿山建设规范文件）

对于资源开发方式，每个行业都有所不同。但总的基本要求是：

① 资源开发应与环境保护、资源保护、城乡建设相协调，最大限度减少对自然环境的扰动和破坏，选择资源节约型、环境友好型开发方式。

② 应根据矿区资源赋存状况、生态环境特征等条件，因地制宜地选择资源利用率高，且对矿区生态破坏小的减排保护开采技术。

③ 应贯彻“边开采、边治理、边恢复”的原则，及时治理恢复矿山地质环境，复垦矿山压占和损毁土地。矿山占用土地和损毁土地治理率和复垦率应达到矿山地质环境保护与土地复垦方案的要求。

7. 资源综合利用（详见各行业绿色矿山建设规范文件）

对于资源综合利用，各个行业都有具体的规范。但总的要求是，要按照减量化、资源化、再利用的原则，综合开发利用共伴生矿产资源，科学合理利用废石、尾矿等固体废物及选矿废水等，发展循环经济；废石、尾矿等固体废物处置率应达100%；原煤入选率不低于75%，煤矸石综合利用率应达到75%以上；非金属矿选矿废水重复利用率不低于85%；矿排水合理处置率达到100%。

8. 节能减排（详见各行业绿色矿山建设规范文件）

（1）基本要求 矿山应建立生产全过程能耗核算体系，采取节能减排措施，控制并减少单位产品能耗、物耗、水耗，减少污染物排放。

（2）节能降耗 矿山应利用高效节能的新技术、新工艺、新设备和新材料，及时淘汰高能耗、高污染、低效率的工艺和设备，宜合理利用太阳能、地热能等清洁能源。

（3）污染物排放 矿山应采取有效措施，减少粉尘、噪声、废水、废气、废石、尾矿等污染物的排放。

9. 科技创新与数字化矿山（详见各行业绿色矿山建设规范文件）

（1）基本要求 重视科技研发和科研队伍建设，推进转化科技成果，加大技术改造力度，推动产业绿色升级；建设数字化矿山，实现矿山企业生产、经营、管理的信息化。

（2）科技创新 建立以企业为主体、市场为导向、产学研相结合的科技创新体系；矿山应开展关键技术研究，在资源开发、资源综合利用、环境保护、节能减排等方面改进工艺技术水平；研发及技改投入不低于上年度主营业务收入的1.5%。

（3）数字化矿山 应建立安全监测监控系统，保障安全生产；宜推进机械化减人、自动化换人，实现矿山开采机械化，选矿工艺自动化，关键生产工艺流程数控化率不低于70%；建立数字化资源储量模型与经济模型，进行矿产资源储量动态管理和经济评价，实现地质矿产资源储量利用的精准化管理。

10. 企业管理与企业形象（详见各行业绿色矿山建设规范文件）

（1）基本要求 应建立产权、责任、管理和文化等方面的企业管理制度；应建立质量管理体系、环境管理体系和职业健康安全管理体系，确保对质量、环境、职业健康与安全的管理。

（2）企业文化 应建立以人为本、创新学习、行为规范、高效安全、生态文明、绿色发展的企业核心价值观，培育团结奋斗、乐观向上、开拓创新、务实创业、争创先进的企业精神。

企业发展愿景应符合全员共同追求的目标，企业长远发展战略和职工个人价值实现紧密结合。

应丰富职工物质、体育、文化生活，企业职工满意度不低于70%，接触职业病危害的劳动者在岗期间职业健康检查率应不低于90%。

宜建立企业职工收入随企业业绩同步增长机制。

（3）企业管理 建立资源管理、生态环境保护、安全生产和职业病防治等规章制度，明确工作机制，落实责任到位。

各类报表、台账、档案资料等应齐全、完整。

建立职工培训制度，培训计划明确，培训记录清晰。

（4）企业诚信 生产经营活动、履行社会责任等坚持诚实守信，应履行矿业权人勘查开采信息公示义务，公示公开相关信息。

（5）企地和谐 应构建企地共建、利益共享、共同发展的办矿理念。宜通过创立社区发展平台，构建长效合作机制，发挥多方资源和优势，建立多元合作型的矿区社会管理共赢模式。

应建立矿区群众满意度调查机制，宜在教育、就业、交通、生活、环保等方面提供支持，提高矿区群众生活质量，促进企地和谐。

与矿山所在乡镇（街道）、村（社区）等建立磋商和协商机制，及时妥善处理好各种利益纠纷，避免发生重大群体性事件。

三、绿色采矿技术

1. 矿山开采引起的环境问题

地质环境问题主要侧重于地质现象和过程对人类生存环境的影响，环境问题则更广泛地考虑了自然和人类活动对整体环境质量的影响，它不仅包括地质环境问题，还包括气候变化、资源枯竭、生物多样性丧失等多种环境问题。

矿山开采对环境的影响主要表现在：不仅占用大量土地，破坏地形地貌，导致地面塌陷、地面沉降和地面裂缝，还会造成水土流失、水污染、大气污染以及噪声污染等。

2. 采矿技术

（1）采矿方式　采矿主要分为露采（露天开采）和井采（地下开采）两种方式。

露采是指移走矿体上的覆盖物，从而得到所需矿物的过程。它主要包括穿孔、爆破、采装、运输和排土等流程。

井采则是指通过井口进入地下进行采矿的方式。在井采中，通常使用采煤机、掘进机、支架等设备，同时进行采掘和支护作业。

（2）绿色开采　绿色开采是既安全又环保的开采方法。从安全角度来看，绿色开采注重提高开采过程的安全性，通过优化开采工艺和引入先进的技术设备，减少矿山事故的发生率。从环保角度来看，绿色开采致力于减少对环境的破坏和污染。通过采用环保型的开采技术和设备，绿色开采能够降低废气、废水和固体废物的排放，减轻对大气、水体和土壤的污染。同时，绿色开采还强调对废弃物的综合利用和土地复垦，实现资源的循环利用和生态环境的恢复。

目前，绿色采矿技术主要包括以下几种：

① 废弃物处理技术。采矿过程中会产生大量的废弃物，如废石渣、废液体和废气体等。通过矿石尾矿浸出、废气净化和废液体处理等先进的废弃物处理技术，可以有效地减少废弃物的排放和对环境的污染。

② 环境保护技术。绿色采矿技术注重生态环境的保护。如保护水资源免受污染，利用新型的开采技术来保证矿区地下水的正常循环和流动；对开采废气进行有效处理，利用混合气体分离技术，将一些酸性气体进行回收处理后再排放，降低对大气环境的污染。

③ 资源回收和循环利用技术。绿色采矿技术还强调对矿产资源的回收和循环利用。例如，将开采中产生的矸石和废土进行循环利用，应用到建筑领域，这种方式减少了对土地资源的破坏，对资源形成循环利用。

④ 先进的开采设备和技术。包括超声波破碎、水力冲击、微爆破和物理分选等，这些技术可以有效地减少废矿渣和粉尘的生成，并提高矿石的利用率。

⑤ 环境监测技术。通过遥感监测、无人机监测和传感器监测等现代环境监测技术，对矿区的土壤、水体、大气等生态环境进行全面、准确、实时的监测，从而及时发现问题并采取措施。

总之，绿色开采技术既能够保障矿山的安全生产，又能够实现对环境的保护和可持续发展。它是现代矿业发展的重要方向之一，对推动矿业行业的绿色转型和可持续发展具有重要意义。

四、绿色矿山监督管理

2024 年 4 月 15 日，自然资源部、生态环境部等七部委联合下发的《关于进一步加强绿色矿山建设的通知》，要求到 2028 年底，绿色矿山建设工作机制更加完善，持证在产的 90％大型矿山、80％中型矿山要达到绿色矿山标准要求，各地可结合实际，参照绿色矿山标准加强小型矿山管理。并针对绿色矿山的监督管理工作，引入了第三方评估。

1. 压实矿山企业的主体责任

依法从事矿产资源开发的矿山企业，是绿色矿山创建的责任主体，应当牢固树立和践行绿水青山就是金山银山理念，严格按照标准规范，在矿产资源开发全过程中，对矿区及周边生态环境扰动控制在可控范围内，建设矿区环境生态化、开采方式科学化、资源利用高效化、企业管理规范化、矿区社区和谐化的绿色矿山。矿山企业要落实矿山开发利用、生态修复、环境保护等方案，明确绿色矿山建设任务和进度，落实“边开采、边修复”等要求，及时向社会公开。生态保护红线内、自然保护地核心保护区外依法开采的矿山，要执行最严格标准规范，严格落实绿色开采及矿山环境生态修复相关要求，全面做好减缓生态环境和自然保护地影响的措施。建立申诉回应机制，畅通与受矿山影响的社区等利益相关者的交流互动，主动接受社会监督，树立良好企业形象。

2. 加强第三方评估管理

严格第三方评估。自然资源主管部门应会同相关部门，对矿山企业申报材料进行初审。初审合格的，由省级自然资源主管部门委托第三方评估机构开展现场核查评估。

第三方评估机构应当是具有独立法人资格的企事业单位、行业协会，具备开展绿色矿山建设评估的业务能力。评估人员应熟悉绿色矿山相关政策和标准，涵盖地质、采矿、选矿、生态、环境等专业，能够长期稳定开展评估工作。第三方评估机构要严格对照绿色矿山建设标准及评价指标，编制形成第三方评估报告并附核查记录及影像资料，严禁向矿山企业收取评估费用，签署真实性承诺，确保结果公平、公正。

3. 动态管理绿色矿山名录

（1）择优纳入国家级绿色矿山名录　各省（区、市）自然资源主管部门定期或不定期会同相关部门，对通过第三方评估的矿山企业开展抽查核查，确认后向社会公示，公示无异议的按程序纳入省级绿色矿山名录。国家级绿色矿山按照有关要求从省级绿色矿山中择优推荐，自然资源部会同相关部门通过专家论证、实地抽查核查、社会公示等程序，确定国家级绿色矿山，纳入国家级绿色矿山名录并向社会公开。

（2）实行动态管理　绿色矿山名录实行动态管理，及时按程序移出名录中不符合标准的矿山，督促绿色矿山企业持续巩固建设成果，持续提升建设水平。

4. 强化监督考核

（1）加强督导核查、考核评价　各级自然资源主管部门会同相关部门对尚未开展创建的矿山，加大督导力度，推动尽快开展绿色矿山建设；要严格按照“双随机、一公开”要求，每年抽取不低于10%的绿色矿山纳入随机抽查名单，严格按照新评价指标对国家级绿色矿山开展实地核查。各地应将绿色矿山建设纳入政府绩效考核体系和领导干部自然资源资产离任审计评价指标体系，结合实际推动开展绿色矿山建设评价和考核工作。

（2）严格落实管理要求　对经核实存在将所承担评估工作转让或外包、泄露矿山企业秘密、串通企业弄虚作假、评估结论严重失实等违规行为的第三方评估机构和评估人员，予以通报并纳入黑名单，三年内不再采信其绿色矿山评估服务。

严格绿色矿山名录动态管理，做好新旧评价指标衔接，发现绿色矿山存在以下问题之一的，及时按程序移出名录：

①《采矿许可证》《安全生产许可证》《营业执照》证照不齐、过期未及时延续或被吊销的；

② 受到行政处罚后在履行期限内未执行到位的；

③ 关闭、因企业自身原因停产未正常生产运营的；

④ 违法开采特别是越界开采、擅自改变开采方式的；

⑤ 发生较大及以上安全生产事故或环境事件的，发生土壤和地下水严重污染的；

⑥ 未落实环境影响评价、排污许可等相关制度要求，且未按期整改到位的；

⑦ 未按要求定期开展尾矿库污染隐患排查的或尾矿库污染防治设施未按要求建设运行的；

⑧ 被列入矿业权人勘查开采信息公示异常名录的，矿产资源开发利用水平被划定为落后档次的；

⑨ 被中央环保督察、巡视审计、全国人大常委会执法检查等作为典型案例通报或纳入各类警示片的；

⑩ 发生突发事件，因企业违法违规在全国门户类网站、平台引发负面舆情的；

⑪ 弄虚作假通过绿色矿山评估的；

⑫ 其他违法违规行为不宜继续列入名录的。

五、矿山生态修复技术

1. 我国矿山修复现状

我国每年矿山开发占用耕地面积约为 $100\times10^4hm^2$；破坏的森林面积超过 $100\times10^4hm^2$，破坏草地面积超过 $25\times10^4hm^2$；每年排放的固体废物超过 6000×10^4t，累积堆存量达 10×10^8t。各种待修复的矿山地貌为：矿山生产区域 59%，排土场 20%，尾矿库 13%，塌陷区 3%，矿区专用道路和矿山工业场地 5%。截止到 2023 年，我国矿山复垦率为 58%，和发达国家 75%以上的复垦率相比还有一定的差距。

2. 矿山生态修复常见的主要问题

通常矿区地质状况复杂，陡峭山体多；矿山风化造成的土壤酸碱性超标；土壤粗颗粒较多，养分低，氮磷极度缺乏；重金属含量高（重金属矿）；矿区通常处于生态脆弱地区和高干旱的恶劣气候环境；地处偏远，矿山取土难度大；植物保土、保湿问题突出等。这些都给矿区生态修复带来了困难。

3. 矿山生态修复的三大任务

（1）地质地貌的保护和修复

① 通过回填整平，消除较大的坡度和沟坎，维持地表基底的稳定。

② 对开采造成的裸露地表进行加固和稳定，防止地质灾害的发生。

③ 地貌修复技术主要有：土工材料的应用技术；圬土结构加固技术；植物生态防护技术，如喷播技术、柔性生态护坡技术、植树技术等。

（2）土壤基质的修复

① 物理修复。客土换土覆盖，选取其他地区的优良基土进行覆盖，以实现土壤基质的快速改良。

② 化学修复。固化修复技术、酸碱中和技术等。

③ 通过植物和微生物进行生态修复。

（3）植被修复　根据矿区土质具体情况，选择合适的植物种类，通过直接播撒种子、移栽幼苗或引入外来物种等方式进行植被修复。这些植物不仅能够改善土壤质量，还能为其他生物提供栖息地，促进生物多样性的恢复。

4. 矿山生态修复常用技术

(1) 采矿区生态修复　这种生态修复方式主要针对露天矿。露天矿开采后，多形成坡度陡的岩石边坡，以及宽度不大的台阶。因此，在对露天采矿区进行生态修复时，要对其形成的坡面进行不同程度的处理，对边坡坡度大于75°的，在保证边坡稳定的前提下，进行生态环境修复措施。另外，凹陷露天坑底部，常有积水，应因地制宜地开展采区以台阶为主的复垦工程，覆盖300～500mm的表土，种植草灌为主的乡土品种，有条件的边坡可喷植被层，合理安排复垦区的保水与排水。对周边的防护林带和露天采区的景观，进行总体设计和实施。

(2) 排土场复垦　将露天开采剥离的覆盖在矿床上部及其周围的表土和岩石，运至专设的场地废弃，这种专设的场地称为排土场或废石场。

排土场分为内排土场和外排土场两种。内排土场，就是将岩土直接排弃在露天矿床的采空区内，这是最经济的排土方法，适用于开采深度30～50m、倾角小于5°～10°的矿体。外排土场，就是另外选址堆放废弃的岩土。

排土场生态环境修复，首先要保证边坡稳定，其次采取工程措施与植物措施相结合，主要是植树种草。对存在安全隐患的边坡要进行工程措施处理，包括修建拦河坝、修建抗滑桩、加固长锚杆等工程措施。

排土场植物措施所选择的植物树种要抗性强、品质好，栽植树木的方法主要包括堆土袋、挂网绿化、植生袋、植生毯等。排土场修复为林地时，应在其表层覆土，厚度应大于30cm；若采用坑栽，可在坑内填入少量的客土；在边坡小于35°的人工挖土缓边坡地带可种植一般的林木。

(3) 尾矿库复垦　尾矿库是指筑坝拦截谷口或围地构成的，用以堆存金属或非金属矿山选矿后排出尾矿或其他工业废渣的场所。尾矿库是一个具有高势能的人造泥石流危险源，存在溃坝危险，一旦失事，容易造成重特大事故。

我国尾矿库复垦工作还处于初级阶段，总结近几年的情况，尾矿库的复垦主要有以下几种方式：

① 复垦为农业用地：复垦方式一般为覆盖表层土并施加肥料以改良土质，覆土厚度一般为0.2～0.5m。

② 复垦为林业用地：大多数尾矿库特别是其坝体坡面覆盖一层山皮土后都可用于种植小灌木、草藤植物等，库内可种植乔、灌木甚至经济果木等。

③ 复垦为建筑用地：用于修筑不同功能的建筑物和构筑物。

需要注意的是，尾矿库的复垦比较难，因为尾砂粒径粗，土壤含量低甚至为零，持水能力差，营养成分低下，有时还存在不同程度的有毒有害成分，植被品种赖以生存的微生物几乎为零。所以尾矿库如果复垦为农业用地首先要采用深度覆盖处理，再种植植被。

复习思考题

1. 简述环境的概念、分类及组成。
2. 当代主要环境问题有哪些？你认为解决环境问题的根本途径有哪些？

3. 根据你所居住的城市状况，分析城市化对环境的影响有哪些？谈谈你对城市化问题的看法。

4. 简述什么是城市热岛及城市热岛的形成过程。

5. 简述绿色矿山建设的概念。

6. 试述绿色矿山建设的意义。

7. 绿色矿山建设规范包含哪些内容？

8. 矿山生态修复的三大任务是什么？

9. 矿山生态修复常用技术有哪些？

10. 查阅什么是中国环境保护的“33211”工程。

阅读材料

消失的文明——楼兰古国

早在公元前2世纪至公元630年，西域三十六古国之一楼兰古国，是西域一个著名的“城廓之国”。它东通敦煌，西北到焉耆、尉犁，西南到若羌、且末。古代“丝绸之路”的南、北两道从楼兰分道。楼兰，这座丝绸之路上的重镇在辉煌了近500年后，逐渐没有了人烟，在历史舞台上无声无息地消失了。

公元4世纪之后，楼兰国突然销声匿迹。楼兰的消失跟人们破坏大自然的生态平衡也有关系。楼兰地处丝绸之路的要冲，人们过度垦种，使水利设施、良好的植被受到严重破坏。公元3世纪后，流入罗布泊的塔里木河下游河床被风沙淤塞，在今尉犁东南改道南流，致使楼兰“城郭岿然，人烟断绝”“国久空旷，城皆荒芜”。人类活动对罗布泊干涸的影响，可以说越来越大。水源和树木是荒原上绿洲能够存活的关键。楼兰古城正建立在当时水系发达的孔雀河下游三角洲，这里曾有长势繁茂的胡杨树供其取材建设。当年楼兰人在罗布泊边筑造了10多万平方米的楼兰古城，他们砍伐掉许多树木和芦苇，这无疑会对环境产生消极影响。在这期间，人类活动的加剧以及水系的变化和战争的破坏，使原本脆弱的生态环境进一步恶化。5号小河墓地上密植的“男根树桩”说明，楼兰人当时已感受到部落生存危机，只好祈求生殖崇拜来保佑其子孙繁衍下去。但他们大量砍伐本已稀少的树木，使当地已经恶化的环境雪上加霜，最后成为消失的文明。

第八章 大气污染及其防治

【内容提要】 本章主要叙述了大气的组成与结构，大气污染的概念及分类，我国大气中的主要污染物、来源及危害，空气质量标准，气象条件对污染物运移的影响；重点讲解了大气污染的防治原则，除尘装置的主要性能指标及工作原理，气态污染物的治理技术，常用的“排烟脱硫”和“排烟脱氮”技术方法。

【重点要求】 掌握大气的组成与结构，大气污染的概念，我国大气中的主要污染物、来源及危害，气象条件对污染物运移的影响，大气污染的防治原则，常用的“排烟脱硫”和“排烟脱氮”技术方法。熟知常用的除尘装置及其工作原理，气态污染物的治理技术。了解空气质量标准及大气污染物进入人体的途径。

洁净的大气对维护生态平衡、保障人体健康、促进农业发展、减缓气候变暖以及提升城市形象和经济发展都具有重要意义。

近年来，我国非常重视大气环境的保护，深入推进蓝天保卫战，并于 2023 年 11 月 30 日发布了国务院关于印发《空气质量持续改善行动计划》的通知，要求协同推进降碳、减污、扩绿、增长，以改善空气质量为核心，以减少重污染天气和解决人民群众身边的突出大气环境问题为重点，以降低细颗粒物（$PM_{2.5}$）浓度为主线，大力推动氮氧化物和挥发性有机物（VOCs）减排，完善大气环境管理体系，加快形成绿色低碳生产生活方式，并要求 2024 年持续深入打好蓝天保卫战。防治大气污染不仅是政府的责任，也是每个公民的责任。我们应该树立环保意识，从自身做起，减少污染物的排放，积极参与环保活动，为改善空气质量贡献自己的力量。

第一节　大气概述

一、大气的组成

大气是围绕地球的空气包层，与海洋、陆地共同构成地球体系，是自然环境的重要组成部分，是人类赖以生存、不可或缺的物质。空气的组成见表 8-1。

表 8-1 空气的组成

气体类别	含量(体积分数)/%	气体类别	含量(体积分数)/%
N_2	78.09	H_2	0.5×10^{-4}
O_2	20.95	Kr	1.0×10^{-4}
CO_2	0.03	Xe	0.08×10^{-4}
Ar	0.93	O_3	0.01×10^{-4}
Ne	18×10^{-4}		
He	5.24×10^{-4}		

由表 8-1 可见，空气主要是由 N_2、O_2 组成的，约占总含量的 99.04%。其他成分含量虽然少，但是也十分重要。例如臭氧仅含 0.01×10^{-4}%，但很重要，它能吸收太阳的短波辐射，保护人类免受辐射伤害。

大气是一种混合气体，其组成又可分为恒定的、可变的和不定的组分。

1. 恒定组分（不变组分）

恒定组分是指大气中含有的氮、氧、氩及微量的氖、氦、氪、氙等稀有气体。其中 N、O、Ar 三种组分占大气总量的 99.97%。

2. 可变组分

可变组分是指大气中的 CO_2、水蒸气等，这些气体的含量由于受地区、季节、气象以及人们生产和生活的影响而有所变化。

3. 不定组分（污染组分）

不定组分有时是由自然灾害引起的，但主要是人类因素造成的。例如，颗粒、H_2S、SO_x、NO_x、盐类及恶臭气体等。

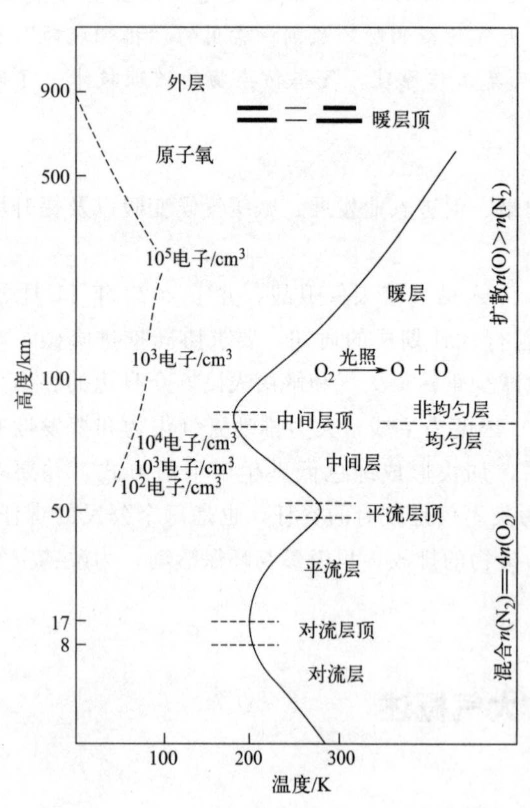

图 8-1 大气圈中温度、密度、化学组成的垂直分布图

按气温垂直分布分层——热分层

二、大气（圈）的结构

大气圈简单地说就是随着地球旋转的大气层。在地理学上，通常把由于地心引力而随地球旋转的大气称为大气圈或大气层。通常把大气圈的厚度定为 1200～1400km。

根据大气圈在垂直方向上的温度变化、运动状态和组成的不同，可将其分为五层，依次为对流层、平流层、中间层、暖层（电离层）和外层（散逸层），如图 8-1 所示。

1. 对流层

对流层位于大气圈的最下端，是距离地面最近的一层。该层气温随高度的增加而递减，大约每上升 1km，气温下降 6℃。对流层的厚度随纬度的不同而不同，在赤道处为16～18km，在中纬度为10～12km，而在极地仅为6～10km，其平均厚度约为12km，空气质量大约占大气层质量的3/4。该层气温下部高上部低，因此较易产生强烈的对流运动，同时由于大气环流等因素的影响，在该层会经常出现复杂的天气现象。另外，由于距离地面最近，大气污染也主要发生在该层，所以，对流层与人类的活动最密切。

2. 平流层

平流层紧邻着对流层，距地面12～55km，下部为等温层，气温随高度的变化几乎不变，上部气温随高度的上升而升高。该层大气透明度好，气流比较稳定，平流运动占优势。因此，进入该层的污染物，扩散速度很慢，最长的能停留几十年，且易造成大范围乃至全球性的污染。

3. 中间层

该层位于平流层的上部，高度离地面55～80km。气温随高度的增加而迅速下降，温度可降至－113～－83℃。空气稀薄，有强烈的垂直对流运动。对流层、平流层、中间层属于均质层，大气主要组成的比例几乎不变。

4. 暖层

位于中间层的上部，暖层的上界距离地球表面有800多千米。该层的下部基本上是由分子氮组成，上部由原子氧组成，该层又称为电离层。温度随高度的增加而迅速上升。

5. 外层

在大气圈的最外层，又称为散逸层。大气极为稀薄，气温高，分子运动速度快。

暖层和外层属于非均质层，大气的主要组成比例有很大变化。

三、大气污染的概念及环境空气质量标准

1. 大气污染的概念

所谓大气污染是指由于人类活动或自然过程，向大气中排放的污染物超过了环境所允许的极限（环境容量），使大气质量恶化，人们的生产、生活、工作、身体健康和精神状态，以及设备财产等遭受到影响和破坏的现象。如图8-2所示，大气污染的过程分为三个环节。

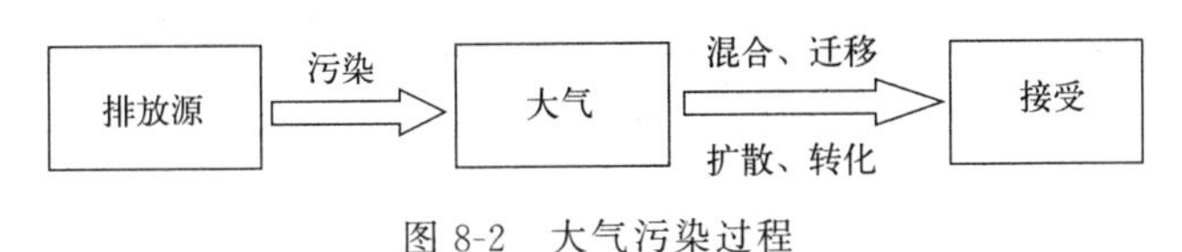

图8-2 大气污染过程

2. 大气污染的分类

① 根据污染范围，大气污染通常分为局域性大气污染、区域性大气污染、广域性大气污染以及全球性大气污染；

② 根据能源性质，大气污染分为煤烟型大气污染、石油型大气污染和混合型大气污染；

③ 根据污染物的化学性质，大气污染分为还原性大气污染（如煤烟型大气污染）和氧化性大气污染（如汽车尾气污染）。

3. 环境空气质量标准

为贯彻《中华人民共和国环境保护法》和《中华人民共和国大气污染防治法》，防治污

染，保护和改善生态环境，保障人体健康，完善国家环保标准体系，生态环境部与国家市场监督管理总局于2018年8月13日联合发布了《环境空气质量标准》（GB 3095—2012）修改单，于2018年9月1日正式实施。本标准适用于全国范围的环境空气质量评价和管理。

环境空气质量功能区分为两类：一类区为自然保护区、风景名胜区和其他需要特殊保护的区域；二类区为居住区、商业交通居民混合区、文化区、工业区和农村地区。一类区适用一级浓度限值，二类区适用二级浓度限值。一、二类环境空气质量功能区要求见表8-2和表8-3。

表8-2 环境空气污染物基本项目浓度限值

序号	污染物项目	平均时间	浓度限值		单位
			一级	二级	
1	二氧化硫(SO_2)	年平均	20	60	$\mu g/m^3$
		24小时平均	50	150	
		1小时平均	150	500	
2	二氧化氮(NO_2)	年平均	40	40	
		24小时平均	80	80	
		1小时平均	200	200	
3	一氧化碳(CO)	24小时平均	4	4	mg/m^3
		1小时平均	10	10	
4	臭氧(O_3)	日最大8小时平均	100	160	$\mu g/m^3$
		1小时平均	160	200	
5	颗粒物(粒径小于等于10μm)	年平均	40	70	
		24小时平均	50	150	
6	颗粒物(粒径小于等于2.5μm)	年平均	15	35	
		24小时平均	35	75	

表8-3 环境空气污染物其他项目浓度限值

序号	污染物项目	平均时间	浓度限值		单位
			一级	二级	
1	总悬浮颗粒物(TSP)	年平均	80	200	$\mu g/m^3$
		24小时平均	120	300	
2	氮氧化物(NO_x)	年平均	50	50	
		24小时平均	100	100	
		1小时平均	250	250	
3	铅(Pb)	年平均	0.5	0.5	
		季平均	1	1	
4	苯并[a]芘(BaP)	年平均	0.001	0.001	
		24小时平均	0.0025	0.0025	

第二节　大气中主要污染物的来源及危害

一、大气污染源及其分类

大气污染总的来说是由自然和人类活动两方面造成的。由自然灾害造成的污染多为局部的、暂时性的，而由人类活动造成的污染通常都是大范围的、经常性的。所以我们一般所说的污染问题多为人类活动引起的。

1. 污染源类型

① 按照污染物发生的类型分类，可将污染源分为生活污染源、工业污染源、农业污染源和交通污染源。

② 按照污染源的空间分布方式分类，可分为点源（如城市污水和工矿企业与船舶等废水排放口）、线源（如输油管道、污水沟道以及公路、铁路等）、面源（如农田里的农药、化肥等）。

③ 按照污染物属性分类，有物理污染源、化学污染源、生物污染源（致病菌、寄生虫与卵）以及同时排放多种污染物的复合污染源。

④ 按照受纳水体分类，有地面水污染源、地下水污染源、大气水污染源、海洋污染源。

⑤ 按照污染源排放时间分类，有连续性污染源、间断性污染源和瞬时性污染源。

2. 污染来源

我国空气污染主要来源于三大方面：

(1) 工业污染源　工业污染源主要是燃料燃烧排放的污染物、生产中的排气和排放的各类矿物烟尘和金属粉尘。

(2) 交通污染源　由飞机、船舶、汽车等交通工具（移动源）排放的尾气。随着汽车工业的发展，汽车排放的尾气已成为大气污染的主要污染源。

(3) 生活污染源　由于我国居住密集和燃煤质量不高、数量多且燃烧不完全、排放高度低等，生活污染源造成的大气危害不容忽视。

二、大气污染物的种类及危害

大气污染物的种类很多，按照其存在特征的不同可分为颗粒污染物和气态污染物两大类。

(一) 颗粒污染物

颗粒污染物主要来源于工业排放、交通尾气、建筑施工和生物质燃烧等。按粒径大小，大气颗粒物一般可分为以下几类。

1. 总悬浮颗粒物（TSP）

是指粒径（空气动力直径）$\leqslant 100\mu m$ 的颗粒物的总称，包括液体、固体或者液体和固体结合存在的，并悬浮在空气介质中的颗粒，是大气质量评价中一个重要的指标。TSP是大气环境中一种重要的污染物，主要来源于燃料燃烧时产生的烟尘、生产加工过程中产生的粉尘、建筑和交通扬尘、风沙扬尘以及气态污染物经过复杂物理化学反应在空气中生成的相应的盐类颗粒。TSP对人体健康的危害主要体现在对呼吸系统的损害和对心脏病患者的不利影响上。

2. 可吸入颗粒物（PM_{10}）

是指粒径≤10μm 的颗粒物，因其能进入人体呼吸道而命名，又因其能够长期飘浮在空气中，也被称为飘尘。主要来自污染源的直接排放，如道路尘土、建筑施工、生产排放，以及环境空气中硫氧化物、氮氧化物、挥发性有机化合物及其他化合物相互作用形成的细小颗粒物。PM_{10} 对人体存在一定的危害，如损伤肺泡和黏膜、引起慢性鼻咽炎、加重哮喘病、引发慢性支气管炎等。

3. 细颗粒物（$PM_{2.5}$）

是指粒径≤2.5μm 的颗粒物。2013 年 2 月 28 日，全国科学技术名词审定委员会将 $PM_{2.5}$ 正式命名为“细颗粒物”。它在空气中悬浮的时间更长，易于携带大量的细菌和病毒滞留在终末细支气管和肺泡中，其中某些较细的组分还可穿透肺泡进入血液。因为可直接进入肺部，又称可入肺颗粒物。$PM_{2.5}$ 主要来自自然源，如扬尘、植物花粉、细菌等，以及人为源，如化石燃料燃烧、机动车尾气、生物质燃烧等。

4. 超细颗粒物（$PM_{0.1}$）

是指粒径≤0.1μm 的大气颗粒物。城市环境中，人为来源的 $PM_{0.1}$ 主要来自汽车尾气。$PM_{0.1}$ 有直接排放到大气的，也有排放出的气态污染物经日光紫外线作用或其他化学反应转化后二次生成的。$PM_{0.1}$ 由于粒径较小，更容易携带病毒和细菌，所以对人体健康和环境质量危害极大，能够深入肺部，进入血液，长时间停留在肺泡，进而破坏人体的免疫系统、循环系统以及生殖系统。

（二）气态污染物

气态污染物是指在常态、常压下以分子状态存在的污染物。空气中常见的污染物主要有：CO、SO_2、NO_x、NH_3 和 O_3 等。气态污染物中 SO_2 主要来源于含硫燃料的燃烧，如煤炭、石油等；氮氧化物主要来源于机动车尾气和工业排放；O_3 主要是由氮氧化物和挥发性有机物在阳光照射下反应形成的，主要来源于机动车尾气和工业排放。

由于这些气态污染物在大气中很不稳定，容易发生一系列氧化还原反应，因此气态污染物又分为一次污染物和二次污染物。一次污染物是指直接从污染源排到大气中的原始污染物质；二次污染物是指由一次污染物与大气中已有组分、一次污染物之间经过一系列化学或光化学反应而生成的与一次污染物性质不同的新污染物质。在大气污染控制中受到普遍重视的一次污染物有硫氧化物、氮氧化物、碳氧化物以及有机化合物等，二次污染物主要有硫酸烟雾和光化学烟雾等。

三、当前我国大气中的主要污染物

当前我国大气中的主要污染物包括二氧化硫、氮氧化物、总悬浮颗粒物（如粉尘、烟雾、PM_{10}、$PM_{2.5}$）、挥发性有机化合物（如苯、碳氢化合物、甲醛）、光化学氧化物（如臭氧 O_3）以及温室气体（如甲烷、氯氟烃）等。

四、建材行业大气污染

建材行业是中国重要的基础材料行业。建材产品主要包括建筑材料及制品、非金属矿及制品、无机非金属新材料三大门类。我国建材行业虽然近年发展非常好，但与发达国家相比还存在着能源和资源耗费高、环境负荷大等问题，尤其是水泥企业，被冠以“污染大户”的帽子。国务院印发《2030年前碳达峰行动方案》，水泥行业成为节能降碳重点行业领域；国家发展改革委等部门下发《关于严格能效约束推动重点领域节能降碳的若干意见》，要求到2025年，超过30%水泥企业节能降碳指标需达到标杆水平，即吨熟料单位产品综合能耗达到100千克标准煤。

1. 建材行业主要大气污染物

建材行业从原料开采到产品出厂整个生产过程中产生的主要大气污染物是粉尘和废气。

2. 水泥企业大气污染物的主要来源

（1）粉尘主要来源　水泥厂无论哪个生产环节都会产生大量粉尘，并随废气排出。粉尘主要是由于水泥生产过程中原、燃料和水泥成品储运，物料的破碎、烘干、粉磨、煅烧等工序产生的废气的排放或逃逸。具体产物环节如下：

① 生料制备系统。生料是水泥生产中的一种主要原料，其主要成分是石灰石和黏土，加工过程中会产生大量粉尘。生料粉尘主要成分为SiO_2、Al_2O_3、Fe_2O_3、CaO等。

② 熟料烧成系统。熟料是水泥生产的另一个主要原料，加工时需进行粉碎、烧成等多个工序，这个过程中产生的粉尘量非常大。熟料粉尘主要成分为SiO_2、Al_2O_3、Fe_2O_3、CaO、MgO等。

③ 煤磨系统。水泥厂需要进行煤的热能供应，煤的粉碎、输送、燃烧等过程中均会产生大量煤粉尘。煤粉尘主要成分为C、H、O、N、S等，其中含有较多硫化物和氧化物。

④ 水泥制成系统。水泥磨、水泥包装及散装过程中也会产生大量的粉尘。

（2）废气主要来源　水泥厂排放的废气主要成分为SO_2、NO_x、CO_2（CO_2虽然原则上不算废气，但是产生量比较大，会造成温室效应）和HF等。

CO_2由水泥生料$CaCO_3$分解、燃料燃烧产生，当前，生产水泥熟料的主要原料为石灰石。在水泥熟料烧成过程中，煤的燃烧及生料的煅烧会产生一定量的SO_2，其中煤的燃烧产生的SO_2量最大。在水泥熟料烧成过程中排放的NO_x，主要来源于燃料高温燃烧，以及空气中的N_2在高温状态下与O_2化合生成，产生量主要取决于燃烧火焰温度，温度越高，则N_2被氧化生成的NO_x量越多。HF是由于立窑厂采用萤石（CaF_2）矿化剂，或者生料中的氟成分在煅烧过程中产生的有害废气。

第三节　大气污染对人体健康的影响

当人类生产活动排放的有害气体进入大气，达到一定浓度时就会改变原有的空气组成，造成大气污染，空气中的主要污染物会通过各种途径进入人体，进而影响人们身体健康。2021年《世卫组织全球空气质量指南》指出，每年约有700万人死于空气污染有关的疾病。

一、大气污染物进入人体的途径

大气污染物主要通过呼吸道进入人体，小部分污染物也可以降落至植物、水体或土壤，通过食物或饮用水，经过消化道进入体内。儿童还可以经直接摄入尘土而由消化道摄入大气污染物。有的污染物可通过直接接触黏膜、皮肤进入人体。大气污染物进入人体的途径如图 8-3 所示。

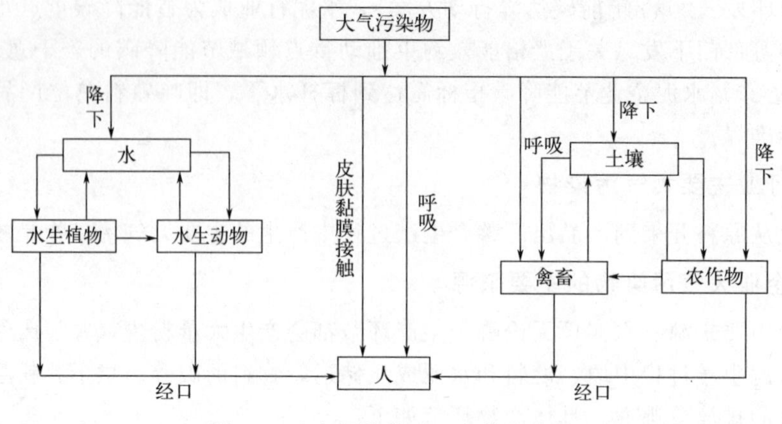

图 8-3　大气污染物进入人体的途径

二、大气污染物对人体健康的影响

1. 颗粒污染物对人体健康的影响

① 粒径＞10μm 的颗粒污染物进入人体时，可以被鼻腔和咽喉所捕集，会造成呼吸道感染和鼻腔感染，但不进入肺泡。

② 粒径≤10μm 的飘尘，对人体的危害较大，进入人体后，一部分随呼吸道排出体外，一部分则沉积于肺泡。沉积在肺部的污染物如被溶解，直接进入血液，造成血液中毒；未被溶解的可能被细胞吸收，造成细胞破坏，引起肺尘埃沉着病。例如，煤矿工人，吸入煤灰，形成煤工尘肺；玻璃厂或水泥厂工人，吸入硅酸盐粉尘，形成硅沉着病；石棉厂工人多患有石棉沉着病等。

2. 二氧化硫对人体健康的影响

SO_2 是最常见的硫氧化物，无色气体，有强烈刺激性气味，是大气主要污染物之一。SO_2 具有酸性，可与空气中的其他物质反应，生成微小的亚硫酸盐和硫酸盐颗粒。当这些颗粒被吸入时，它们将聚集于肺部，从而引发呼吸系统症状和疾病，甚至导致呼吸困难。燃煤含硫率为 1%时，燃烧 1t 原煤排放 16kg SO_2 进入空气中。另外，SO_2 是形成硫酸烟雾的主要贡献者，硫酸烟雾是强氧化剂，对人和动植物有极大的危害。19 世纪中期发生的英国伦敦烟雾事件是最严重的一次硫酸烟雾事件之一。SO_2 对人体及生物的影响如表 8-4 所示。

表 8-4　SO_2 对人体及生物的影响

SO_2 浓度(体积分数)/10^{-6}	对人体健康及生物的影响	SO_2 浓度(体积分数)/10^{-6}	对人体健康及生物的影响
0.03	慢性植物损失，叶落过多	0.11～0.19	老年人呼吸系统疾病增多
0.04	支气管炎及肺癌死亡率增高	0.21	肺癌加重
0.046	学龄儿童呼吸系统疾病增多	0.25	死亡率增加，发病率急增

3. 氮氧化物对人体健康的影响

氮氧化物是氮的氧化物的总称，包括 NO、NO_2、N_2O、NO_3、N_2O_4、N_2O_5 等。

大气中除 NO、NO_2 较稳定外，其他氮氧化物都不太稳定，故通常所指的氮氧化物主要是 NO 和 NO_2 的混合物。NO 可与血红蛋白结合引起高铁血红蛋白血症，NO_2 吸入后对肺组织具有强烈的刺激性和腐蚀性。NO 与血红蛋白的亲和力比 CO 大几百倍，使血液运送氧的功能大大下降；NO_2 是腐蚀剂，毒性比 NO 大 5 倍，损害肺功能，是形成光化学烟雾的主要物质之一，当与 SO_2、颗粒物共存时，表现出污染物的协同作用。

4. 碳的化合物对人体健康的影响

对人体健康影响较大的碳的化合物主要是 CO、CO_2、碳氢化合物等。

CO 与人体内血红蛋白的亲和力比氧与血红蛋白的亲和力大 200～300 倍，而碳氧血红蛋白较氧合血红蛋白的解离速度慢 3600 倍，当 CO 浓度在空气中达到 35×10^{-6}（体积分数）时，就会对人体产生损害，造成 CO 中毒或煤气中毒。

CO_2 是温室气体之一，允许可见光自由通过，但会吸收红外线与紫外线，这可以把来自太阳的热能锁起来，不让其流失。如果大气中的 CO_2 含量过多，热量更难流失，地球的平均气温也会随之上升，这种情况称为温室效应。空气中 CO_2 的正常含量是 0.03%，当 CO_2 的浓度达 1%时会使人感到气闷、头昏、心悸，达到 4%～5%时人会感到气喘、头痛、眩晕，而达到 10%的时候，会使人体机能严重混乱，使人丧失知觉、神志不清、呼吸停止而死亡。

碳氢化合物主要来自石油化工业、有机合成工业和机动车排气，其中多环芳烃类物质（PAHs）（如蒽、苯并芘、苯并蒽等）大多具有致癌的作用。

5. 光化学烟雾对人体健康的影响

所谓光化学烟雾是汽车、工厂等污染源排入大气的碳氢化合物（HC）和氮氧化物（NO_x）等一次污染物，在阳光的作用下发生化学反应，生成臭氧（O_3）、醛、酮、酸、过氧乙酰硝酸酯（PAN）等二次污染物，参与光化学反应过程的一次污染物和二次污染物的混合物所形成的烟雾污染现象。美国洛杉矶、英国伦敦等地多次发生光化学烟雾事件，发生时大气的能见度降低，有特殊气味，刺激眼睛和喉结膜，造成居民呼吸困难，进而死亡。

6. 其他有害的空气污染物对人体健康的影响

其他有害空气污染物，如石棉能引起多种疾病，还能引起职业性肺癌；汞转化为剧毒的有机汞（甲基汞）时会富集于生物体内，对中枢神经系统造成极大的伤害。

第四节　气象条件和地理条件对污染物运移的影响

一个地区的大气污染程度与该地区污染源所排放的污染物的总量有关，这个总量不因气象条件的变化而发生变化。但是，该地区大气中污染物的浓度与气象因素及地理因素有着直接的关系，即大气污染物浓度受该地区气象条件和地理条件的控制。气象因素对大气污染物具有扩散和稀释的能力，影响大气扩散和稀释能力的主要因素有气象的动力因子和气象的热力因子；地理因素主要是地理环境，如地形、地貌等，地理环境不同，污染物从污染源排出后其危害程度也不同。

一、气象动力因子对污染物传输扩散的影响

气象动力因子主要是指风和湍流，风和湍流对污染物在大气中的扩散和稀释起着决定性

作用。

1. 风

风是大气的水平运动，不同时刻的风速、风向均不同。风把污染物从污染源向下风方向输送的同时，还起着把污染物扩散稀释的作用。一般来说，污染物在大气中的浓度与污染物排放量成正比，与风速成反比。如风速增大一倍，在下风向的污染物浓度将减少一半。

2. 湍流

大气除了整体水平运动以外，还存在着风速时强时弱的阵性以及风的上下、左右的摆性。也就是说，风存在着不同于主流方向的各种不同尺度的次生运动或漩涡运动，这种极不规则的大气运动称为湍流。污染物在风的作用下向下风方向飘移并扩散、稀释，同时，在湍流作用下向周围逐渐扩散，如从烟囱中排出的烟云在向下风方向飘移时，烟云很容易被湍涡拆开或撕裂变形，使烟团很快扩散。湍流尺度的大小对污染物扩散、稀释能力有很大的影响，如图 8-4 所示。

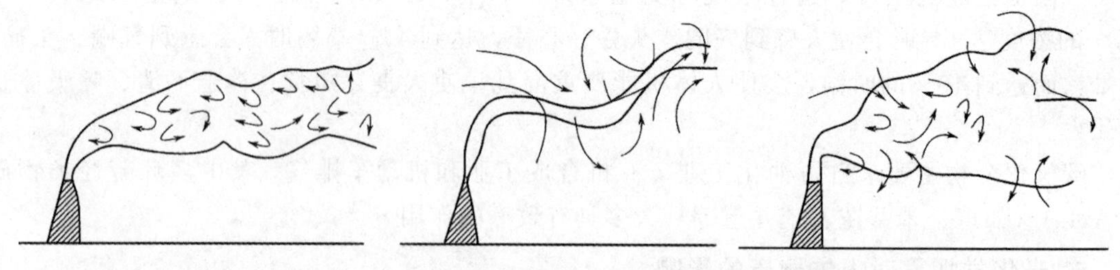

(a) 小尺度湍流作用下的烟云扩散　(b) 大尺度湍流作用下的烟云扩散　(c) 复合尺度湍流作用下的烟云扩散

图 8-4　不同尺度湍流时烟云扩散状态

大气的湍流运动造成湍流场中各部分之间的强烈混合。当污染物由污染源排入大气中时，高浓度部分污染物由于湍流混合，不断被清洁空气掺入，同时又无规则地分散到其他方向去，使污染物不断地被稀释和冲淡。

二、气象热力因子对污染物传输扩散的影响

大气温度层结是指在地球表面上方大气的温度随高度变化的情况或者说是在垂直于地球表面方向上的气温分布。气温的垂直分布决定着大气的稳定度，而大气的稳定度又影响着湍流的强度，因而温度层结与大气污染关系密切。

1. 气温垂直递减率

气温垂直递减率（γ）是指在垂直于地球表面方向上，每升高 100m 气温的变化值。对于标准大气压来说，在对流层中，不同高度上的 γ 值不同，一般取平均值：$\gamma=0.6℃/100m$。该值表明在对流层中，每上升 100m，大气气温要下降 0.6℃。实际上，近地面的大气层，由于气象条件的不同，气温垂直递减率 γ 可以大于零、小于零和等于零。

（1）递减层结　当 $\gamma>0$ 时，气温随高度的增加而降低，气温垂直分布与标准大气相同。递减层结属于正常分布，一般出现在晴朗的白天、风力较小的天气。地面由于吸收太阳辐射温度升高，使近地空气得以加热，气温沿高度逐渐递减。此时上升空气团的降温速度比周围慢，空气团处于加速上升运动，大气为不稳定状态。

（2）等温层结　当 $\gamma=0$ 时，气温不随高度的变化而变化，气温恒定，该层称为等温

层。等温层结多出现于阴天、多云或大风时，由于太阳的辐射被云层吸收和反射，地面吸热减少。此外，晚上云层又向地面辐射热量，大风使得空气上下混合，这些因素导致气温在垂直方向上变化不明显。此时上升空气团的降温速度比周围快，上升运动将减速并转而返回，大气趋于稳定状态。

(3) 逆温层结　当 $\gamma<0$ 时，气温随高度的增加而增加，气温垂直分布与标准大气相反，这种现象称为逆温，该层称为逆温层。当出现逆温时，大气在垂直方向上的运动基本停滞，处于强稳定状态。通常，按逆温层的形成过程又分为辐射逆温、下沉逆温、湍流逆温、平流逆温、锋面逆温等类型。

2. 气温干绝热递减率

气温干绝热递减率（γ_d）是指干空气团或未饱和的湿空气团从地面绝热上升时，会因周围气压的减少而体积膨胀，用内能反抗外力，因此，它的温度就下降；空气团下降时，外压力增大，对其做压缩功，转化为内能，使其温度上升。这种空气团的运动，会使大气形成不同的温度层结。干空气团或未饱和的湿空气团温度变化的数值叫干绝热递减率。对于一个干燥或未饱和的湿空气团，在大气中绝热上升每 100m，温度就要下降 0.98℃；绝热下降 100m，温度要上升 0.98℃。通常近似地取 1℃，而这个数值与周围温度无关，称为气温的干绝热递减率，用 γ_d 表示。

3. 大气稳定度

大气稳定度是指大气中某一高度上的气团在垂直方向上相对稳定的程度。气团在上升或下降时可能出现稳定、不稳定或中性平衡三种状态。大气稳定的程度取决于气温垂直递减率（γ）和干绝热递减率（γ_d）。

① 当 $\gamma<\gamma_d$ 时，不论由何种气象因素使大气做垂直上下运动，它都力争恢复到原来的状态，大气的这种状态称为稳定状态。

② 当 $\gamma>\gamma_d$ 时，不论由何种气象因素使大气做垂直上下运动，它的运动趋势总是远离平衡位置，大气的这种状态称为不稳定状态。

③ 当 $\gamma=\gamma_d$ 时，气团内部温度与外部温度始终保持相等，气团被推到哪里就停在哪里，这时的大气状态称为中性平衡状态。

三、大气污染的地理因素

污染物从污染源排出后，因地理环境不同危害的程度也不同。例如携带污染物的气团遇高层建筑物、大体积建筑物等，在建筑物的背风区其风速会下降，从而在局部地区产生涡流，如图 8-5 所示。这样就阻碍了污染物向更大范围扩散和稀释，加剧了局部污染。

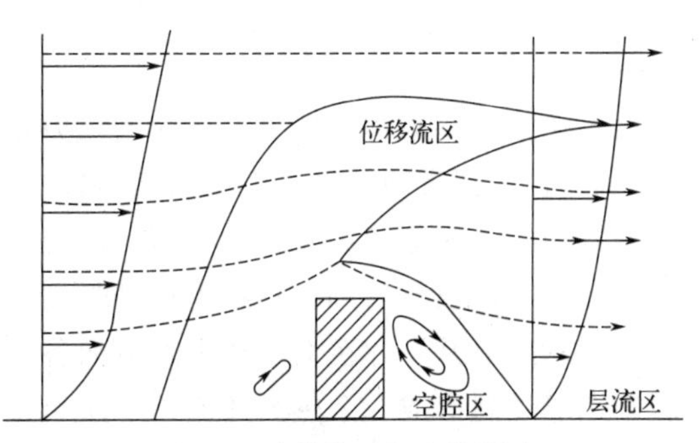

图 8-5　建筑物对气流的影响

1. 城市风

城市风是指在大范围环流微弱时，由于城市热岛而引起的市区与郊区之间的大气环流：空气在市区上升，在郊区下沉，而四周较冷的空气又流向市区，在市区和郊区之间形成一个小型的局地环流，称为城市风。由于城市风的存在，市区的污染物随热空气上升，往往在市区上空笼罩着一层烟尘等形成的穹形尘盖，使上升的气流受阻，污染物不易扩散，所以上升的气流转向水平运动，到了郊区下沉，下沉气流又流向城市的中心（见图 8-6）。如果城市的四周有工厂，这时工厂排出的污染物一并集中到城市的中心，致使市区的空气更加浑浊。所以城市风在某种情况下能加重市区的大气污染。例如日本北海道的旭川市，人口仅 20 万，郊区是山地丘陵，市区为平地，在郊区周围山地建了工厂，本意是想让市区避开空气污染源，结果事与愿违，城市风使郊区的烟尘涌入市区，反而使没有污染源的市区被污染。

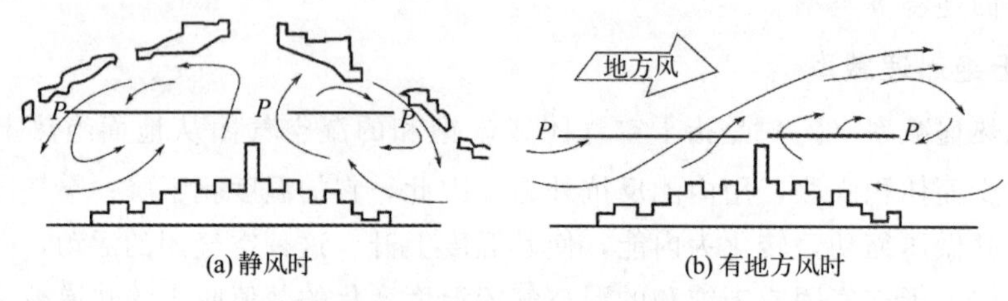

图 8-6 城市风环流示意图

2. 海陆风

海陆风是受海陆热力性质差异影响形成的大气运动形式，主要发生在海洋或湖泊与大陆的交界处。白天，在太阳照射下，陆地升温快，气温高，空气膨胀上升，近地面气压降低，所以在近地面，海洋的气压比陆地气压高，风是从海洋吹向陆地，形成“海风”；夜晚情况正好相反，空气运动形成“陆风”，合称为海陆风。海陆风的水平范围可达几十千米，垂直高度达 1～2km，周期为一昼夜。如图 8-7 所示。

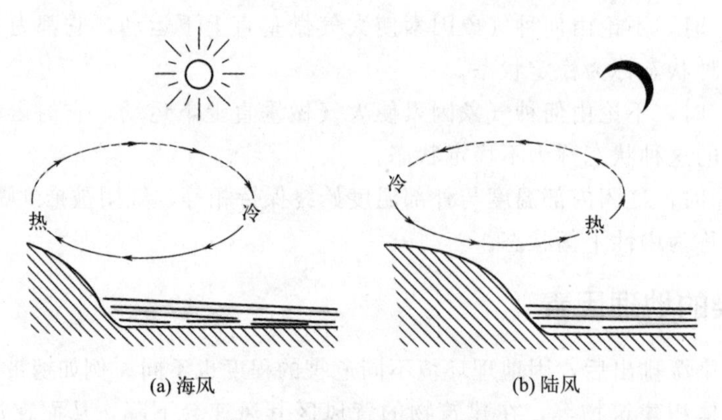

图 8-7 海陆风环流示意图

3. 山谷风

山谷风是山谷与其附近空气之间的热力差异而引起的。白天风从山谷吹向山坡，这种风称为“谷风”；到夜晚，风从山坡吹向山谷，称为“山风”。山风和谷风总称为山谷风。

山谷风的形成原理跟海陆风类似。白天，山坡接受太阳光热较多，成为一只小小的“加热炉”，空气增温较多；而山谷上空，同高度上的空气因离地较远，增温较少。于是山坡上的暖空气不断上升，并在上层从山坡流向谷底，谷底的空气则沿山坡向山顶补充，这样便在山坡与山谷之间形成一个热力环流。下层风由谷底吹向山坡，称为谷风［见图 8-8(a)］。到了夜间，山坡上的空气受山坡辐射冷却影响，“加热炉”变成了“冷却器”，空气降温较多；

而谷底上空，同高度的空气因离地面较远，降温较少。于是山坡上的冷空气因密度大，顺山坡流入谷底，谷底的空气因汇合而上升，并从上面向山顶上空流去，形成与白天相反的热力环流。下层风由山坡吹向谷底，称为山风［见图 8-8(b)］。

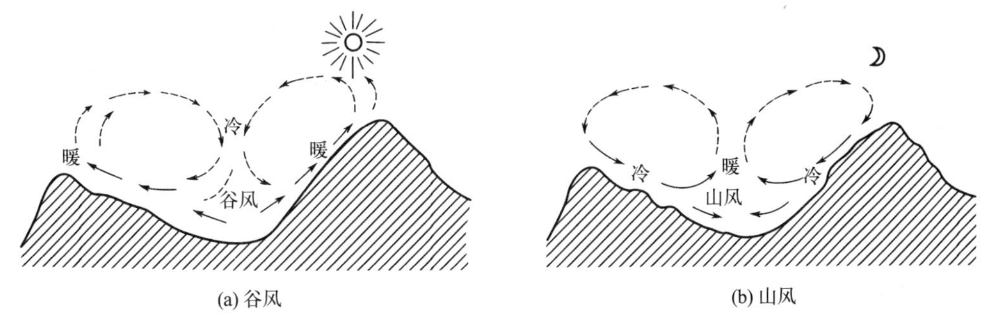

图 8-8　山谷风环流示意图

第五节　大气污染的防治

一、大气污染的防治原则

目前，我国城市和区域大气污染治理工作已取得了显著成就。但由于我国能源结构依然以煤炭、石油为主，所以持续深入打好蓝天保卫战是一项艰巨的工程。因此，要想有效地控制大气污染，人们必须从整个区域的大气污染情况出发，统一规划并综合运用各种防治措施和手段，积极采用新技术、新设备、新方法和新工艺，即坚持“综合防治”原则。

1. 控制大气污染源

为控制大气污染源，应对工业进行合理布局，对城市进行科学规划。例如，工业企业应分散设置，所谓工业园区，其实不利于污染物的扩散和稀释；工业城市规模不宜过大；选择合理的厂址，将排放污染物的工厂和企业建在城市主导风向的下风向等。

2. 防止或减少大气污染物的排放

防止和减少大气污染物的排放主要从生产工艺和管理角度控制大气污染。

（1）改革能源结构　采用无污染和低污染能源，如采用无排放的清洁能源（太阳能、水能、风能）或进行新能源的开发，尽量减少化石能源的使用。

（2）对化石燃料进行预处理　对化石燃料进行预处理，提高煤炭品质，对燃烧所用煤炭的硫分、灰分的品质进行严格的限定。《中华人民共和国大气污染防治法》中的“推行煤炭洗选加工”等内容，目的就是降低煤的硫分和灰分。

（3）改进燃烧装置和燃烧技术　进一步改进燃烧设备和燃烧技术，提高化石燃料的燃烧效率。如改革炉灶、采用沸腾炉等以提高燃烧效率和降低有害气体的排放量。

（4）采用清洁生产工艺　优先利用低能耗、无污染或低污染的生产工艺，尽量进行封闭系统的操作，不用或少用易引起污染的原料。

（5）加强监督管理　减少事故性排放和无组织排放。

3. 治理排放的主要污染物

① 利用各种除尘设备去除烟尘和各种工业粉尘；

② 采用气体吸收塔等处理有害气体；

③ 及时清理和妥善处理工业、生活和建筑废渣，减少地面扬尘；

④ 应用其他物理的（如冷凝）、化学的（如催化、转化）、物理化学的（如分子筛、活性炭吸附）方法回收利用废气中的有害物质，或使有害气体无害化；

⑤ 发展植物净化技术，植树造林，绿化环境；

⑥ 利用环境的自净能力。

4. 污染的法治宣传与管理

污染的法治宣传和管理十分重要，要向群众做好广泛的宣传工作，要坚持依法治理环境，对破坏环境的人和事，要教育、处罚甚至拘役判刑，加大法治力度。

二、烟尘治理技术

(一) 除尘装置的主要性能

燃料及其他物质燃烧等过程产生的烟尘，以及对固体物料破碎、筛分和输送的机械过程所产生的粉尘，都以固态或液态的粒子存在于大气中，从废气中除去或收集这些固态或液态粒子的设备，称为除尘装置。选择除尘装置时，除考虑烟尘的特性外，还要对除尘装置的性能有所了解。除尘装置的主要性能指标有三个：处理量、效率和阻力降。

1. 除尘装置的处理量

除尘装置的处理量是指除尘装置在单位时间内能处理的含尘气体量，取决于除尘装置的形式和结构尺寸。

2. 除尘装置的效率

除尘装置的效率有如下几种表示方法。

① 除尘装置的总效率。指除尘装置除下的烟尘量与未经除尘前含尘气体（烟气）中所含烟尘量的百分比。

② 除尘装置的分级效率。指除尘装置对除去某一特定粒径范围的污染物的除尘效率。

③ 多级除尘效率。当使用一级除尘装置达不到除尘要求时，通常将两个或两个以上的除尘装置串联起来使用，形成多级除尘装置，其效率称为多级除尘效率。

3. 除尘装置的阻力降

除尘装置的阻力降是指烟气经过除尘装置时，能量消耗的一个主要指标，除尘装置的阻力降有时又称为压力降。

(二) 除尘装置的工作原理和特性

根据在除尘过程中是否采用润湿剂，将除尘装置的类型分为湿式除尘装置和干式除尘装置。根据除尘过程中的粒子分离原理，除尘装置又可分为重力除尘装置、惯性力除尘装置、离心力除尘装置、洗涤式除尘装置、过滤式除尘装置、电除尘装置和声波除尘装置等。近年来，为提高对微粒的捕集效率，还出现了综合几种除尘机制的新型除尘器，如声凝聚器、热凝聚器、高梯度磁分离器等。下面对在实际中常用的除尘装置的工作原理和性能作简单介绍。

1. 重力除尘器

重力除尘器是借助于粉尘的重力沉降，将粉尘从气体中分离出来的设备。粉尘重力沉降的过程是烟气从水平方向进入重力沉降设备，在重力的作用下，粉尘粒子逐渐沉降下来，而气体沿水平方向继续前进，从而达到除尘的目的，如图 8-9 所示。气流进入重力沉降室后，流动截面积扩大，流速降低，较重颗粒在重力作用下缓慢向灰斗沉降。一般重力除尘装置可捕集 50μm 以上的粒子。重力除尘装置的特点是构造简单、施工方便、投资少、收获快，但体积庞大、占地多、效率低，不适合除去细小尘粒。

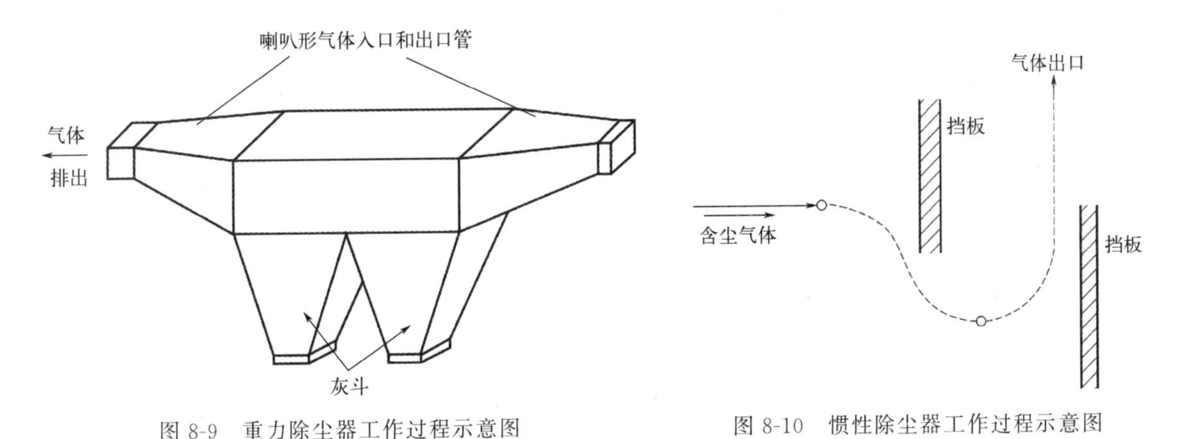

图 8-9 重力除尘器工作过程示意图

图 8-10 惯性除尘器工作过程示意图

提高沉降室效率主要有以下几种途径：①降低沉降室内气流速度；②增加沉降室长度；③降低沉降室高度。

沉降室内的气流速度一般为 0.3～2.0m/s。

2. 惯性除尘器

惯性除尘器是使含尘气体与挡板撞击或者急剧改变气流方向，利用惯性力分离并捕集粉尘的除尘设备。惯性除尘器亦称惰性除尘器，当高速运动的含尘气流在遇到挡板时，借助惯性力被捕集，气流速度越高，气流方向转变次数越多，粉尘去除效率越高。惯性除尘器一般净化密度和粒径较大的金属或矿物性粉尘，这种设备结构简单、阻力较小，但除尘效率不高，一般只用于多级除尘中的一级除尘。惯性除尘器根据其性能不同，可以分离或收集几微米、10μm、20～30μm 的微粒，气流速度及压力损失随着设备形式的不同而不同。其工作过程如图 8-10 所示。

3. 旋风除尘器

旋风除尘器是利用旋转气流所产生的离心力将尘粒从含尘气流中分离出来的除尘装置，旋风除尘器又称离心除尘器。其工作过程如图 8-11 所示。

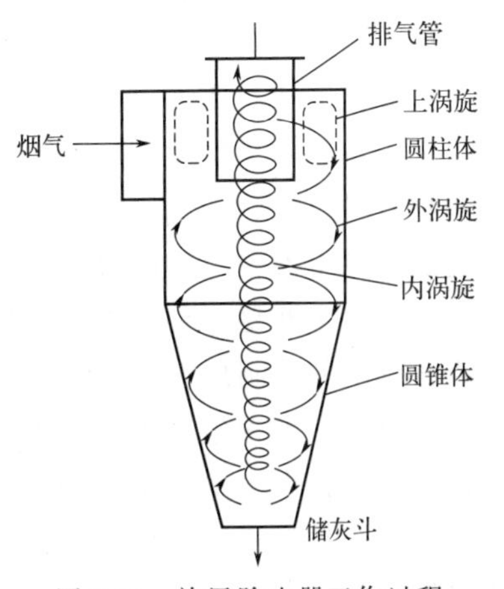

图 8-11 旋风除尘器工作过程示意图

旋转气流的绝大部分沿器壁自圆柱体，呈螺旋状由上向下向圆锥体底部运动，形成下降的外旋含尘气流，在强烈旋转过程中所产生的离心力将密度远远大于气体的尘粒甩向器壁，尘粒一旦与器壁接触，便失去惯性力而靠入口速度的动量和自身的重力沿壁面下落进入储灰斗。旋转下降的气流在到达圆锥体底部后，沿除尘器的轴心部位转而向上，形成上升的内旋气流，并由除尘器的排气管排出。

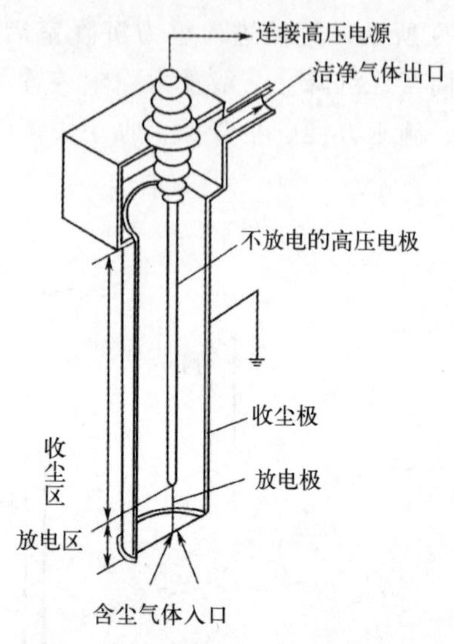

图 8-12　电除尘器工作过程示意图

旋风除尘器具有结构简单、体积小、不需特殊的附属设备、造价低、阻力中等、器内无运动部件、操作维修方便等优点。适用于处理含尘量较低和颗粒较大的气体，一般用于捕集 5～15μm 以上的颗粒，经改进后的特制旋风除尘器除尘效率可达 95%以上。旋风除尘器的缺点是捕集小于 5μ m 微粒的效率不高。

4. 电除尘器

电除尘器利用高压直流电源产生不均匀的电场，利用电场中的电晕放电使尘粒荷电，然后尘粒在电场中库仑力的作用下向收尘极集中，当形成到一定厚度时，振动电极使尘粒沉落在集尘器中。工作过程如图 8-12 所示。常用于以煤为燃料的工厂、电站，收集烟气中的煤灰和粉尘。冶金中用于收集锡、锌、铅、铝等的氧化物。电除尘器适用于含尘浓度较高的气体，同时可以过滤调节较小颗粒。电除尘器具有以下几方面的优点：①除尘效率可高达 99.9%以上；②阻力损失小，和旋风除尘器相比，其总耗电量较小；③维护简单，处理量大；④可以完全实现操作自动控制。其缺点有：①设备比较复杂，要求设备调运和安装以及维护管理水平高；②对粉尘电阻有一定要求，所以对粉尘有一定的选择性，不能使所有粉尘都获得很高的净化效率；③受气体温度、湿度等的操作条件影响较大，同一种粉尘如在不同温度、湿度下操作，所得的效果不同，有的粉尘在某一个温度、湿度下除尘效果很好，而在另一个温度、湿度下由于粉尘电阻的变化几乎不能使用电除尘器；④一次投资较大，卧式的电除尘器占地面积较大。

5. 过滤式除尘器

过滤式除尘器是利用多孔介质的过滤作用捕集含尘气体中粉尘的除尘器。过滤式除尘器根据滤材的不同，分为空气过滤器（滤材为滤纸或玻璃纤维）、袋式除尘器（滤材为纤维织物）和颗粒层除尘器（滤材为砂、砾、焦炭等颗粒物）。这种除尘方式的最典型装置是袋式除尘器，它是过滤式除尘器中应用最为广泛的一种。

袋式除尘器是一种干式滤尘装置。滤袋采用纺织的滤布或非纺织的毡制成，利用纤维织物的过滤作用对含尘气体进行过滤，当含尘气体进入袋式除尘器后，颗粒大、相对密度大的粉尘，由于重力的作用沉降下来，落入灰斗，含有较细小粉尘的气体在通过滤料时，粉尘被阻留，使气体得到净化。它适用于含尘量较高且细小、干燥、非纤维性粉尘。其工作过程如图 8-13 所示。

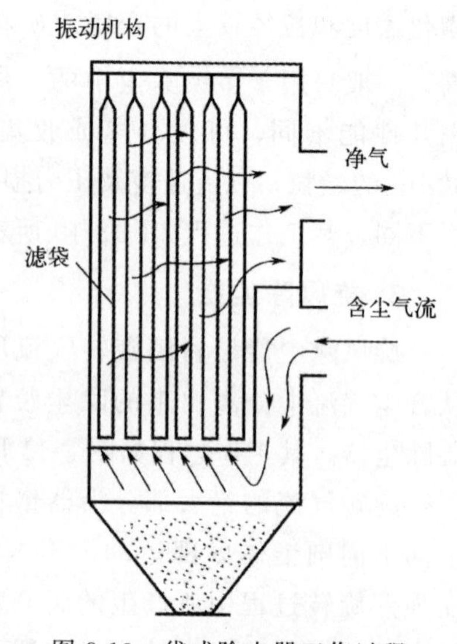

图 8-13　袋式除尘器工作过程

6. 湿式除尘器

湿式除尘器是使含尘气体与液体（一般为水）密切接触，利用水滴和尘粒的惯性碰撞及其他作用捕集尘粒或使粒径增大的装置。湿式除尘器的工作原理主要是对含尘的气体进行喷淋，降低粉尘与气体的浓度，再通过排水管道将浊水排放，达到净化气体的效果。它适用于液态或半液态的含尘气体，适用范围较广，一般用于捕集直径为 0.1～20μm 的颗粒，并且有利于防止静电火灾等安全问题。其工作过程见图 8-14。湿式除尘器的种类很多，按其结构来分有重力喷雾湿式除尘器、旋风式湿式除尘器、文丘里湿式除尘器等。

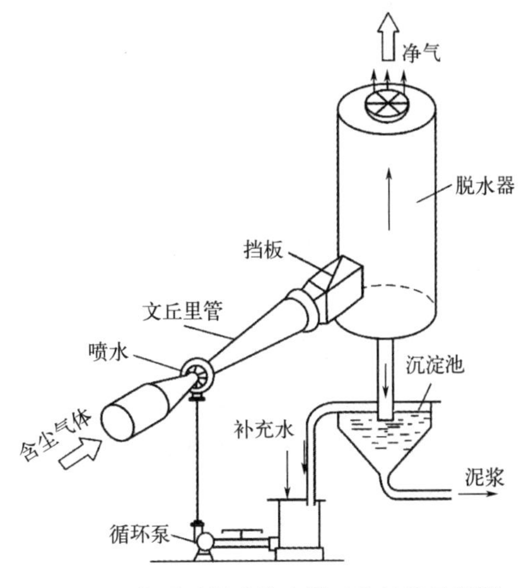

图 8-14 文丘里湿式除尘器工作过程示意图

(三) 除尘装置的选择原则

选择除尘装置，不仅要考虑除尘装置的型号和设备性能，还要考虑烟气类型、成分差异。选择除尘器时一般遵循以下原则。

1. 效率原则

选择除尘装置，在符合排放标准的同时，要注意除尘效率，一般来讲除尘效率较高的是袋式除尘器，然后是旋风除尘器等。

2. 节能原则

选择除尘装置还要注意压力损失、耗能的情况。一般袋式除尘器的阻力比电除尘器大，但是二者耗能相差不多。

3. 适应性原则

选择除尘装置，要考虑适应性，含尘气体的性质、含尘浓度、粉尘黏附性和工况条件。

① 若尘粒的粒径较小，可选用湿式、过滤式或电除尘器；若粒径较大，可以选用重力除尘器。

② 若气体含尘浓度较高，可用电除尘器和过滤式除尘器；若含尘浓度较低，可采用旋风除尘器或湿式除尘器等。

③ 对于黏附性较强的尘粒，最好采用湿式除尘器，不宜采用过滤式除尘器，因为易造成滤布堵塞。

4. 性价比原则

除尘装置的报价不同，各个厂家的产品性能、设备性价比肯定会有很大的差异性。所以还要考虑哪个厂家的报价合理、性价比高、设备质量良好，选择售后服务有保障的除尘器。

三、气态污染物的治理技术

目前，工矿企业所排放的废气中主要气态污染物有二氧化硫、氮氧化物、氟化物、氯化物、碳化物及各种有机气体等。由于石油化工的迅速发展和含硫燃料的大量利用，二氧化硫和氮氧化物成为造成大气污染的主要因素。目前，处理气态污染物的方法主要有吸收法、吸附法、催化法、燃烧法和冷凝法等。下面对常用的治理技术进行简单阐述。

1. 吸收法

利用吸收剂与气态污染物发生物理或化学反应，从而将污染物从气流中分离出来。这种方法适用于处理中低浓度的气态污染物，并且可以通过更换或再生吸收剂来实现长期稳定运行。

2. 吸附法

利用固体吸附剂对气态污染物的吸附作用，将污染物从气流中分离出来。常用的吸附剂包括活性炭、分子筛等。吸附法适用于处理低浓度的气态污染物，并且可以实现高效去除。

3. 催化法

通过催化剂的作用，气态污染物发生化学反应，转化为无害或低害的物质。这种方法适用于处理多种气态污染物，并且可以在较低的温度下实现高效转化。

4. 燃烧法

燃烧法是通过热氧化作用将废气中的可燃有害成分转化为无害物质的方法。这种方法适用于处理可燃性的气态污染物，如有机废气等。

5. 冷凝法

利用物质在不同温度下具有不同饱和蒸气压这一性质，采用降低系统温度或提高系统压力的方法，使处于蒸气状态的污染物冷凝并从废气中分离出来。

6. 生物法

利用微生物的代谢作用将气态污染物转化为无害的物质。这种方法具有环保、经济等优点，但处理周期较长。生物处理技术被广泛地应用于有机废气的净化，如屠宰厂、肉类加工厂、金属铸造厂、固体废物堆肥、化工厂的臭氧处理等。

7. 膜分离法

混合气体在压力梯度作用下，透过特定薄膜时，不同气体有不同的透过速度，从而可使不同组分达到分离的效果。根据构成膜物质的不同，分离膜有固体膜和液体膜两种，目前在一些工业部门实际应用的主要是固体膜。膜分离法的优点是过程简单、控制方便、操作弹性大，并能在常温下工作，能耗低。该法已用于合成氨气中回收氢、天然气净化、空气中氧的收集，以及 CO_2 的去除与回收等。

四、典型大气污染物的治理技术

1. 排烟脱硫技术

将含硫的氧化物从废气中处理掉的技术称为“排烟脱硫”技术。其中，二氧化硫是主要的污染物。目前有80多种治理技术，但对于低浓度的 SO_2（含量＜3.5％）烟气的治理，进展较缓慢，因为吸附剂的选用、副产品的处理和利用较难。

目前排烟脱硫的方法主要有干法和湿法两种。

（1）干法　干法脱硫是用固体吸收剂或吸附剂，吸收或吸附烟气中 SO_2 的方法。干法的优点是排烟温度高、容易扩散，缺点是效率低、设备庞大。主要有活性炭吸附法和催化氧化法。

① 活性炭吸附法。是利用活性炭的活性和较大的比表面积使烟气中的 SO_2 在活性炭表面上与氧及水蒸气反应生成硫酸的方法，即：

$$SO_2+\frac{1}{2}O_2+H_2O \longrightarrow H_2SO_4$$

② 催化氧化法。以硅石为载体，用 V_2O_5、$KMnO_4$ 或 K_2SO_4 等为催化剂，将 SO_2 氧化成 SO_3，然后用水吸收，制成稀 H_2SO_4。此法是高温操作，所需费用较高。但由于技术上比较成熟，目前国内外对高浓度 SO_2 烟气的治理多采用此法。

（2）湿法　湿法脱硫是用水或水溶液作吸收剂，吸收烟气中 SO_2 的方法。湿法的优点是方法简单、费用低；缺点是处理温度低，易形成白烟，且烟气不易扩散。

根据所使用的吸收剂不同又可以分为氨法、钠法和钙法等。

① 氨法。用氨水吸收烟气中的 SO_2，中间产物为亚硫酸铵和亚硫酸氢铵，采用不同的方法处理中间产物，可回收硫酸铵、石膏等副产物。

② 钠法。用氢氧化钠、碳酸钠或亚硫酸钠水溶液为吸收剂，吸收烟气中的 SO_2，该法对 SO_2 的吸收速度快，管路和设备不容易堵塞，因而应用比较广泛。生成的亚硫酸钠和亚硫酸氢钠吸收液，可经无害化处理后弃去或经适当方法处理后获得副产品。

③ 石灰石膏法。又称“钙法”，用石灰（$CaCO_3$）、生石灰（CaO）或消石灰［$Ca(OH)_2$］的乳浊液作为吸附剂。此法吸附剂低廉易得，回收的石膏（$CaSO_4$）又可以作建筑材料，被国内外广泛采用。

2. 排烟脱氮技术

从烟气中除去 NO_x 的过程简称为“排烟脱硝”或“排烟脱氮”。目前，排烟脱氮的方法有选择性催化还原法、非选择性催化还原法、吸附法等。

（1）选择性催化还原法　选择性催化还原法是指在铂、铬、铁、钒、钼、钴、镍等催化剂的作用下，以氨、硫化氢、一氧化碳等作为还原剂，“有选择性”地与烟气中的 NO_x 反应并生成无毒无污染的 N_2 和 H_2O 的方法。如氨选择性催化还原法，是以氨为还原剂，选用贵金属铂为催化剂，反应温度控制在 150～250℃，其主要反应为：

$$6NO+4NH_3 \xrightarrow{Pt} 5N_2+6H_2O$$

$$6NO_2+8NH_3 \longrightarrow 7N_2+12H_2O$$

该法也能同时除去烟气中的 SO_2。

（2）非选择性催化还原法　非选择性催化还原法是指用铂作为催化剂，用氢或甲烷等为还原剂，把 NO_x 还原成 N_2 的方法。所谓“非选择性”是指反应时的温度条件不仅仅控制在只是烟气中的 NO_x 还原成 N_2，而且在反应过程中，还能有一定量的还原剂与烟气中的过剩氧作用。此法选取的温度为 400～500℃。

此法所用的催化剂除铂等贵金属外，还可以使用钴、镍、铜、铬、锰等金属的氧化物。另外，在非选择性催化还原法脱氮的实际装置中，要有余热回收装置。

复习思考题

1. 简述大气的组成和结构。

2. 大气污染的概念是什么？
3. 简述我国大气中的主要污染物及其来源与危害。
4. 论述影响大气污染的气象因素及原理。
5. 如何判断大气稳定度？稳定度对污染物扩散有何影响？
6. 颗粒污染物大致分为哪几种？
7. 大气污染的防治原则有哪些？
8. 除尘装置的主要性能指标有哪些？
9. 简述常用的除尘装置及其工作原理。
10. 气态污染物的治理技术有哪些？
11. 常用的“排烟脱硫”的方法有哪些？
12. 常用的“排烟脱氮”的技术有哪些？
13. 排烟脱氮的主要困难有哪些，你能提出一些克服的技术措施吗？
14. $PM_{2.5}$ 对人体有哪些危害？

阅读材料

全球空气质量状况

空气污染是众多疾病的罪魁祸首，已成为全球性过早死亡的第四大风险因素。空气中的颗粒物是目前全球面临的重要污染物之一，其呈现出区域性、复合型污染特征，尤其是可吸入颗粒物 $PM_{2.5}$（空气动力直径≤2.5μm 的颗粒物），会增加因心血管疾病、呼吸系统疾病、肺癌和下呼吸道感染等而过早死亡的风险。世卫组织表示，世界 99% 的人呼吸着不健康的空气，全球每年约有 700 万人死于空气污染。其中低收入和中等收入国家因空气污染影响而过早死亡的人数占比最高，占全球室外空气污染相关过早死亡总人数的 91%。

2024 年 3 月 19 日，全球空气质量数据平台 IQAir 发布《2023 年全球空气质量报告》，分析了 134 个国家和地区的 7812 个城市中的 3 万多个空气质量监测站点的 $PM_{2.5}$ 数据，指出全球只有 7 个国家和地区的空气质量达到《世卫组织（全球）空气质量指南》中的 $PM_{2.5}$ 标准。

报告的主要结论如下：

① 澳大利亚、爱沙尼亚、芬兰、格林纳达、冰岛、毛里求斯和新西兰 7 个国家和地区符合世卫组织的 $PM_{2.5}$ 空气质量指标（年平均值为 5μg/m³ 及以下）。

② 孟加拉国（79.9μg/m³）、巴基斯坦（73.7μg/m³）、印度（54.4μg/m³）、塔吉克斯坦（49.0μg/m³）和布基纳法索（46.6μg/m³）是 2023 年污染最严重的 5 个国家。

③ 非洲仍是代表性最差的大陆，有 1/3 的人口仍然无法获得空气质量数据。

④ 气候条件和跨界雾霾是东南亚空气污染的主要因素，几乎每个国家的 $PM_{2.5}$ 浓度都有所上升。

⑤ 世界上空气污染最严重的十大城市位于中亚和南亚地区。

⑥ 印度的贝古瑟赖（Begusarai）是 2023 年污染最严重的城市。世界上污染最严重的 4 个城市均位于印度。

⑦ 美国污染最严重的大城市是俄亥俄州的哥伦布市，内华达州的拉斯维加斯是美国空

气质量最好的大城市。

⑧ 加拿大首次成为北美洲污染最严重的国家，该地区污染最严重的13个城市都位于加拿大境内。

⑨ 拉丁美洲和加勒比地区70%的实时空气质量数据来自低成本传感器。

空气污染是一个全球性的环境问题，具有跨国界性，因而一切利益攸关方都应承担起保护地球大气层、确保人人享有健康空气的责任。跨越国界和洲界、行业与领域的合作是改善全球大气质量的重要途径。各国、各企业、各领域专家可充分发挥自身资源优势，无国界开展大气污染治理工作，改善空气质量，缓解全球气候变化，增进全人类健康福祉。

第九章
水污染及其防治

【内容提要】本章主要叙述了水资源及其污染状况、水体自净与水环境容量、水环境质量标准、水体污染的来源及危害、水污染防治的基本原则和途径；重点叙述了常用的污水处理技术及最新技术，污水处理系统的分级，海绵城市的相关内容等。

【重点要求】掌握水体污染的来源及危害，水污染防治的基本原则和基本途径。熟知水环境质量标准，常用的污水处理技术，污水处理系统的分级，水体自净和水环境容量。了解水资源及其污染状况、海绵城市等。

水是人类生存和经济发展必不可少的自然资源。但目前全世界范围内已出现了严重的水资源危机。《2024 年联合国世界水发展报告》显示，世界上约有一半人口在一年之中至少有一部分时间面临严重的缺水问题，世界 1/4 的人口面临着“极高”的水资源短缺压力。截至 2022 年，全球仍有 22 亿人无法获得有安全保障的饮用水。

21 世纪最缺的就是水，国际上已把水作为战略性资源。因为水是农业的命脉、工业的血液和城市的灵魂，所以保护水资源是全世界每个公民都应该承担的责任和义务。尤其是作为新时代的青年，应该更加深入地了解水污染及其治理的重要性，增强环保意识，积极践行环保行动，为推动生态文明建设和可持续发展贡献自己的力量。

第一节　水资源概述

一、水资源概况

地球上水的体积大约有 $1.36\times10^9\,km^3$。海洋占了约 $1.32\times10^9\,km^3$（约 97.2%）；极地冰川占了约 $3\times10^7\,km^3$（约 2.15%）；地下水占了 $8.595\times10^6\,km^3$（约 0.63%）；湖泊、内陆海、河流里的淡水占了 $2.3\times10^5\,km^3$（约 0.02%）；大气中的水蒸气在任何已知的时候都占了 $1.3\times10^4\,km^3$（约 0.001%）。也就是说，真正可以被利用的水源不到 1%。

二、水资源的作用

水资源的作用包括：

① 调节气候，大气和水之间的循环作用，确定了地球水循环运动，形成支持生物的气候。

② 塑造地球的表面形态，流动的水开创和推动土地地貌的形成，重排地表景观以及推动三角洲形成等。

③ 物质输送，水可以输送多种多样的材料和营养物质。例如，大气中的各种颗粒物质可以沉降到水体，然后由水输送到更远的地方去。

④ 另外，水还是一切生物必不可少的物质。

三、世界水资源污染状况

2024 年 3 月 22 日，联合国发布的《2024 年联合国世界水发展报告》显示：随着人口增长、环境污染和水资源的破坏，水资源的短缺与污染已成为世界的重要问题。与不良的水质、环境卫生和个人卫生相关的疾病每年造成约 140 万人死亡。

目前，全球被污染的河流占 40%以上。在过去 50 年中，与水有关的灾害在灾害清单中占主导地位，占与自然灾害有关的所有死亡人数的 70%。

日本核污染水排海进一步引发了水环境和健康危机。

四、水资源危机产生的原因

1. 自然条件的影响

水资源危机产生的原因，一方面是自然条件的影响。地球上淡水资源在时间和空间上分布极不均匀，并受到气候变化的影响，致使许多国家可用水量少。

2. 人为因素

水资源危机主要是由人为原因引起的。这些原因包括：城市与工业区集中发展，用水量增加；水体污染；用水浪费；盲目开发地下水。

第二节　水体污染的来源及危害

一、水体污染的概念

水体污染是指排入水体的污染物在数量上超过了该物质在水体中的本底含量或水体的环境容量，从而导致水体的物理特征、化学特征和生物特征发生不良的变化，破坏了水中固有的生态系统，破坏了水体的功能及其在经济发展和人民生活中的作用。

二、水体自净与水环境容量

1. 水体自净

（1）水体自净的概念　水体的自净作用，是指污染物质进入天然水体后，通过一系列物理、化学和生物因素的共同作用，排入的污染物质的浓度和毒性自然降低的现象。

（2）水体的自净过程　水体的自净过程很复杂，按其机理划分有：

① 物理过程。包括稀释、混合、扩散、挥发、沉淀等过程。水体中的污染物质在这一系列的作用下，其浓度得以降低。

② 化学及物理化学过程。通过氧化、还原、吸附、凝聚、中和等反应，污染物质浓度

降低。

③ 生物化学过程。污染物质中的有机物，由于水体中微生物的代谢活动而被分解、氧化并转化为无害、稳定的无机物，从而使其浓度降低。

2. 水环境容量

水环境容量是指一定水体所能容纳污染物的最大负荷量，即某水域所能承担外加的某种污染物的最大允许负荷量。

三、水体污染的主要来源

水体污染主要来源于自然污染源和人为污染源。

1. 自然污染源

自然污染源主要包括特殊地质条件使某种化学元素大量富集、天然植物在腐烂时产生某些有害物质、岩石的风化和水解、火山喷发、水流冲蚀地面、大气降尘的降水淋洗以及生物（主要是绿色植物）在地球化学循环中释放的物质等。这些自然因素虽然存在，但通常对水体污染的影响较小。

2. 人为污染源

人为污染源是造成水体污染的主要原因，主要包括以下几个方面：

（1）工业废水排放　工业废水是水域的重要污染源，具有量大、面广、成分复杂、毒性大、不易净化、难处理等特点。工业废水中的污染物包括酸、碱、盐等无机物，汞、镉、铅、铬等重金属，以及农药、染料等有毒有机物。

（2）生活污水排放　生活污水主要来源于城市居民的生活活动，如洗涤、餐饮、卫生等。生活污水中含有大量的有机物和营养物质，如蛋白质、脂肪、碳水化合物、氮、磷等，这些物质进入水体后，容易引起水体富营养化，导致藻类大量繁殖，进一步影响水质。

（3）农业污水　农业污水主要来源于农田排水和养殖废水。农田排水中的污染物主要包括农药、化肥等残留物，这些物质进入水体后，会对水生生物造成危害。养殖废水中的污染物主要包括畜禽粪便和饲料残渣等，这些物质进入水体后，容易引起水体富营养化。

（4）大气中污染物沉降　大气中的污染物通过降雨、降雪等过程进入水体，如二氧化硫、氮氧化物等酸性气体形成的酸雨，会对水体造成酸化污染。

（5）固体废物　固体废物（如垃圾、废渣等）在降雨淋洗下，其浸出液和滤液也会污染水体。

四、水体污染的危害

水体污染的危害十分严重，不仅直接威胁到人体健康，还会破坏生态平衡。

1. 对人体健康的危害

（1）皮肤损伤　当水受到污染时，直接接触皮肤可能引起皮肤干涩，甚至引发皮肤过敏。

（2）急、慢性中毒　饮用水受到污染，特别是受到化学物质或重金属污染时，可能引起神经系统损伤，导致中毒反应。

（3）传染病和寄生虫病　人畜粪便等生物性污染物污染水体后，可能引起细菌性肠道传染病（如伤寒、痢疾、肠炎、霍乱等）、传染性肝炎等，以及寄生虫病。

(4) 致癌作用 某些致癌物质如砷、铬、铍、有机物(苯并[a]芘、卤代烃)等污染水体后,可以在悬浮物、底泥和水生生物体内积蓄,对人体产生致癌作用。

2. 对生态环境的危害

(1) 水生生物死亡 水污染会导致水中的有害物质增加,水质下降,直接毒害或破坏水生生物的呼吸、消化和生殖系统,导致水生生物死亡。

(2) 破坏生态平衡 水污染会导致水生生物数量减少或消失,破坏水生生物的食物链,影响整个生态系统的平衡。

(3) 影响水资源利用 污染的水源无法在人类生产生活中得到有效利用,直接影响了饮用水、工业用水和灌溉用水的供应。

(4) 破坏自然景观 水污染会对水体的颜色、气味和透明度产生影响,从而破坏自然景观和水域的生态环境。

五、水环境质量标准

水环境质量标准是为控制和消除污染物对水体的污染,根据水环境长期和近期目标而提出的质量标准。水环境质量直接关系着人类生存和发展的基本条件,是衡量环境是否受到污染的尺度,是环境规划、环境管理和制定污染物排放标准的依据。

1. 水质指标

水质指标主要表示水中杂质的种类和数量。水质指标分为:物理性指标,主要包括感官指标、总固体、悬浮固体、溶解固体、可沉固体、电导率等;化学性指标,主要包括一般化学性指标、各种离子、总含盐量、有毒化学性指标、化学需氧量(COD)、生化需氧量(BOD)、总需氧量(TOD);生物性指标,主要包括细菌总数、大肠菌群、藻类等。水质指标主要表示生活饮用水、工农业用水以及各种受污染水中污染物质的最高容许浓度或限量阈值的具体限制和要求。它是判断水污染程度的具体衡量尺度。

2. 水环境质量标准分类

水环境质量标准是指为保护人体健康和水的正常使用而对水体中污染物或其他物质的最高容许浓度所作的规定。按照水体类型,可分为地表水环境质量标准、地下水环境质量标准和海水环境质量标准。

第三节 水污染防治措施

一、水污染防治的基本原则

水污染防治秉承“预防为主,综合治理”的原则:加强生产管理,禁止跑冒滴漏;清洁生产,节约水资源;综合利用,减少污染负荷;加强治理,达标排放;合理规划,提高接纳水体的自净能力。

二、水污染防治的基本途径

(一) 减少污染因子的产生量

废水中的污染物是生产工艺过程的产物,通过改革生产工艺和合理组织生产过程,尽量不产生或少产生污染因子，从源头削减。这方面的措施有：加强生产管理，改变生产程序，变更生产原料、工作介质或产品类型。如实现水的循环（闭路循环）使用、在生产中降低化学品的用量和用比较容易处理的化学品代替较难处理的化学品，以及采用低费用、高效能的净化处理设备和“三废”综合利用措施进行最终处理和处置等。

例如，在电镀工艺中采用低毒或微毒的原料，代替剧毒物质氰，从根本上消除剧毒物质氰及其污染物的产生，并且采用逆法冲洗，可以减少废水排放；采用酶法脱毛制革代替灰碱法，不仅避免了危害性大的碱性废水的产生，而且酶法脱毛废水稍加处理即可成为灌溉农田的化肥水；采用离子交换法代替汞法电解制取氢氧化钾，可完全杜绝含汞废水的产生；石油、化工、钢铁等行业产生的冷却废水经澄清、冷却降温等简单工艺后，就能重复利用到工艺中。

（二）减少污染因子的排放量

为了减少污染物的排放及节约原料和能源，要考虑有用物质的回收利用，实现“变废为宝”。工业废水的污染物质，大部分是在生产过程中进入水中的原材料、半成品、成品、工作介质和能源物质，若对其加以回收，就能减少污染物的排放量。

例如，黏胶纤维中的酸和锌的循环使用，染料生产中丝光淡碱和染料的回收利用，味精废水中谷氨酸和菌体蛋白的回收利用，都取得了很好的经济效益，并减少了废水量和污染物的浓度。废水中的污染物质回收利用实现了化害为利，使其成为有用的物质，既防止了污染危害又创造了财富。

三、污水处理技术

1. 什么是污水处理

污水处理是为使污水达到排入某一水体或再次使用的水质要求，而对其进行净化的过程。

2. 污水处理常用技术

（1）物理法　物理法污水处理是指采用物理或机械分离的方法对污水进行处理，在处理过程中不改变水的化学性质，而是通过物理手段将污水中处于悬浮状态的污染物与水分离。常用的物理法有：

① 过滤法：利用筛网、格栅等过滤设备去除污水中的固体颗粒和悬浮物的方法。

② 沉淀法：利用重力作用使污水中的悬浮物质沉淀到底部，与水分离的方法，包括自由沉淀和压缩沉淀等。

③ 离心分离法：利用装有污水的容器高速旋转形成的离心力去除污水中悬浮颗粒的方法。

④ 气浮法：又称浮选法，是对比水轻或经过投加药剂后形成的浮渣，利用气泡等使其上浮至水面与水分离的方法。

⑤ 隔油法：针对含油污水，通过隔油池等设备去除水中油脂的方法。

⑥ 筛滤截留法：利用留有孔眼的装置或由某种介质组成的滤层截留废水中的悬浮固体的方法。常见的设备包括格栅、筛网、布滤设备和砂滤设备等。

⑦ 气液交换：向废水中打入或溶入氧气或其他能起氧化作用的气体，以氧化水中的某

些化学污染物或使溶解于废水中的挥发性污染物转移到气体中逸出的方法。

（2）化学法　化学法污水处理是一种通过化学反应和传质作用（物质从一处向另一处运动的过程）来分离、去除废水中呈溶解、胶体状态的污染物或将其转化为无害物质的废水处理方法。常用的化学法有：

① 混凝法：通过投加化学药剂，水中的微小悬浮物和胶体物质发生凝聚和絮凝作用，形成较大颗粒的沉淀物，从而与水分离的方法。

② 中和法：通过投加化学药剂，调节废水的酸碱度，使其达到中性或接近中性，以去除废水中的酸性或碱性物质的方法。

③ 氧化还原法：利用氧化剂或还原剂，将废水中的有毒有害物质转化为无毒或毒性较小的物质的方法。常用的氧化剂包括过氧化氢、高锰酸钾等，还原剂包括二硫化碳、亚硫酸钠等。

④ 化学沉淀法：通过加入化学药剂，在污水中形成沉淀，将悬浮固体和悬浮颗粒物质与水分离的方法。常用的沉淀剂有氢氧化钙、聚合氯化铝等。

⑤ 萃取法：利用萃取剂将废水中的有机物质萃取出来，从而实现废水与有机物质的分离的方法。

（3）生物法　生物法污水处理是一种利用微生物的新陈代谢功能，将污水中呈溶解和胶体状态的有机污染物降解并转化为无害物质的处理方法。常用的生物法有：

① 活性污泥法。将空气连续鼓入曝气池的废水中，经过一段时间，水中能形成繁殖物为大量好氧微生物的活性污泥，它能吸附和分解废水中的有机物，并以有机物为养料，使微生物大量繁殖。一般来说，通过曝气池处理的出水是一种含有大量活性污泥的污水混合物。经过沉淀和分离，水被净化和排放。沉淀和分离后的污泥部分回流到曝气池。去除效率高达90%，方法简单，是目前应用最广泛的生物处理技术之一。

② 生物膜法。将废水连续通过固体填料（碎石、炉渣等），在填料上繁殖的大量微生物形成生物膜。生物膜能吸附及分解废水中的有机物。从填料上脱落下来的老死的生物膜随废水流入沉淀池中，使沉淀池的水得到净化，去除率达80%～95%。

③ 氧化塘法。利用水塘中的微生物和藻类对污水和有机废水进行需氧生物处理的方法。该方法通过水塘中的“藻菌共生系统”进行废水净化，其中细菌分解废水中有机物产生的二氧化碳、磷酸盐、铵盐等营养物供藻类生长，而藻类光合作用产生的氧气又供细菌生长，从而构成共生系统。去除率75%～90%，如废水无毒，氧化塘后段可养鱼。

④ 污水灌溉法。污水在灌溉过程中，通过土壤的过滤、吸附及生物氧化作用而得到处理，同时污水中的N、P、K还可被植物吸收利用。这种方法适用于符合灌溉标准的污水。

3. 污水处理最新技术

（1）膜分离技术　利用膜的微孔结构截留污水中的悬浮物、胶体、细菌等污染物，实现固液分离，如超滤膜技术和纳滤膜技术。此外，膜生物反应器（MBR）技术结合了膜分离技术与传统生物处理技术，可有效去除悬浮固体和微生物，提高出水水质。

（2）厌氧氨氧化技术　利用特定微生物在无氧条件下将氨氮转化为氮气，相比于传统硝化/反硝化过程，能耗更低，环保且经济。

（3）人工湿地技术　模拟自然湿地净化机制，通过植物、微生物和土壤的相互作用去除污水中的有机物、氮、磷等污染物，处理效果好，运行成本低，兼具景观效益。

（4）电化学污水处理技术　利用电化学反应实现废水的处理，通过施加电压，引发电化学反应，从而降解废水中的有机物质和去除废水中的重金属离子。该技术具有处理效果稳定、运行成本低等优点，被广泛应用于工业废水处理。

(5) 微生物燃料电池（MFC）技术　利用微生物在厌氧条件下分解有机物产生的能量转化为电能，既处理污水又产生可再生能源。

(6) 纳米材料在污水处理中的应用　纳米零价铁（nZVI）和改性黏土等纳米材料，因其高比表面积和特殊物理化学性质，在污水处理中表现出有效的吸附和降解污染物能力。

4. 污水处理系统分级

按污水处理程度的不同，废水处理系统可分为一级处理、二级处理和深度处理（三级处理）。

① 一级处理只除去废水中的悬浮物，以物理方法为主，处理后的废水一般还不能达到排放标准。对于二级处理系统而言，一级处理是预处理，根据不同方法，去除率在50%～90%之间。

② 二级处理能大幅度地除去废水中呈胶体和溶解状态的有机物，去除率可达90%以上，使废水符合排放标准，最常用的是生物处理法。但经二级处理的水中还存留一定量的悬浮物、生物不能分解的溶解性有机物、溶解性无机物和氮磷等藻类增殖营养物，并含有病毒和细菌。因而不能满足要求较高的排放标准，如处理后排入流量较小、稀释能力较差的河流就可能引起污染，也不能直接用作自来水、工业用水和地下水的补给水源。

③ 三级处理是进一步去除二级处理未能去除的污染物，如磷、氮及生物难以降解的有机污染物、无机污染物、病原体等，去除率可达95%以上。常用的处理方法有化学法（化学氧化、化学沉淀等）和物理化学法（吸附、离子交换、膜分离技术等），是一种“深度处理”过程。显然，废水的三级处理耗资巨大，但能充分利用水资源。

第四节　海绵城市建设

一、海绵城市产生的背景

海绵城市的产生，主要解决城市的“水”问题。在快速城市化的进程中出现了诸多水生态环境问题，不仅包括洪涝灾害，还伴随着水资源短缺和水安全问题的双重挑战。

每年频发的城市内涝问题正越发凸显。据统计，自2016年开始，我国有超过300个城市遭遇内涝，造成重大财产损失。因此，城市内涝现象亟待解决。

二、海绵城市的概念

海绵城市是指城市能够像海绵一样，在适应环境变化和应对自然灾害等方面具有良好的“弹性”，下雨时吸水、蓄水、渗水、净水，需要时将蓄存的水“释放”并加以利用。海绵城市是新一代城市雨洪管理概念，在应对雨水带来的自然灾害等方面具有良好的“弹性”，也可称为“水弹性城市”。

三、海绵城市与传统城市设计的区别

城市雨水传统的设计模式主要是快排，且排放量较大，大于80%；海绵城市的设计理念主要是下渗减排和集蓄利用，排放量要求低于40%。海绵城市与传统城市设计的区别如

图 9-1 所示。

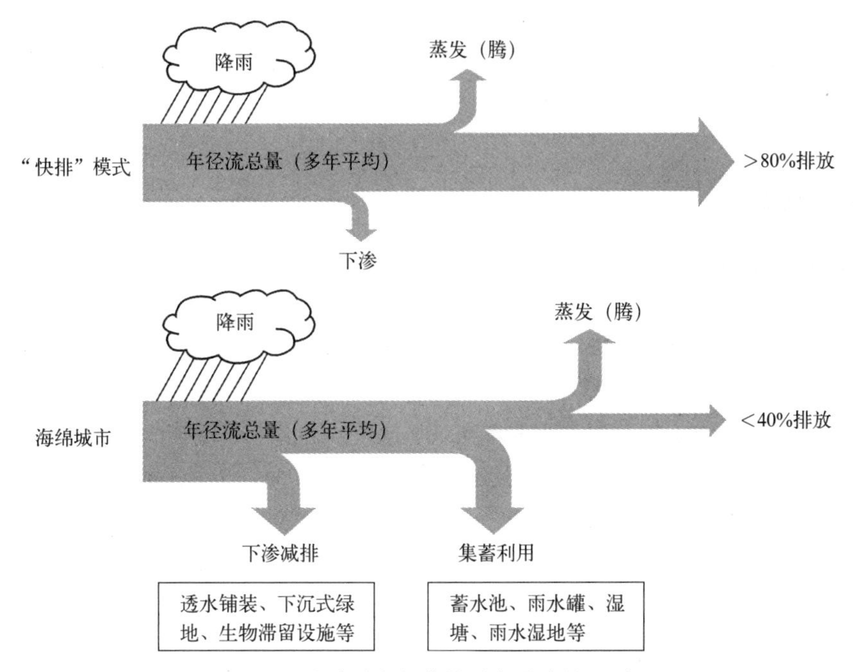

图 9-1　海绵城市与传统城市设计的区别

建设海绵城市，首先要扭转观念。传统城市建设模式，处处是硬化路面。每逢大雨，主要依靠管渠、泵站等“灰色”设施来排水，以“快速排除”和“末端集中”控制为主要规划设计理念，往往造成逢雨必涝、旱涝急转。根据《海绵城市建设技术指南》，城市建设将强调优先利用植草沟、渗水砖、雨水花园、下沉式绿地等“绿色”措施来组织排水，以“慢排缓释”和“源头分散”控制为主要规划设计理念，既避免了洪涝，又有效地收集了雨水。

建设海绵城市，即构建低影响开发雨水系统，主要是指通过“渗、滞、蓄、净、用、排”等多种技术途径，实现城市良性水文循环，提高对径流雨水的渗透、调蓄、净化、利用和排放能力，维持或恢复城市的海绵功能。

四、海绵城市如何实现

（1）渗　通过建设路面、地面等硬化地表为下渗地表，雨水就地下渗，从源头减少径流。

（2）滞　延缓峰现时间，降低排水强度，缓解雨洪风险。

（3）蓄　削减峰值流量，调节雨洪时空分布，为雨洪资源化利用创造条件。

（4）净　对污染源采取相应控制手段，削减雨水径流的污染负荷。可以土壤渗滤净化、人工湿地净化和生物净化。

（5）用　实现雨洪资源化，雨水回灌、雨水灌溉及构造雨林水景等，实现雨水资源的深层次循环利用。

五、海绵城市的目标

我国计划到 2030 年，80％建成区达到海绵城市要求。中央财政每年拿出 130 亿元来支持 30 个试点城市的海绵城市建设发展。

我国推进海绵城市五方面重点工作体现在：海绵型建筑与小区；海绵型道路与广场；海绵型公园与绿地；排蓄设施建设；水体生态修复。

海绵城市建设的本质是控制雨水径流，恢复城市海绵体，修复水生态，改善水环境，涵养水资源，提高水安全，复兴水文化。

复习思考题

1. 什么是水体污染？
2. 什么是水环境容量？
3. 概述水体污染控制的主要水质指标及其在实际工作中的作用。
4. 水体中的污染源主要有哪些？
5. 分类说明废水中主要有哪些污染物，并简要介绍它们对人体的危害。
6. 什么是水体自净？并简述水体自净过程。
7. 水污染控制的基本原则有哪些？
8. 简述水污染控制的基本途径。
9. 污水处理的常用技术有哪些？
10. 简述三级污水处理系统。
11. 什么是海绵城市？

阅读材料

1. 美国毒水事件

2021 年，夏威夷州珍珠港地区“红山”供水设施中饮用水被检测出石油成分，直接导致军事基地周边上千美军家庭深受其害。大量当地军人及家属误饮被石油污染的“毒水”，普遍感到恶心、呕吐、腹泻以及头晕和头痛，皮肤接触过的，还会患上瘙痒和皮疹。

这些石油是二战时期的遗留品。2022 年，美国海军公布了夏威夷州珍珠港水源污染事件的调查结果，军方承认由于人为失误和管理不善，燃料泄漏至当地饮用水中，致使约 6000 人中毒。

2. 日本核污水排放总量持续增加

日本在 2023 年 8 月 24 日正式启动福岛核污染水排海。2024 年 4 月 19 日，日本正式开始排放第五批福岛核污染水，并持续至 5 月 7 日。计划全年度将排出 5.46 万吨核污染水，较 2023 年度的约 3 万吨大幅增加。

有数据显示，在正式排污开始前，福岛核污染水已存到了 130 万吨，要把这些水全部排完，至少需要 30 年。目前，福岛核污染水仍在以每天约 90 吨的速度激增。

要想解决核污染水增加的问题，完成“废炉”（福岛核电站的报废工作）是关键一步。根据日本政府此前设定的目标，计划在 2051 年前，彻底完成报废工作。

但报废工作中的“最大难关”——核残渣取出工作，进展情况非常不理想。据推算，福岛核电站 1 号机到 3 号机内熔化掉的核残渣多达 880 吨，原本计划在 2021 年就要开始的核残渣取出工作已经 3 次推迟。

日本放送协会（NHK）在报道中指出，鉴于目前的情况，要想在 40 年内完成报废计划，不确定性越来越大，这也意味着福岛核污染水将持续增加。

3. 印度“生命之源”有毒

提起印度水污染，人们首先想到的就是越来越污浊的恒河，而恒河是印度的水源地。

据统计，每天有约20亿升的生活污水和工业废水排入恒河，其中大部分没有经过任何处理。这些污水中含有大量的有毒物质、重金属、细菌、病毒等，导致恒河水质严重恶化。

依据世界卫生组织的数据，一升水中溶解固体总量（TDS）不应超过300mg，否则为不合格，将危害人体健康。而在印度，只有超过500mg才会被判定为对健康不利。即便如此，印度媒体从首都德里的各处收集了11份水样，并通过一家独立实验室进行了检验，结果发现，其中还是有9份水样不合格。卫生专家认为，一般来说，TDS超过500mg/L的水就不适宜洗澡了，长期饮用高TDS的水则可能会引发各类疾病，轻则腹泻呕吐、胃部感染等，重则可能患癌。

印度记者感叹，人们自以为获得了健康的自来水，但实际上这些水用来洗澡都可能会生病，更不用提饮用了，这不是在喝水，而是在喝“毒药”。在全球范围内，印度算得上是水污染最严重的国家之一。一项2019年的研究显示，印度仅有1/5的家庭有自来水，而70%的供水都受到了污染，其水质在122个国家中排名120，也就是倒数第三。

第十章 土壤污染及其防治

【内容提要】本章主要叙述了土壤的概念及组成、土壤污染与土壤自净、土壤污染的特性、土壤污染的现状及危害、土壤污染的来源与污染途径、土壤污染的类型、土壤的退化与防治措施以及土壤污染的防治措施等。

【重点要求】掌握土壤污染与土壤自净，土壤污染的特性及土壤退化和污染的防治措施。熟知土壤退化的类型及原因，土壤污染的来源与污染途径，土壤污染的现状及危害。了解土壤的概念及组成和土壤污染的类型。

土壤是生态系统的重要组成部分，承载着人类生存和发展的基础。然而，随着工业化和现代化进程的加快，土壤污染问题日益凸显，不仅威胁着农作物的生长和食品安全，也对生态环境和人类健康造成了严重影响。

为此，近年来我国持续推进净土保卫战，积极采取各项防治土壤污染的措施。截止到2023年底，我国完成了6400余家土壤污染重点监管单位隐患排查“回头看”，累计将2058个地块纳入风险管控和修复名录管理，将9000余个关闭搬迁企业腾退地块纳入优先监管清单，部署开展在产企业和化工园区土壤及地下水污染管控修复试点等。而保护土壤资源不是哪一个人、哪一个国家，一朝一夕就能完成的，需要所有人的共同努力。尤其是当代的大学生和新青年，更应该了解土壤污染现状，掌握土壤防治的先进技术和管理模式，增强土壤保护意识和社会责任感，为社会可持续发展做出应有的贡献。

第一节 土壤污染的现状及危害

一、土壤的概念及组成

1. 土壤的概念

土壤是陆地表面具有肥力、能够生长植物的疏松表层，其厚度一般在2m左右。从环境科学的角度，土壤是环境污染物的缓冲带和过滤器。

2. 土壤的组成

土壤是由固体、液体和气体三相共同组成的多相体系，它们的相对含量因时因地而异。

土壤固相包括土壤矿物质和土壤有机质：土壤矿物质是土壤的主要组成部分，包括各种原生和次生的矿物质颗粒，占土壤固体总质量的90%以上；土壤有机质为植物提供养分，占固体总质量的1%～10%，绝大部分在土壤表层。土壤液相是指土壤水分及其水溶物。土壤气相是指土壤中有无数孔隙充满空气。

二、土壤污染及其特性

（一）土壤污染与土壤自净

1. 土壤污染

土壤污染是指由于人为因素将对人类本身和其他生命体有害的物质施加于土壤中，使土壤中某种成分的含量明显高于原有含量，并引起土壤质量恶化的现象。

2. 土壤自净

土壤自净是指在自然因素作用下，通过土壤自身的作用，污染物在土壤环境中的数量、浓度或形态发生变化，其活性、毒性降低的过程。这个过程包括物理净化作用、化学净化作用、物理化学净化作用和生物净化作用。

（二）土壤污染的特性

（1）隐蔽性和滞后性　土壤污染难以直接通过肉眼观察出来，需要通过专业的土壤样品分析化验和农作物的残留检测，甚至通过研究对人畜健康状况的影响才能最终确定。因此，土壤污染从产生到出现问题通常会滞后较长的时间。

（2）累积性和地域性　土壤介质具有较强的吸附能力，污染物在土壤中并不像在大气和水体中那样容易迁移、扩散和稀释。因此，有害物质容易在土壤中不断积累而超标，同时也使土壤污染具有很强的地域性。

（3）不可逆转性　首先，难降解的污染物进入土壤环境后，很难通过自然过程从土壤环境中稀释或消失；其次，对生物体的危害和对土壤生态系统结构与功能的影响不容易恢复。

（4）治理难且周期长　治理土壤污染不仅需要从源头上控制污染物的排放，减少排放量，还需要采取物理、化学、生物等多种手段进行治理，治理难，成本高；此外，由于积累在污染土壤中的难降解污染物很难靠稀释作用和自净化作用来消除，所以一旦污染发生，治理周期也会较长。

三、土壤污染的来源与污染途径

土壤污染主要来源于工业生产、农业生产、固体废物的排放和交通运输等。

污染物主要通过污水灌溉、大气沉降、固体废物排放等途径进入土壤。

四、土壤污染的现状与危害

（一）土壤污染的现状

土壤污染已经成为一个全球性的环境问题。2023年10月15日，美国政治学家马吉德·拉菲扎德发表的《土地和水污染是人类生存的威胁》显示，地球上大约75%的土壤已经退化，给超过30亿人造成负面影响。2024年2月7日，日媒《每日新闻》报道，日本福冈土壤污染严重，苯最高超标23倍，铅最高超标6.2倍。

我国土壤污染的总体形势较为严峻，部分地区土壤污染严重，在重污染企业或工业密集区、工矿开采区及周边地区、城市和城郊地区出现了土壤重污染区和高风险区，主要是汞、镉、砷等重金属元素超标，以及有机污染物和农药残留等造成的土壤污染。据统计，我国土壤污染面积已经超过$1.2\times10^6km^2$，占全国土地面积的12%左右。可见，土壤污染已成为制约我国农业可持续发展的重要因素之一。

（二）土壤污染的危害

土壤污染的危害是多方面的，主要包括以下几个方面。

1. 影响食品安全

土壤中的污染物可以进入植物体内，导致食品污染，并通过食物链传递到人体中，威胁人们的健康。例如，我国部分城市近郊土壤受到了不同程度的污染，导致许多地方粮食、蔬菜、水果等食物中镉、铬、砷、铅等重金属含量超标和接近临界值。

2. 危害生态环境

土壤污染会导致土壤微生物群落失衡、生物多样性下降，影响植物正常生长发育，破坏生态平衡。

3. 威胁水资源安全

土壤污染物可以随着地下水或地表水流向河流、湖泊等水体，污染水质，威胁水资源安全。

4. 降低土地经济价值

受土壤污染影响的土地无法用于种植作物、养殖等经济活动，所以其经济价值会大大降低。

5. 危害社会公共安全

土壤污染可能会引发气味异样、地面塌陷等安全事件，危害社会公共安全。

五、土壤污染的类型

土壤污染的类型可以根据不同的标准进行分类。从污染物的性质来看，土壤污染可以分为以下几种类型：

（1）有机污染　主要污染物包括有机农药、氰化物、石油、合成洗涤剂、3,4-苯并芘以及由城市污水、污泥及厩肥带来的有害微生物等。

（2）无机污染　主要污染物包括酸、碱、重金属（如镉、汞、砷、铅、铬、铜、锌等）、盐类、放射性元素铯和锶的化合物，以及含砷、硒、氟的化合物等。

（3）放射性元素污染　主要存在于核原料开采和大气层核爆炸地区，以锶和铯等在土壤中生存期长的放射性元素为主。

（4）生物污染　一些具有生理毒性的物质或过量的植物营养元素进入土壤，导致土壤性质恶化和植物生理障碍等。

第二节　土壤污染的防治措施

一、土壤的退化与防治

（一）土壤的退化

1. 土壤退化的概念

土壤退化是指土壤面积的减少和质量的降低，即在自然环境的基础上，因人为不合理的开发和利用而导致的土壤质量和生产力下降的现象和过程。

2. 土壤退化的分类及危害

（1）侵蚀退化　包括水蚀、风蚀、重力侵蚀、冻融侵蚀等。侵蚀退化会导致土壤表层的流失，降低土壤厚度，影响土壤的生产力和生态功能。

（2）沙化退化　风力作用导致土壤颗粒被吹走，形成沙地或沙丘。沙化退化会严重影响土地的农业利用和生态平衡。

（3）盐碱化退化　土壤中的盐分和碱性物质积累过多，导致土壤理化性质恶化，影响作物生长。

（4）酸化退化　土壤中的氢离子（H^{+}）或铝离子（Al^{3+}）等酸性物质过多，导致土壤pH值下降，影响作物生长和土壤微生物活性。

（5）污染退化　各种污染物进入土壤，导致土壤结构和功能受到破坏，影响作物生长和人体健康。常见的污染物包括重金属、农药、化肥、石油等。

（6）肥力退化　长期不合理的耕作、施肥和灌溉等农业管理措施，导致土壤中的养分含量下降，影响作物产量和品质。这种退化是全球范围内广泛存在的一种土壤退化形式。

（7）物理退化　物理退化包括土壤结构破坏、紧实度增加、通透性降低等，这些变化会影响土壤的水分和气体交换能力，进而影响作物的生长和发育。

（8）生物退化　土壤中的生物群落结构发生变化，有益微生物数量减少，有害生物增加，导致土壤生态功能下降。

3. 土壤退化的原因

土壤退化是一个复杂的现象，其原因可以归结为自然因素和人为因素两个方面。

（1）自然因素　包括破坏性自然灾害和异常的成土因素，如气候、母质、地形等。这些因素是引起土壤自然退化过程（如侵蚀、沙化、盐碱化、酸化等）的基础原因。例如，长期干旱和强风可能导致土壤沙化，而过度降雨和河流冲刷可能导致水土流失。

（2）人为因素　是加剧土壤退化的根本原因，包括人类盲目开发利用土、水、气、生物等农业资源，如砍伐森林、过度放牧、不合理农业耕作等。这些活动会破坏土壤的结构和肥力，导致土壤退化。

（二）土壤退化的防治措施

1. 土壤保持措施

土壤保持措施是预防和减少土壤侵蚀、保护土壤资源的一系列方法和技术，如合理耕作、植被保护、植被覆盖、植树造林等。

2. 水土保持措施

水土保持措施是为了防治水土流失和保护、改良与合理利用水土资源及改善生态环境而采取的一系列工程措施。例如，建设农田水利设施，修建灌溉系统、水库和复合式水利工程；减少农药使用，采用有机农业的方式进行种植。

3. 有机肥料利用

增加土壤有机质含量，采用有机肥料，尽量减少化学肥料的使用量，以提高土壤的养分供应，并减少对土壤环境的伤害。

4. 作物种植管理

作物种植管理是一个综合性的过程，涉及多个方面以确保作物的健康生长和高产。包括：植物轮作，合理的轮作制度可以改善土壤的肥力和结构，避免作物连续种植引发的土壤退化；合理施肥，避免过度施肥导致土壤的养分失衡和环境污染；品质的选择，选择适合当地气候、土壤和种植条件的作物品种；土地管理，定期松土提高土壤的透气性和保水性；病虫害防治等。

二、土壤污染的治理与修复

土壤污染的治理与修复是一个复杂而重要的过程，旨在降低土壤中污染物的浓度，将土壤污染物转化为低毒或无毒物质，并阻断土壤污染物在生态系统中的转移途径。

（一）土壤污染的治理措施

（1）控制污染源　重点控制各种污染源的排放浓度和总量，对农业用水进行监测监督，确保其符合农田灌溉水质标准。

（2）合理使用农用化学品　包括合理施用化肥、农药，慎重使用下水污泥、河泥、塘泥等，推广使用高效、低毒、低残留的农药和生物农药。

（3）整治矿山　防止矿毒污染，对矿区污染土壤进行治理。

（4）改良治理　对重金属污染土壤，可以采用排土、客土改良或使用化学改良剂，改变土壤的氧化还原条件，使重金属转变为难溶物质，降低其活性。对有机污染物，可采取松土、施加碱性肥料、翻耕晒垡、灌水冲洗等措施。

（5）控制工业“三废”排放　对工业排放的“三废”进行处理，控制污染物的排放总量和浓度。

（6）提高土壤净化能力　增加土壤中有机质含量，提高土壤对有毒物质的吸附能力和吸附量。

（7）生活垃圾和有害废弃物处理　进行回收处理，减少污染物进入土壤的机会。

（8）加强土壤污染立法和管理　制定土壤污染标准，对特定有害物超过一定浓度的地区采取治理措施。

（9）加强教育和提高公众意识　开展垃圾分类，减少白色污染，不乱丢垃圾，不乱抛弃废旧电器，减少生活污水排放，等等。

通过这些综合措施，可以有效预防和治理土壤污染，保护土壤资源和生态环境。

（二）土壤污染的修复技术

1. 工程修复技术

（1）客土法 通过在“健康”土壤地方取土，移入表层污染土壤中，对污染土壤进行修复，从而解决表层土壤的污染问题，避免植物根系等受到污染，降低污染的危害。

（2）换土法 利用“健康”土壤来对污染土壤进行修复，和客土法的区别是，其直接用“健康”土壤替换掉污染土壤，从而对被污染土壤进行修复。

（3）深耕翻土法 将表层和深层土壤翻动混合，从而降低表层土壤中污染物含量的一种方法。

2. 物理修复技术

物理修复是指通过各种物理过程将污染物（特别是有机污染物）从土壤中去除或分离的技术。其中，热处理技术是物理修复的主要技术，包括热脱附、微波加热和蒸汽浸提等技术，已经应用于苯系物、多环芳烃、多氯联苯和二噁英等污染土壤的修复。

（1）热脱附技术 利用热能加热土壤，使污染物从土壤颗粒内解吸出来，达到修复的目的。这种方法适用于处理挥发性或半挥发性有机污染物，但相关设备价格昂贵，处理成本较高。

（2）玻璃化修复技术 对污染土壤进行高温熔融处理，使其中的重金属形成较为稳定的玻璃态物质，从而去除污染。

（3）电修复技术 在污染介质的两端施加直流电，形成电场，受到电场力的作用，污染物会向两侧迁移，然后可以对其进行集中收集处理，从而对污染土壤进行修复。

3. 化学修复技术

土壤污染化学修复技术是利用化学反应原理来降低土壤中污染物的毒性或将其从土壤中去除的技术。

（1）固化/稳定化技术 将污染物固定在污染介质中，使其处于长期稳定状态，是较普遍应用于土壤重金属污染的快速控制修复方法，对同时处理多种重金属复合污染土壤具有明显的优势。该技术的费用比较低廉，对一些非敏感区的污染土壤可大大降低场地污染治理成本。常用的固化稳定剂有飞灰、石灰、沥青和硅酸盐水泥等，其中水泥应用最为广泛。

（2）淋洗/浸提技术 使用化学溶剂或水将土壤中的污染物溶解或悬浮出来，然后将含污染物的液体收集起来进行进一步处理。这种方法适用于处理有机污染物和某些无机污染物，但可能会对土壤结构造成破坏，并需要处理含污染物的废水。

（3）氧化/还原技术 通过添加氧化剂（如过氧化氢、高锰酸钾等）或还原剂（如亚铁盐、硫化物等），与污染物发生氧化还原反应，将其转化为毒性更低或易于处理的物质。该方法适用于土壤和地下水同时被有机物污染的修复。

（4）光催化降解技术 土壤质地、粒径、氧化铁含量、土壤水分、土壤 pH 值和土壤厚度等对光催化氧化有机污染物有明显的影响：高孔隙度的土壤中污染物迁移速率快，黏粒含量越低光解越快；自然土中氧化铁对有机物光解起着重要调控作用；有机质可以作为光稳定剂；土壤水分能调节吸收光带；土壤厚度影响滤光率和入射光率。

4. 生物修复技术

生物修复技术是指利用生物特有的分解有毒有害物质的能力，达到去除土壤中污染物的目的。该技术主要分为以下三类：

（1）植物修复技术　利用某些植物具有积累、转化和转移土壤污染物的能力，大量种植此类植物，使土壤中污染物被吸附、转移、贮存至植物茎叶，收割茎叶做无害化处理来实现土壤的修复。

（2）动物修复技术　通过土壤环境中的低等动物来吸收、降解和转移土壤中含有的重金属，从而实现土壤的修复。

（3）微生物修复技术　利用某些微生物的特性，改变土壤中含有的重金属的物理特性，从而对重金属在土壤环境中的迁移与转化进行控制，降低污染物活性，或将污染物转化为无毒物质，从而实现土壤的修复。

5. 联合修复技术

协同两种或以上修复方法，形成联合修复技术，不仅可以提高单一污染土壤的修复速率与效率，而且可以克服单项修复技术的局限性，实现对含多种污染物的混合污染土壤的修复。

（1）微生物/动物-植物联合修复技术　微生物（细菌、真菌）/动物（蚯蚓）-植物联合修复是土壤生物修复技术研究的新内容。筛选有较强降解能力的菌根真菌和适宜的共生植物是菌根生物修复的关键。种植紫花苜蓿可以大幅度降低土壤中多氯联苯浓度，根瘤菌和菌根真菌双接种能强化紫花苜蓿对多氯联苯的修复作用。

（2）化学/物理-生物联合修复技术　发挥化学或物理化学修复的快速优势，结合非破坏性的生物修复，化学预氧化-生物降解和臭氧氧化-生物降解等联合技术已经应用于污染土壤中多环芳烃的修复。

（3）物理-化学联合修复技术　土壤物理-化学联合修复技术是适用于污染土壤离位处理的修复技术。溶剂萃取-光降解联合修复技术是利用有机溶剂或表面活性剂提取有机污染物后进行光解的一项新的物理-化学联合修复技术。例如，可以利用环己烷和乙醇将污染土壤中的多环芳烃提取出来后进行光催化降解。

复习思考题

1. 简述什么是土壤污染与土壤自净。
2. 土壤污染的特性如何？
3. 简述土壤污染的来源与污染途径。
4. 土壤退化类型有哪些？如何防止？
5. 土壤退化是什么原因导致的？
6. 土壤污染有哪些危害？
7. 土壤退化的防治措施有哪些？
8. 土壤污染的治理措施有哪些？
9. 土壤污染常用的修复技术有哪些？

阅读材料

全球土壤污染现状

2021 年 6 月 4 日，联合国粮农组织与联合国环境规划署共同发布《全球土壤污染评估》

报告。报告指出，不断增长的农业粮食体系和工业体系的需求以及日渐庞大的全球人口导致了严重的土壤污染问题，因此造成了广泛的环境退化。而这一现象仍在加剧，已成为全球生态修复过程中最大的挑战之一。

报告中指出了土壤污染的主要来源，包括工业和采矿活动、缺乏管理的城市和工业垃圾、化石燃料的开采和加工、不可持续的农业实践以及交通运输等。

土壤健康是地球健康的根本。

这份全球性的评估报告显示，由于会造成长期的环境影响，土壤污染会对农业粮食体系和人类健康带来严重后果。

报告指出：2000 年至 2017 年间，杀虫剂的使用量增加了 75％。2018 年，全球人工合成氮肥的使用量高达 1.09 亿吨。最近几十年来，塑料在农业中的使用量大幅增长。2019 年，仅欧盟地区的农业领域就消耗了 70.8 万吨非包装用塑料。自 21 世纪伊始，全球工业化学品的年产量已经翻番，至 23 亿吨，预计到 2030 年还将增长 85％。废弃物的产生也在逐年增加。目前，全球每年产生的废弃物约为 20 亿吨；随着人口的增长和城市化进程，预计到 2050 年，这一数字将增长至 34 亿吨。

急需行动，减缓污染趋势。

土壤无法人工合成，自然形成 1 厘米厚的土壤，大约需要 1000 年。每一天，土壤直接为全球人口提供 80％以上的热量、75％的蛋白质和植物纤维。至 2050 年，土壤需要多产出 60％的食物，才能满足人类需求，而全球目前 33％的土壤中度至高度退化。

粮农组织与环境规划署的联合评估预测，除非我们能改变生产和消费模式，且拿出更强有力的政治意愿支持可持续管理并充分尊重大自然，否则土壤和环境污染的状况还将继续恶化。

报告指出，要判断土壤污染的程度，还需要进行更大量的研究。但有机污染物、抗微生物药物（导致出现具有更强耐药性的细菌）、工业化学品和塑料残留物等其他物质的扩散越来越令人担忧。

全球评估结果显示，要修复被污染的土壤，过程十分复杂，代价高昂。报告强调，必须采取预防措施，阻止情况进一步恶化。报告呼吁建立全球土壤污染信息及监测系统，制定更强大的法律框架预防、修复土壤污染，加强行动以促进技术合作和能力发展。

第十一章
固体废物的处理处置及资源化利用

【内容提要】本章主要叙述了固体废物的概念及特性、固体废物的来源及分类、固体废物的危害、国内外固体废物的处理现状、固体废物处理的难点；重点叙述了固体废物污染的防治原则和控制关键、固体废物的处理技术、固体废物的处置方法、固体废物资源化利用的概念和途径、固体废物资源化利用的新技术、水泥窑协同处置固体废物的相关知识、新污染物及其防治措施、我国“无废城市”建设的相关内容。

【重点要求】掌握固体废物的概念及特性，固体废物的来源及分类，固体废物的危害，固体废物污染的防治原则和控制关键，固体废物资源化利用的概念和途径。熟知固体废物的处理技术，固体废物的处置方法，固体废物资源化利用的新技术，水泥窑协同处置固体废物的相关知识，新污染物及其防治措施，“无废城市”建设的相关内容。了解国内外固体废物的处理现状及固体废物处理的难点。

随着人口的增加及城市化进程的加快，固体废物的产生量呈快速增长的态势，《2024年全球废物管理展望》报告指出，全球每年城市固体废物产生量预计将从2023年的23亿吨增长到2050年的34亿吨，这对环境和人类的健康产生了严重的威胁。近年来，我国非常重视固体废物的处置及资源化利用，2024年两会工作报告和生态环境部的报告都强调，要加强固体废物和新污染物治理，高标准推进“无废城市”建设，推动大宗固体废物循环利用，加大塑料污染全链条治理力度。固体废物处理处置和资源化利用是推进生态文明建设、实现可持续发展的重要途径。我们每个人都应该谨记自己的使命感和社会责任感，尤其是新时代的大学生，更应该关注科技前沿，积极参与科技创新活动，为推动固体废物处理处置和资源化利用技术的发展贡献自己的力量。

第一节　固体废物概述

一、固体废物的概念及特性

1. 固体废物的概念

根据《中华人民共和国固体废物污染环境防治法》第一百二十四条第一款定义，固体废物是指生产、生活和其他活动中产生的丧失原有利用价值或者虽未丧失利用价值但被抛弃或者放弃的固态、半固态和置于容器中的气态的物品、物质以及法律、行政法规规定纳入固体废物管理的物品、物质。经无害化加工处理，并且符合强制性国家产品质量标准，不会危害公众健康和生态安全，或者根据固体废物鉴别标准和鉴别程序认定为不属于固体废物的除外。

2. 固体废物的特性

固体废物产出量大、种类繁多、性质复杂、来源分布广泛，一旦发生了固体废物导致的环境污染，其危害具有潜在性、长期性和不可恢复性的特点。

二、固体废物的来源及分类

固体废物分类的方法有很多，按照化学组成可分为有机废物和无机废物，按照其对环境与人类健康的危害程度可分为一般废物和危险废物，按其形态可分为固体废物、半固体废物和液态（气态）废物。

依据《中华人民共和国固体废物污染环境防治法》，根据废物来源进行划分，固体废物包括工业固体废物、生活垃圾、建筑垃圾、农业固体废物和其他固体废物。

（1）工业固体废物　工业固体废物产生量比较大，涉及的行业比较多。主要包括冶炼废渣，粉煤灰，炉渣，煤矸石，尾矿，脱硫石膏，污泥，赤泥，食品残渣，纺织、造纸以及化工废物等。主要来源于炼铁、炼钢、钢压延加工、铁合金冶炼、常用有色金属冶炼、贵金属和稀有金属冶炼、煤炭开采和洗选、金属矿和非金属矿的采选、各种制造业、石油天然气的开采等。

（2）生活垃圾　包括有害垃圾、厨余垃圾、可回收物、大件垃圾和其他垃圾。主要来源为非特定行业、日常生活及所涉及的行业产生的垃圾。

（3）建筑垃圾　建筑垃圾包括工程渣土、工程泥浆、工程垃圾、拆除垃圾和装修垃圾。主要来源于特定行业、建筑物拆除和场地准备活动、建筑装饰和装修业。

（4）农业固体废物　包括农业废物、林业废物、畜牧业废物和渔业废物。主要来源于农业、林业、畜牧业和渔业。

（5）其他固体废物　包括城镇污水污泥、清淤疏浚污泥和实验室固体废物。主要来源于自来水生产和供应、污水处理及其再生利用和非特定行业。

三、固体废物的危害

1. 对生态环境的影响

（1）侵占土地　固体废物产生后需要占地堆放，堆积量越大，占地越多。许多城市利用市郊设置垃圾堆场，这侵占了大量的农田，并可能破坏农业生产以及地貌、植被、自然景观等。

（2）污染土壤　固体废物如果处理不当，固体废物及其渗滤液中所含有害物质很容易经过地表径流进入土壤，杀灭土壤中的微生物，破坏土壤的结构，从而导致土壤健康状况恶化。

（3）污染水体　固体废物可以随着天然降水或者随风飘移进入地表径流，进而流入江河湖泊等水体，造成地表水的污染。

（4）污染空气　一些有机固体废物在适宜的温度下被微生物分解，会释放出有害气体，固体废物在运输和处理过程中也会产生有害气体和粉尘，降低空气质量。

2. 对人体健康的影响

（1）诱发慢性疾病　固体废物中含有很多有毒有害物质，如铅、汞、镉等重金属和有机物，这些物质会积聚在人体内，长期存在，诱发慢性疾病。

（2）噪声污染　废弃物运输、处理和清理过程中都会发出噪声，长期在这种环境中工作的人员（如垃圾清运工人等）会受到耳朵和神经的损伤。

（3）妨碍孕育和生殖　固体废物中含有很多影响人类生殖能力和胎儿发育的化学物质，如邻苯二甲酸酯和双酚 A 等。

四、固体废物的处理现状

无论国内还是国外，固体废物处理都需要投入大量的资金。由于处理成本较高，政府和企业投入的资金相对不足，导致处理设施和运营受到限制，所以固体废物的堆存量较大，处理率还亟待提高。

1. 国外固体废物的处理现状

全世界每年产生约 23 亿吨城市固体废物，其中只有 55%在垃圾处理系统中得到处理。根据世界银行发布的《垃圾何其多 2.0》（*What a Waste* 2.0）报告，到 2050 年，全球垃圾量将增加 70%。每年大约有 9.31 亿吨食物被丢弃或浪费，多达 1400 万吨塑料废弃物进入水生生态系统。

一项全球废弃物趋势研究报告指出，美国人口约占世界总人口的 4%，每年产生的固体废物约 2.39 亿吨，占世界总量的 12%，且美国的废弃物回收率仅有 35%，严重落后于诸多发达国家，如德国的废弃物回收率高达 68%。

日本和新加坡大城市的垃圾处理普遍采用焚化方式，设有先进焚化炉，垃圾处理率分别为 51%和 78%。截止到 2022 年底，日本有 1016 个焚化设施，数量是全球之冠。

2. 国内固体废物的处理现状

近年来，我国密集出台了一系列政策举措，旨在支持和引导固体废物处理行业的健康发展，推动其逐步迈向规范化、专业化的新阶段。

我国每年的固体废物产生总量超过 70 亿吨，平均每人每年产生 6 吨，仅次于美国，居世界第二。根据生态环境部公布的《中国生态环境统计年报》（2018—2022 年），2021 年我国固体废物综合利用率为近五年最高，达 57.18%。中投产业研究院发布的《2024—2028 年中国固废处理行业深度调研及投资前景预测报告》显示，2023 年我国一般工业固体废物产生量约 42.9 亿吨，综合利用量约 25.2 亿吨，综合利用率为 58.7%。生活垃圾无害化处理能力也在稳步提升，无害化处理量从 2013 年的 15394 万吨增长至 2022 年的 24419 万吨，无害化处理率由 88.01%增长至 99.89%。其中，垃圾焚烧在处理量中占据主导地位，占比达到垃圾无害化处理量的 79.36%。《中国统计年鉴》显示，2022 年我国危险废物集中利用处置能力约为 1.8 亿吨每年，与 2018 年相比增加了约两倍。

五、固体废物处理的难点

1. 固体废物产量持续增加

随着城市化进程的加速，城市垃圾产量持续上升，给城市环境带来了沉重负担；工业生产规模的扩大和工业结构的调整，导致工业固废产量不断增加；农村经济发展和人们生活水平的提高，导致农村固体废物产量也逐年上升。

2. 分类和处理技术落后

目前固体废物分类技术相对落后，难以实现精准分拣和高效回收；成熟处置技术、处置能力仍有欠缺，导致部分固体废物无法得到及时、有效的处理。

3. 填埋和焚烧带来二次污染

填埋过程中会产生大量甲烷气体，如遇火源易引发爆炸和火灾；焚烧过程中会产生大量二噁英等有害气体，严重污染空气环境。

4. 资源化利用技术不够成熟

由于技术不够成熟，固体废物资源化利用率较低，许多有价值的资源无法得到有效利用。另外，由于目前资源化利用技术成本较高，限制了其在行业内的推广利用。

第二节 固体废物污染的防治

固体废物污染的防治是一个综合性的过程，需要全社会的共同努力和参与。通过源头减量、分类收集、资源化利用、热能回收和焚烧、堆肥及生物处理、填埋和封存等多种措施的综合应用，可以有效地减少固体废物的产生量，降低其对环境的负面影响，实现固体废物的可持续管理。

一、固体废物污染的防治原则和控制关键

1. 固体废物污染的防治原则

（1）“三化”原则 《中华人民共和国固体废物污染环境防治法》第四条规定，固体废物污染环境防治应坚持减量化、资源化和无害化的原则，即“三化”原则。

其中，减量化是指尽可能减少固体废物的产生和排放；资源化是指将固体废物转化为可再生资源，如再生纸、再生塑料等；无害化是指通过科学技术手段，将固体废物处理成对环境无害的物质。通过贯彻固体废物“三化”原则，可以实现固体废物减量化、资源化和无害化的目标，为保护环境、改善人民生活质量作出贡献。

（2）“全过程”管理原则 对固体废物产生、收集、运输、综合利用、处理、贮存、处置实行：

① 3C 原则：避免产生（clean）、综合利用（cycle）、妥善处理（control）。

② 3R 原则：减少产生（reduce）、再利用（reuse）、再循环（recycle）。

（3）管理制度 对固体废物实行分类原则、工业固体废物申报登记制度、固体废物污染环境影响评价制度及防治设施的“三同时”制度、排污收费制度、限期治理制度、进口废物审批制度、危险废物行政代执行制度、危险废物经营许可证制度和危险废物转移报告单制度等管理制度。

2. 固体废物的控制关键

固体废物控制的关键是：控制好“源头”，处理好“终态物”。

二、固体废物的处理技术

固体废物的处理是固废资源化的一种重要手段。固体废物的处理技术主要有物理处理技术、化学处理技术、生物处理技术和热处理技术等。

1. 物理处理技术（预处理）

固体废物的物理处理技术主要是预处理，通过物理方法改变废物的结构、形态或体积，以便于运输、贮存、利用或进一步处理。以下是几种常见的固体废物物理处理技术。

（1）压实技术　压实是一种对固体废物实行减容化、降低运输成本、延长填埋寿命的预处理技术。通过物理手段增加废物的聚集程度，减少其体积，从而便于运输和后续处理。该技术适用于如汽车、易拉罐、塑料瓶等可以压实减少体积的固体废物。

（2）破碎技术　破碎是有效直接的减容技术。固体废物的破碎方法有很多，包括冲击破碎、剪切破碎、挤压破碎、摩擦破碎等，以及专有的低温破碎和湿式破碎等。破碎处理可以减小废物的体积和粒度，便于后续的分选、资源化利用或焚烧等处理过程。

（3）分选技术　分选的基本原理是利用物料某些特性方面的差异，将其分离开。例如，根据粒度大小进行筛分，根据密度差别用风选机进行分离。通过分选，可以将不同种类的固体废物进行分离，便于后续的回收、利用或处理。

（4）干燥和蒸发技术（脱水技术）　干燥和蒸发技术其实就是脱水技术，是通过加热、减压等方法去除固体废物中的水分，降低废物的湿度和体积。这些技术可以减少废物的运输成本和后续处理难度，提高资源利用效率。

2. 化学处理技术

固体废物的化学处理技术是指通过化学方法破坏或改变固体废物中的有害成分，使其达到无害化或便于进一步处理、处置的技术。具有针对性强、处理效率高、资源可回收等优点，但是成本较高，主要用于危险废物、有机废物和资源可回收的废物的处理。以下是几种常见的固体废物化学处理技术。

（1）氧化技术　是利用氧化剂（如过氧化氢、高锰酸钾等）将固体废物中的有机物质氧化分解，降低其毒性或使其变为易于处理的形态的技术。这种方法适用于处理含有机污染物的固体废物。

（2）还原技术　是利用还原剂（如亚硫酸钠、硫酸亚铁等）将固体废物中的有害物质还原为无毒或毒性较低的物质的技术。这种方法常用于处理含重金属的固体废物。

（3）中和技术　是对于酸性或碱性的固体废物，通过添加酸碱中和剂（如石灰、氢氧化钠等）来中和其酸碱度，降低其对环境的污染风险的技术。

（4）沉淀技术　是向固体废物中加入化学沉淀剂（如硫化钠、磷酸盐等），使其中的有害物质发生沉淀反应，形成难溶的沉淀物而分离出来的技术。这种方法常用于处理含重金属离子的固体废物。

（5）固化/稳定化技术　是向固体废物中添加固化基材（如水泥、石灰等）和化学稳定剂（如硅酸盐、磷酸盐等），使废物中的有害物质被固定在固化基材中，形成稳定的固体形态的技术。这种方法可以降低废物中有害物质的浸出毒性，减少对环境的影响。

（6）吸附和萃取技术　是利用吸附剂或萃取剂将固体废物中的有害物质分离出来的技术。这些技术可以针对特定的污染物进行高效分离，达到无害化或资源化的目的。

3. 生物处理技术

生物处理技术实质是生物降解，是利用微生物分解固体废物中可降解的有机物，从而达到无害化或综合利用的技术。生物处理技术主要用于处理有机废物，也称生物质废物，主要包括厨余垃圾（剩饭、剩菜、果皮等）、树皮、木屑、农作物秸秆、动物粪便、污泥等。以下是一些常用的固体废物生物处理技术。

(1) 好氧堆肥技术　在有氧的条件下，利用细菌、真菌、放线菌、纤维素分解菌、木质素分解菌等好氧微生物分泌的胞外酶，将固体废物中的有机成分分解为可溶性的有机质。这些有机质再渗入微生物细胞中，参与新陈代谢，从而实现固体废物向腐殖质转化，最终达到腐熟稳定，成为有机肥料或有机土壤等。

(2) 厌氧发酵技术（沼气化）　在无氧的条件下，利用厌氧或兼性厌氧微生物降解有机固体废物，并获得甲烷和二氧化碳。甲烷（沼气）可以用作能源，例如发电或替代天然气、燃油使用。

(3) 生物转化技术　利用微生物将固体废物中的有机物转化为能源、食品、饲料和肥料等。

此外，还有一些其他的生物处理方法，如堆肥化、厌氧消化、纤维素水解、污泥或垃圾制取蛋白、蚯蚓养殖分解垃圾等。这些技术可以有效处理有机固体废物，并能回收资源和能源，实现废物的减量化、资源化和无害化。

4. 热处理技术

热处理技术是一种利用高温氧化分解废物的方法，可以有效地降低固体废物的数量和污染，包括焚烧、热解、高温熔融、干化等。热处理技术具有处理速度快、减容效果好、消毒彻底等优点，但存在投资大、能耗高、二次污染等问题，主要用于医疗废物、危险废物的处理。

(1) 焚烧技术　焚烧是以一定的过剩空气量与被处理的有机废物在高温焚烧炉内进行氧化燃烧，从而废物中的有毒有害成分在高温下氧化、热解而被破坏，是一种可同时实现无害化、减量化和资源化的热处理技术。焚烧法不但可以处理固体废物，还可以处理液体废物和气体废物；不但可以处理城市垃圾和一般工业固体废物，还可以处理危险废物。

一般而言，焚烧温度越高，焚烧效率越高。但温度太高会增加燃料的消耗量，还会增加废物中金属的挥发量及氧化氮的排放量，引起二次污染。所以，大多数有机物的焚烧温度在800～1200℃之间，通常为800～900℃。

(2) 热解技术　热解又称裂解，是将固体废物在无氧或缺氧条件下加热蒸馏，使有机物分解，经冷凝后，转化为气体燃料（如 H_2、CH_4、CO 等）、燃料油（如焦油、有机酸、芳烃等）等可贮存、易运输的能源，或回收资源性固体产物（如炭黑、炉渣等）的过程。由于热解在无氧或缺氧条件下进行，其排气量小于焚烧。热解技术主要应用于城市生活垃圾、污泥、废塑料、废橡胶等废物的处理利用。

热解与焚烧是热处理最常用的技术，其区别是：焚烧是放热、氧化反应，反应产物主要为 CO_2 和 H_2O，产生的热能只能就近利用（发电、加热水或产生蒸汽）；热解是吸热、还原反应，反应产物主要是可燃的低分子化合物，产生的燃料油气可贮存和远距离输送。

(3) 煅烧技术　与焚烧技术相似，煅烧技术也是将固体废物在高温下分解，但不需要氧气。该技术适用于含有大量无机物的固体废物，处理后产生的物质可以用于建筑材料等领域。相比于焚烧技术，煅烧技术具有更少的气体排放，但需要更高的温度和更长的处理时间。

(4) 高温熔融技术 高温熔融技术是一种先进的固体废物处理技术，该技术是利用高温（通常在1200℃以上）将固体废物熔融，使其形成玻璃状、陶瓷状或石材状的物质，从而达到处理固体废物的目的。主要用于处理重金属、有毒有害固体废料等。

(5) 高温气化技术 高温气化技术是一种新技术，在高温条件下，将固体废物与气化剂（如空气、氧气、水蒸气等）混合，控制反应条件和过程，使废物中的有机物质发生热解、氧化等化学反应，生成可燃气体（如 H_2、CO、CH_4 等）。这些气体可以进一步用于发电、供热或作为化工原料。主要用于处理有机固体废物，包括城市生活垃圾、农业废弃物（如秸秆）、工业有机废渣、畜禽粪便等。

三、固体废物的处置方法

固体废物经过资源化或预处理后，剩余的无利用价值的残渣，往往富集了大量的不同种类的污染物质，对生态环境和人体健康具有及时性和长期性的影响，必须加以最终处置。根据《中华人民共和国固体废物污染环境防治法》的规定，固体废物的最终处置是“将固体废物最终置于符合环境保护规定要求的填埋场”，并且不再取回的行为。

历史上，用于固体废物最终处置的方法主要有陆地处置和海洋处置两大类。海洋处置包括深海投弃和海上焚烧。海洋处置现已被国际公约禁止，陆地处置成为世界各国广泛采用的废物最终处置方法。固体废物的陆地最终处置方法可分为浅地层处置和深地层处置两种基本处置方法。

（一）固体废物浅地层处置方法

固体废物的浅地层处置是指在浅地层（深度一般在地面下50m以内）处置固体废物，按照固体废物的类别，浅地层处置又可分为危险废物安全填埋、生活垃圾卫生填埋、一般工业固体废物填埋。

填埋方式和结构与地形、地貌有关，常见的方式有沟槽填埋、地上填埋和山谷或洼地填埋。

1. 一般填埋法

一般填埋法又称土地堆存法，常用于一般工业固体废物的处置，如碱渣、钢渣、高炉渣、赤泥、粉煤灰等湿排泥灰。

(1) 堆存场地选择 堆存场地应远离居民区、水源地和生态保护区域，以减少对环境和人体的潜在影响。同时，场地应具备良好的地质条件，以确保堆体的稳定性和安全性。通常选在山沟里，即“见沟筑坝”。

(2) 堆存设施建设 根据废物的种类和数量，建设相应的堆存设施，包括围堰、堤坝、防渗层等，以防止废物对环境造成污染。此外，还需要设置相应的排水系统，以便及时收集和处理废水。

(3) 废物堆存操作 在堆存过程中，需要遵循一定的操作规范和安全措施。例如，应确保废物堆放整齐、稳定，避免发生滑坡、崩塌等事故。同时，还需要定期巡查和维护堆体，确保其安全性和稳定性。

(4) 环境保护措施 为了减少对环境的污染，可以采取一些环境保护措施。例如，在堆存场地周围设置绿化带，以减少扬尘和噪声污染。此外，还可以安装气体收集和处理设备，以收集和处理堆存过程中产生的有害气体。

2. 卫生填埋法

卫生填埋法是指采取防渗、铺平、压实、覆盖等措施对城市生活垃圾进行处理和对气体、渗滤液、蝇虫等进行治理的垃圾处理方法。该方法采用底层防渗、垃圾分层填埋、压实后顶层覆盖土层等措施，使垃圾在厌氧条件下发酵，以达到无害化处理。主要用于填埋生活垃圾和无危险的固体废物。卫生填埋法是现阶段我国垃圾处置的主要方式。卫生填埋场剖面示意图和防渗示意图如图 11-1 和图 11-2 所示。

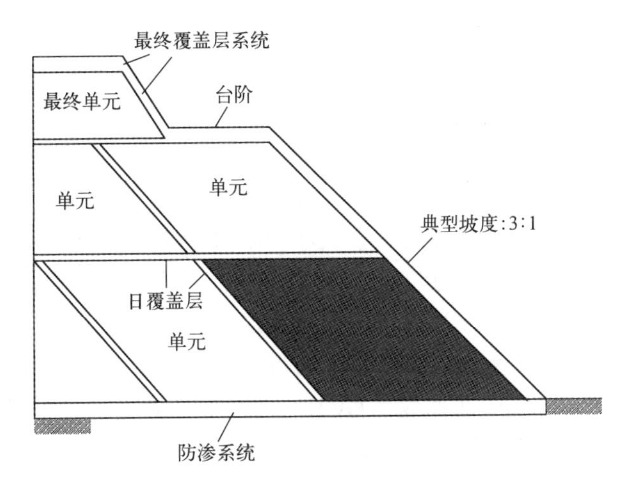

图 11-1　固体废物填埋场剖面示意图

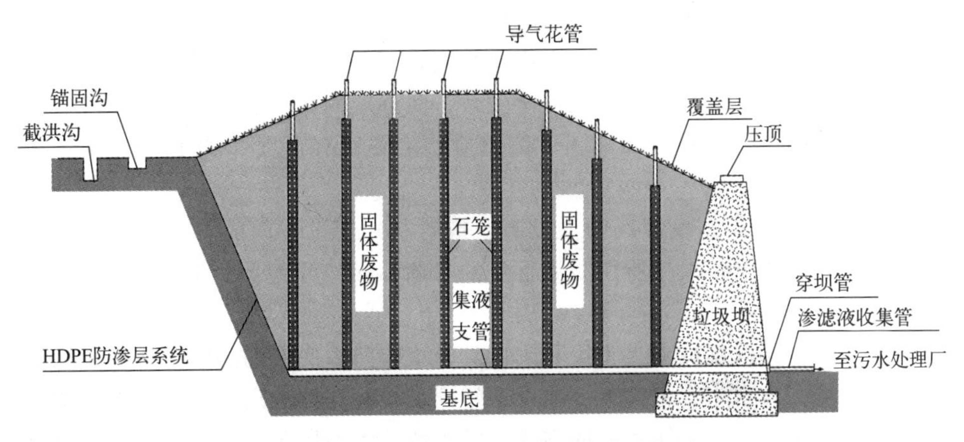

图 11-2　固体废物填埋场防渗系统示意图

(1) 场地选择及库容量　场地的选择应符合区域性环境规划、环境卫生设施建设规划和当地的城市规划。不应选在发展规划区、风景名胜区、矿产资源储备区等各种需要保护的地区。场地应选在人口密度小、对社会不产生明显不良影响的地区，至少应位于居民区 500m 以外或更远。为了防止填埋废物与周围环境接触，尤其是防止地下水污染，选址的标高应位于重现期不小于 50 年一遇的洪水位之上。必须严格选择具有适宜的水文地质结构和满足其他条件的场址，天然地层的渗透系数 K 值最好低于 10^{-8}m/s，并具有一定厚度。

库容是指填埋场用于填埋垃圾场地的体积大小，应充分利用天然地形来扩充填埋容量。库容应保证填埋场使用年限在10年以上，特殊情况下不应低于8年。

(2) 场地处理 填埋场项目修建时，首先要进行场地处理，包括场底平基和边坡平基。

① 场底平基。平整原则为清除掉所有的植被和表层耕作物，确保去除所有可能降低防渗性能的异物，堵塞掉所有的裂缝和坑洞，并配合场地渗滤液收集系统的布设，使场底形成整体坡度≥2%的坡向垃圾坝；同时要对场地进行压实，压实度不小于90%。为了使衬托层与土质基础之间的紧密接触，场地表面要用滚筒式碾压机进行碾压，使压实地基后的表面密度分布均匀，最大限度地减少不均匀沉降。平整顺序最好从垃圾主坝向库区后端延伸。

② 边坡平基。大部分的边坡含有碎石、砂的杂填土和残积土，坡面植被丰盛，山坡较陡，边坡稳定性差。平整原则为：为避免地基基础层内有植被生长，必要时可添加化学药剂，边坡坡度一般取1∶3，局部坡度应缓于1∶2，否则削坡处理；极少部分低洼处采用黏性土回填夯实，夯实相对密度大于0.85；锚固沟回填土必须夯实；应尽量减少开挖量，平整开挖顺序先上后下。

(3) 场底防渗系统 我国标准规定卫生填埋场必须设防渗系统。卫生填埋法的防渗系统比一般填埋法要求更高。主要是通过填埋场底部和周边的衬托层系统来达到防渗的目的。填埋场衬托层通常从上到下可依次分为过滤层、排水层、保护层和防渗层等。填埋场防渗系统既要防止渗滤液渗出污染地下水，还要防止降雨造成的雨水大量渗入。防渗层的材料有天然黏土矿物［如改性黏土、膨润土防水毯（GCL）］、人工合成材料［如高密度聚乙烯材料土工膜（HDPE）］、天然与有机复合材料［如聚合物水泥混凝土（PCC）］等。

① 衬托层作用。保护层是为防止防渗层受到外界的干扰而被破坏，如石料或垃圾堆刺穿其表面、应力集中造成膜破损、黏土等矿物质受侵蚀等；排水层的作用是及时将阻隔的渗滤液排出，减轻对防渗层的压力，减少渗滤液外排的可能性；过滤层的作用是保护排水层，过滤掉渗滤液中的悬浮物及其他固态、半固态物质，否则这些物质在排水层中积累，会造成排水系统堵塞，使排水系统效率降低或完全失效；防渗层的作用在于防止渗滤液（渗滤液常常含有有毒有害物质，包括重金属离子、腐殖质、溶解性有毒气体如H_2S）等渗入地下而引起地下水的污染。

② 防渗系统分类。根据填埋场防渗设施（或材料）铺设方向的不同，可将填埋场防渗分为垂直防渗和水平防渗；根据所用防渗材料的来源不同又可将水平防渗进一步分为天然防渗和人工防渗。

天然防渗系统是指采用黏土类土壤和改良类土壤作防渗底层的防渗方法。黏土设计要考虑黏土的防水性能、含水率、密实度、强度、塑性、粒径与黏土层厚度等。人工防渗系统是指通过一定的技术手段防止液体渗入的方式，常用的技术手段包括使用人工防渗材料、构建防渗墙、灌浆等。人工防渗材料是一种重要手段，一般中间防渗层是土工膜（HDPE），膜下防渗保护层是膨润土防水毯（GCL），膜上保护层是600g长丝土工布或长丝复合土工膜。土工膜一般设计城建标准，其使用年限可以达到15～30年，甚至更高；膜下膨润土防水毯一般设计4800g、5000g的国标标准，使用年限达到15～30年；600g长丝土工布或长丝复合土工膜也可以使用30～50年。

③ 防渗系统结构。填埋场防渗系统结构分为单一防渗层结构和复合防渗层结构。单一防渗层有单层人工材料防渗层和压实黏土防渗层两种。根据我国现行规范，采用单一天然黏

土防渗衬层要求压实后的黏土饱和渗透系数小于 1.0×10^{-7}cm/s，且防渗层的厚度不小于 2m；对于天然基础层饱和渗透系数小于 1.0×10^{-5}cm/s，且厚度不小于 2m 的，可以采用单层人工合成防渗衬层，不能满足要求的则采用双层人工合成防渗衬层。单一防渗层结构简单、施工容易、投资较省，但是防渗安全性差。复合防渗层由人工防渗材料与天然防渗材料构成，防渗安全性很高，但结构比较复杂，施工比较困难，投资相对较高。

我国对卫生填埋要求越来越高。近年来，我国标准要求，位于地下水贫乏地区的防渗系统可采用单层高密度聚乙烯土工膜衬里结构，也可以采用高密度聚乙烯土工膜加膨润土防水毯形成的复合防渗衬里结构。防渗层下方应设立黏土保护层。在特殊地质及环境要求较高的地区，应采用双层防渗结构。上层防渗层为主防渗层，下层防渗层为次防渗层，二层中间应设置渗滤液检测层，如图 11-3 所示。单层防渗结构、双层防渗结构和复合防渗结构的区别如图 11-4。

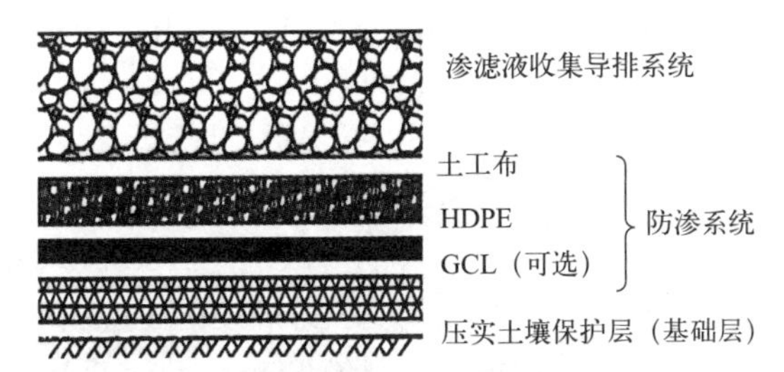

图 11-3　填埋场渗滤液防渗、收集导排系统断面示意图

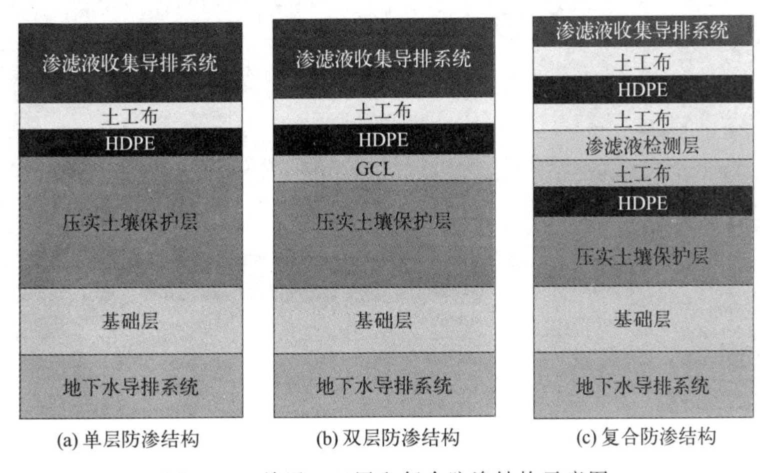

图 11-4　单层、双层和复合防渗结构示意图

（4）卫生填埋工艺　卫生填埋是现代城市固体废物处置的主要方式之一，它通过科学的工艺流程，有效地实现了垃圾的无害化、减量化和资源化。

① 预处理。首先，收集到的生活垃圾需要经过预处理，包括分类、破碎和脱水等步骤。分类可以将可回收物和有害垃圾分离出来，破碎则可以减小垃圾体积，脱水则可以降低填埋场的渗滤液产生量。

② 运输与入场。预处理后的垃圾通过计量称重后，用专用的垃圾运输车运送到填埋场。在入场前，会对垃圾进行再次检查，确保没有夹杂不应填埋的物质，如易燃、有毒或放射性物质。

③ 填埋作业。垃圾入场定点卸料后，会在填埋区进行摊铺和压实，以最大程度地减少

垃圾中的空气空间，减少有机物分解产生的甲烷气体。同时，每层垃圾摊铺完成后，会覆盖一层防渗材料，防止污染物渗入地下。

④ 气体收集与处理。在垃圾填埋过程中，会产生大量的甲烷气体，这是重要的温室气体。通过设置气体收集系统，可以将这些气体收集起来，经过处理后，一部分用于发电，一部分排放到大气中，降低对环境的影响。

⑤ 渗滤液处理。填埋场的底部和周边设有渗滤液收集系统，收集的渗滤液需要经过专门的处理设施，达到环保标准后再排放。

⑥ 填埋封场与绿化。当一个填埋区填满后，会进行封场处理，包括铺设防渗膜、土壤覆盖和植被恢复等，以防止雨水渗透和垃圾暴露，同时美化环境。

填埋场封场绿化是“以美丽中国建设全面推进人与自然和谐共生的现代化”的一个重要环节。我国有许多封场多年的填埋场正在陆续改造成生态绿地。例如，重庆长生桥垃圾填埋场，变“毒土”为“净土”，修建成了长生桥生态公园，成为全国最大的生态修复工程。如图 11-5 所示。

图 11-5　重庆长生桥生态修复工程

⑦ 长期监测与维护。封场后，填埋场还需要进行长期的环境监测，包括气体排放、渗滤液质量、地面沉降等情况，确保其对环境的影响在可控范围内。

卫生填埋工艺流程如图 11-6 所示。

3. 安全填埋法

安全填埋是一种改进的卫生填埋方法，指对危险废物在安全填埋场进行的填埋处置。因为用来处置危险废物，要求尽可能与环境隔离。因此，对场地的建造及防渗技术要求更为严格，如衬里的渗透系数要小于 10^{-8}cm/s，浸出液要加以收集和处理，地面径流要加以控制，还要考虑对产生的气体的控制和处理等。截止到 2015 年底，我国所有大、中、小城市的危险废物基本都实现了无害化处置。

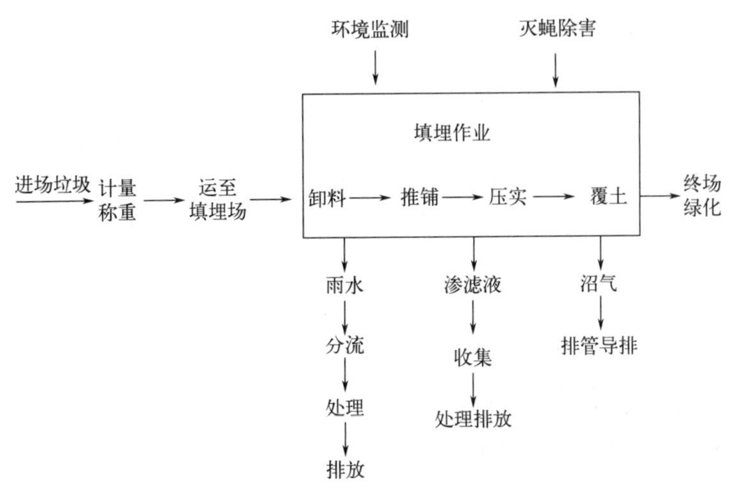

图 11-6　卫生填埋工艺流程图

（1）危险废物的概念、来源及危害

① 危险废物的概念。危险废物是指含有一种或一种以上具有毒性、腐蚀性、易燃性、易爆性或感染性的有害物质，或其中的各组分相互作用会产生有害物质的废弃物。

② 危险废物的来源。危险废物主要来源于工业生产过程中产生的废渣、污泥、放射性废料等，医疗活动中产生的具有直接或间接感染性、毒性以及其他危害性的废物，生活中产生的废电池、废灯管、废药品等。

③ 危险废物的危害。危险废物不妥善处理，会对土壤、水源和空气造成污染；进入人体，会对人体健康产生致畸、致癌、致突变作用；还会导致生物多样性的减少和生态系统的失衡。

（2）安全填埋场的构成　安全填埋场相对于卫生填埋场规模较小，由若干个处置单元和构筑物组成，处置场有界限规定，主要包括危险废物预处理设施、危险废物填埋设施和危险废物渗滤液收集处理设施。

（3）安全填埋的对象　安全填埋主要处置具有较大安全隐患的危险固废，目前处置对象主要包括：

① 焚烧的飞灰和炉渣；

② 受重金属污染的土壤；

③ 反应性废物（与其他物质接触时可能产生有害的化学反应，如易燃、易爆或产生有毒气体）；

④ 腐蚀性废物；

⑤ 放射性废物。

（4）安全填埋的技术关键

① 选址原则。选择地质条件稳定、水文地质条件简单、远离人口密集区的场地作为填埋场。

② 防渗系统。安全填埋场防渗系统要求比卫生填埋还要高。要求至少“三道屏障”，防止渗滤液污染土壤和地下水，强制要求不得产生二次污染。

a. 废物屏障系统。对危险废物进行预处理，如固化处理，用水泥、石灰、沥青、玻璃、陶瓷、塑性材料等作为固化剂，使危险废物转变为不可流动的固体或形成紧密的固体；或者稳定化处理，将有毒有害污染物质转变为低溶性、低迁移性及低毒性的物质，降低废物的毒性或减少渗滤液中的有害物质。

b. 地质屏障系统。包括场地基础、外围和区域综合地质技术条件。地质屏障防护作用大小，取决于地质介质对污染物的阻滞性能和污染物在地质介质中的降解性能。

c. 密封控制系统。也称人工屏障系统，是指利用人工措施将废物封闭，使废物渗滤液通过屏障的概率最小化，其效果取决于密封防渗材料的品质、设计水平、施工质量以及运行中的控制。

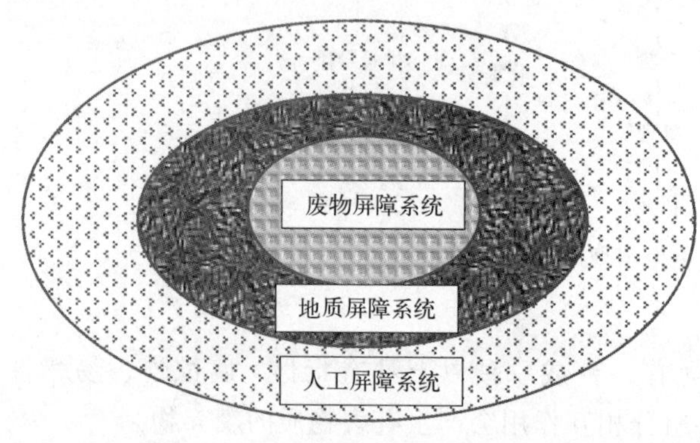

图 11-7　安全填埋场“三道屏障”系统

“三道屏障”系统如图 11-7 所示。

③ 渗滤液收集与处理。设置渗滤液收集系统，对产生的渗滤液进行收集并处理，达标后方可排放。

④ 气体导排与处理。安全填埋场内产生的气体通过导排系统进行收集并处理，减少对环境和人体健康的危害。

⑤ 运行方式。安全填埋场的运行要求不能露天进行，需要有遮雨设备，以防止雨水与未进行最终覆盖的废物接触。而卫生填埋场则是敞开式、露天操作的。

⑥ 封闭形式。安全填埋场通常要建成封闭式的，主要目的是尽可能将危险废物与环境隔离。填埋场一般由若干个填埋单元构成，单元之间采用工程措施相互隔离，填埋时要严格按照作业规程进行单元式作业。例如使用天然黏土构成的隔离层，以限制有害组分的迁移。

全封闭型危险废物安全填埋场剖面图如图 11-8 所示。

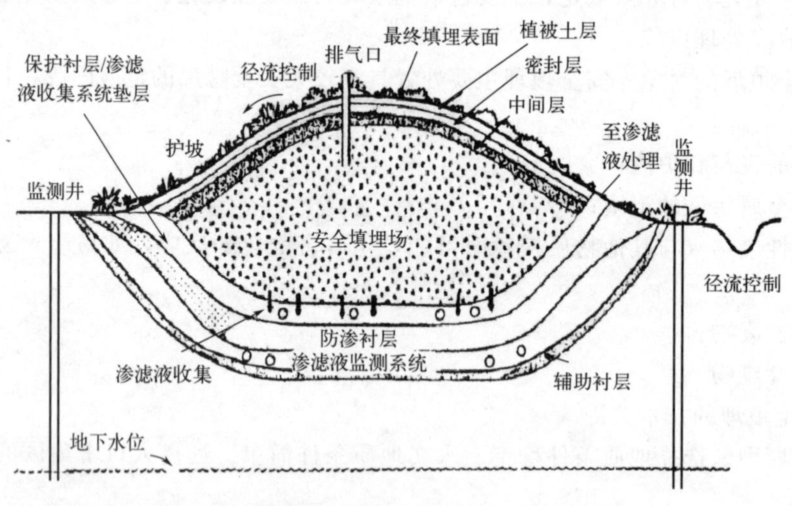

图 11-8　全封闭型危险废物安全填埋场剖面图

（二）固体废物深地层处置方法

深地层处置是指在深地层处置废物的方法，通常包括废弃矿井处置和深井灌注等。

1. 废弃矿井填埋技术

近年来，随着我国“无废城市”建设试点工作的开展，多个省市陆续开展了利用一般工业固废对废弃矿井、砂坑进行生态修复的试点工作，并在管理政策、制度上开展了大量的探索，“无废城市”建设试点亮点模式获得生态环境部的高度认可。

（1）废弃矿井的定义　因各种原因无法继续利用，由于矿产资源地下开采而形成的竖井、斜井、平硐等弃用的矿井。

（2）填埋对象　根据《一般工业固体废物贮存和填埋污染控制标准》（GB 18599—2020），对一般工业固废进行充填及回填利用提出了污染控制要求，规定：

① 第Ⅰ类一般工业固体废物可按下列途径进行充填或回填作业：

a. 粉煤灰可在煤炭开采矿区的采空区中充填或回填；

b. 煤矸石可在煤炭开采矿井、矿坑等采空区中充填或回填；

c. 尾矿、矿山废石等可在原矿开采区的矿井、矿坑等采空区中充填或回填。

② 第Ⅱ类一般工业固体废物以及不符合充填或回填途径的第Ⅰ类一般工业固体废物，其充填或回填活动前应开展环境本底调查，并按照 HJ 25.3 相关标准进行环境风险评估，重点评估对地下水、地表水及周边土壤的环境污染风险，确保环境风险可以接受。充填或回填活动结束后，应根据风险评估结果对可能受到影响的土壤、地表水及地下水开展长期监测，监测频次至少每年 1 次。

（3）成功案例

① 安徽省铜陵市。2018～2022 年，安徽省铜陵市先后完成独山废弃矿坑生态修复暨一般工业固体废物处置场项目、木排冲废弃矿坑生态修复暨一般工业固体废物处置场项目。完成了固废处置场地调查、岩溶区处置场地基处理、立体防渗处理、渗滤液收集处理系统构建、工程运行环境监测、封场及绿化等系统性固废处置工程，安全处置一般工业固废达 $300\times10^4m^3$。总结了一般工业固废处置工程勘察、设计、施工创新技术及经验，构建利用露采矿坑进行工业固废处置的场地调查-设计-施工等系列技术规范体系。

② 内蒙古包头市。2019 年，包头市进入第一批“无废城市”试点，积极推动开展一般工业固体废物协同矿山生态修复，在探索性地将粉煤灰、冶金渣等大宗工业固废综合利用于 9 个废弃砂坑生态修复基础上，全面对历史遗留废弃砂坑、矿坑进行生态创伤修复。在保障环境安全底线前提下，研究出台《包头市一般工业固体废物用于矿山修复治理管理规定和技术规范》等文件，有序推动全市 165 个废弃砂坑、矿坑生态修复，逐步达到“工业固废大幅消纳、环境风险总体可控、生态创伤修复治理、废弃土地重新利用”的综合治理目的。

③ 内蒙古锡林浩特市。内蒙古锡林浩特市为解决电力企业产生的灰渣堆存等问题，同时解决废弃矿坑无序排放废弃物和雨水汇集淋溶带来的环境问题，室内能源发电公司利用露天煤矿采坑进行回填电厂灰渣，解决了当地企业环境治理的重大问题，也对废弃矿坑进行了有效恢复。处置场建设进行了场地平整、防渗、雨水排水及收集系统建设和绿化等工程，有效修复治理面积达 6 万余平方米，回填灰渣约 89 万立方米。

2. 深井灌注技术

（1）深井灌注技术概述　深井灌注又称地下灌注，是指将液体（或固体）污染物注入并封存在地表以下 800～3500 米（废物危险性越高灌注深度通常越深，美国通常都灌注在 3500 米以下）的多孔岩石孔隙的污染物处置技术。

这些被注入流体的岩层通常是砂岩或灰岩。它不是简单地向地下排放废液，而是将废液（固）封闭封存置于生物圈以外的一种安全的地质环境学技术方法，即利用第四类环境介质（深层地质环境）的封闭、降解等作用，使废弃物不参与人类和生物的物质循环。该技术安全性较高，风险分析设想的所有情况中，泄漏概率为百万分之一到四百万分之一。主要用来处置那些实践证明难以破坏、难以转化、不能采用其他方法处理或采用其他方法费用昂贵的废物。深井灌注处置前，需使废物液化，形成真溶液或乳浊液。

（2）深井灌注技术应用历史与现状　深井灌注最早起源于 20 世纪 30 年代的美国，最初是石油行业利用深井灌注技术处理开采时产生的高盐废水。杜邦公司于 1949 年建设了第一座用于处理工业废弃物及废水的深井，从而开启了深井灌注技术用于处理工业废水和废弃物。到现在，深井灌注技术已有 80 年的应用历史，根据美国书目检索服务系统（BRS）报告，深井灌注方法是当今美国使用最多的废物处置方法，超过焚烧、填埋等方法。迄今为止全美有大概 40 万个深井在运行，每年有大概 2200 万吨的废弃物是通过深井灌注方法处置的，占总有害废弃物处理量的 49.7%。

2023 年 2 月 3 日，美国俄亥俄州火车脱轨，化学品泄漏，产生 180 万升有毒废水，美国就是采用深井灌注的方式，把废水注入了地下，经技术核定，承诺至少一万年不会泄漏。

中国现阶段对深井灌注技术的应用还处于起步阶段。这不仅造成了大量资源（废弃深井）浪费，同时也使环境压力加大。如果能有效利用这一实用技术，将有利于污染物的处理与管理，对环境保护起到积极的作用。20 世纪 90 年代以来，重庆索特盐化股份有限公司已经采用深井灌注技术成功处理了公司 60×10^4 t/a 真空制盐装置的制盐废水废渣；大庆油田建设设计研究院同大庆油田勘探开发研究院曾联合开展了含氰污水深井灌注技术研究，解决了油田聚合物工程 74×10^4 t/a 含氰废水的地面纳污问题，而且最终解决了 226×10^4 t/a 含氰污水的排放问题。所以，深井灌注技术在中国具有广阔的应用前景。

（3）工艺过程　深井灌注技术是在地质结构符合条件的情况下，构筑一个深度通常为 800～3500 米的深井，然后将工业废液或固废（液化后）注入并封存其中。废液在灌注过程中会穿越若干地层，同时会有多层安全保护管道将危废物质和周边地层完全阻隔。该技术利用自然条件下地表下垂直方向上的每一套水层之间的流通性很差的特质，将废液与人类日常生活环境完全隔绝，从而实现安全处置。深井灌注处置井剖面图如图 11-9 所示。

（4）灌注地点　深井灌注技术的安全使用对地质条件有着严格要求：①灌注层必须具备足够的厚度和孔隙率，应选择多孔的岩层；②选址必须避开地震多发地带，以防止封存在岩层中的废液借地层活动之际，流溢到其他地下水层或地表；③灌注地与其他钻井之间保持安全距离，以免发生废液回抽。

（5）灌注井深度　为了将排放物与地下水完全隔绝，井深通常保持在 800～3500 米之间，这是为了避免井深不足污染地下水，同时减少井深太深带来的加大灌注压力和应用成本的技术挑战。

（6）安全系数保证　由于技术要求灌井穿越地下水层，因此灌注时安全保护标准十分严格，以保证不污染地下水。

（7）实时监控技术　要求采用诸如灌注速率、灌注孔压力、环空流体压力、灌注温度和灌注液的密度等方式监控地下灌注的情况。一旦检测到渗漏，必须立即停止灌注。

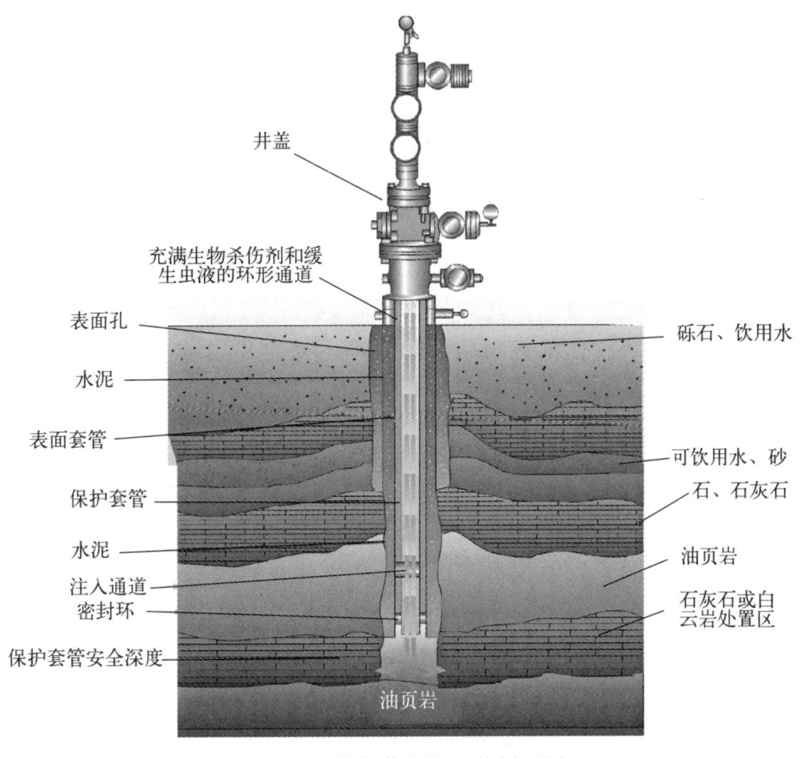

图 11-9 深井灌注处置井剖面图

四、固体废物的资源化利用

1. 固体废物资源化的概念

所谓“废物”本身就是“放错地方”的资源。固体废物的资源化是指采用适当的技术从固体废物中回收有用组分和能源，加速物质和能源的循环，再创经济价值的方法。即将废物直接作为原料进行利用或者对废物进行再生利用，“变废为宝”。

2. 固体废物资源化的途径

固体废物资源化的途径很多，归纳起来有以下几方面。

(1) 提取各种有用组分 把有价值的组分提取出来是固体废物资源化的重要途径。如从有色金属废渣中可提取 Au、Ag、Co、Sb、Se、Te、Pd 等，其中某些稀有贵重金属的价值甚至超过主金属的价值。

(2) 生产建筑材料 利用工业固体废物生产建筑材料，是一条较为广阔的资源化途径。主要有以下几个方面：

① 利用高炉渣、钢渣、铁合金渣等生产碎石，用作混凝土集料、道路材料、铁路道砟等；

② 利用粉煤灰、经水淬的高炉渣和钢渣等生产水泥；

③ 在粉煤灰中掺入一定量炉渣、矿渣等集料，再加石灰、石膏和水拌和，制成蒸汽养护砖、砌块、大型墙体材料等硅酸盐建筑制品；

④ 利用部分冶金炉渣生产铸石，利用高炉渣或铁合金渣生产微晶玻璃；

⑤ 利用高炉渣、煤矸石、粉煤灰生产矿渣棉和轻质集料。

⑥ 用煤矸石制砖、生产轻骨料、生产空心砖、作为水泥原料等。

（3）生产农肥　可利用固体废物生产或代替农肥。如城市垃圾、农业固体废物等经堆肥化可制成有机肥料；粉煤灰、高炉渣、钢渣和铁合金渣等，可作为硅钙肥直接施用于农田；含磷较高的钢渣可生产钙镁磷肥。

（4）回收能源　很多工业固体废物热值较高，如粉煤灰中碳含量达10%以上，可加以回收利用。德国拜尔公司每年焚烧2.5×10^4t工业固体废物用以生产蒸汽，有机垃圾、植物秸秆、人畜粪便等经过发酵可生产沼气。

（5）取代某种工业原料　工业固体废物经一定加工处理后可代替某种工业原料，以节省资源。如煤矸石代替焦炭生产磷肥；高炉渣代替砂、石作滤料处理废水，还可作吸收剂，从水面回收石油制品；粉煤灰可作塑料制品的填充剂，还可作过滤介质，如可过滤造纸废水，不仅效果好，而且还可以从纸浆废液中回收木质素。

3. 固体废物资源化利用新技术

国际有关专家预测未来30年的“十大新兴技术”中，固体废物处理新技术将位居第二，废物回收和再利用将是21世纪最有发展前途的产业之一。固体废物蕴藏的财富是惊人的，如果能充分地资源化利用起来，不仅对“无废城市”建设有巨大的帮助，还会取得良好的环境效益、经济效益和社会效益。

目前，已成熟的固体废物资源化利用技术有很多，包括自然材料、建筑材料和电子材料的回收技术，以及工业废渣生产建筑材料技术、堆肥技术、垃圾焚烧发电和热解技术等。固体废物的处理技术是固废资源化利用的重要手段。目前固体废物资源化利用的新技术有以下几种。

（1）再生纤维制备技术　再生纤维制备技术是一种将废弃物或废旧纺织品经过加工处理转化为新型纤维材料的技术。主要制备方法有溶解-再生法和发酵-再生法。

① 溶解-再生法。将纤维素和有机溶剂混合，在一定的条件下将纤维素溶解掉，形成纤维素溶液。将这种溶液通过喷丝技术喷射到再生液中，形成再生纤维。该方法生产的再生纤维质量较高、纤维度较均匀，但需要使用大量的有机溶剂，对环境造成一定影响，且有机溶剂的回收成本较高。

② 发酵-再生法。将纤维素进行微生物发酵，使得纤维素分子链被降解，形成再生液。再通过喷丝技术将其喷射到凝固液中，形成再生纤维。与溶解-再生法相比，该方法不需要大量的有机溶剂，对环境影响较小，但生产周期相对较长。

（2）生物质能发电技术　生物质是指利用大气、水、土地等通过光合作用而产生的各种有机体，即一切有生命的可以生长的有机物质。

生物质能发电技术是一种将固体废物中的生物质转化为能源的热力发电技术。这种技术可以用森林废弃物、农业废弃物、生活垃圾等作为原材料，通过生物质燃烧，发电或者生产生物质沼气。

① 生物质能发电的主要形式。生物质能发电的形式有：直接燃烧发电，直接燃烧生物质燃料，产生热能驱动蒸汽轮机发电；气化发电，生物质在高温条件下进行气化反应，生成可燃气体，再通过内燃机或燃气轮机发电；生物质发酵发电，通过微生物发酵将生物质转化为燃料（如沼气），再用于发电。

② 生物质能发电技术的特点。生物质能发电技术有三大特点：一是可再生性，生物质资源来源于植物的光合作用，具有可再生性；二是环保性，与化石燃料相比，生物质能发电过程中产生的污染物较少，有利于环境保护；三是分布式发电，生物质能发电适用于分散式、小规模发电，适合在偏远地区或农村地区使用。

固体废物生物质能发电技术是一种环保、可持续的能源利用方式，具有广阔的应用前景。

(3) 废塑料再生技术　废塑料再生技术是指将废弃的塑料通过一系列物理、化学或生物处理方法，转化为新的、具有使用价值的塑料原料或产品的技术。来自各行各业的废弃塑料，如工业生产、包装材料、消费品等，经过收集、分类、清洗、破碎等预处理后，再利用再生技术进行加工处理，以实现资源的循环利用和减少环境污染。废塑料再生技术主要有：

① 熔融再生。将废旧塑料重新加热塑化而加以利用的方法。熔融再生有两种方式：一是单纯再生，由树脂厂、加工厂的边角料回收的清洁废塑料，可制得性能较好的塑料制品；二是复合再生，使用后混杂在一起的各种塑料制品的回收再生，一般只能制备性能要求相对较差的塑料制品，且回收再生过程较为复杂。

② 热裂解。将挑选过的废旧塑料经热裂解制得燃料油、燃料气的方法。主要适用于多种类型的废旧塑料，可以将其转化为能源产品。

③ 能量回收。对废旧塑料燃烧时产生的热量进行回收的方法。如果将燃烧的废气无害化处理后再回收，是一种非常环保的利用方式。

④ 回收化工原料。通过化学方法（如水解等），分解废塑料并回收合成时的原料单体。主要适用于一些特定品种的塑料，如加了聚氨酯的塑料等。

第三节　水泥窑协同处置固体废物

一、水泥窑协同处置固体废物概念及类型

1. 水泥窑协同处置固体废物的概念

水泥窑协同处置固体废物是指将满足或经过预处理后满足入窑要求的固体废物投入水泥窑，在进行水泥熟料生产的同时实现对固体废物的无害化处置过程。

2. 水泥窑协同处置固体废物的类型

水泥窑协同处置固体废物的类型主要包括危险废物、生活垃圾、城市和工业污水处置污泥、动植物加工废物、受污染土壤、应急事件废物等。

二、水泥窑协同处置固体废物的优势

水泥窑协同处置固体废物的优势主要体现在以下几个方面：

1. 燃烧处理高效彻底

窑内物料温度能达到1450℃，窑中的烟气温度更高，可达1800℃，而且烟气在窑内的停留时间比较长，高温环境能够保证将废物中的有机物彻底焚毁，焚毁去除率大于99.9999%，从而大大减少二次污染的风险。

2. 强大的适应性和稳定性

水泥窑的碱性环境能够抑制酸性气体的排放，有利于尾气的净化，提高废气处理效果。水泥窑的热容量大，工况稳定，污泥处理量大，且没有废渣排出，显示出强大的适应性和稳定性。目前，水泥窑可处置的危废种类大概占60%。

3. 良好的重金属固化效果

水泥熟料对重金属固化效果好，重金属稳定化程度高，这使得在协同处置过程中，重金属能够得到有效控制，避免对环境造成污染。

4. 资源利用程度高

水泥窑协同处置固体废物可以实现矿物的有效利用，同时有机物可以代替燃料，提高资源利用程度。目前，一吨水泥协同处置的固废最高为水泥熟料的15%。

5. 低投资和高收益

与新建专用焚烧厂相比，利用水泥窑协同处置固体废物在工艺设备和给料设施方面虽需要进行必要的改造，但总体投资少，运行费用低。另外，相对于固废处置几十元每吨的收益，危废处置的收益为3000～4000元每吨，可大大提高水泥生产企业的利润水平。

6. 技术灵活性和可升级性

水泥窑配合固体废物处置，只需增加废物预处理系统，同时对水泥窑进行少量技术改造即可满足升级要求。这种灵活性使得水泥窑能够适应不同种类和性质的固体废物处理需求。

7. 环境友好性

水泥窑协同处置固体废物不仅能够减少废物的排放量，降低环境污染，还能够回收资源，符合绿色、环保和可持续发展的要求。

三、水泥窑协同处置固体废物现状

1. 国外现状

20世纪70年代，发达国家就已经开始采用水泥窑处理危险废物。目前，德国利用水泥厂进行废物处理处于世界前列；日本水泥生产技术先进，废物利用量持续增长，目标是每生产1t水泥废物利用量达400kg；美国大力提倡水泥窑焚烧处理废物，90%的危险废物在水泥窑中焚烧处理。

2. 国内现状

在我国，水泥厂主要利用常规的一般工业废物（如电厂粉煤灰、烟气脱硫石膏、煤矸石、钢渣等），其余工业（危险）废物、生活垃圾的协同处置仍处于起步阶段，但是发展很快。

20世纪90年代，上海万安水泥厂在国内首创水泥窑协同处置危险废物的实践；2008年海螺水泥厂在铜陵市建设世界首条利用新型干法窑和气化炉相结合处理城市生活垃圾示范项目；武汉华新水泥厂承担了国内首次利用水泥窑协同处置农药废物的示范项目，2007～2009年对湖北省收缴的含甲胺磷、对硫磷等5种高毒农药废物在内的约1650t固体废物进行协同处理；2009年，越堡水泥厂启动污泥处置项目，利用水泥窑的废气余热烘干污泥，干化后进入水泥窑焚烧处理，每天可处理含水率80%的污泥600t，可消纳广州市50%以上的污泥。我国“十四五”规划，协同处置危废能力达1500万吨，200余条生产线，142家协同处置企业，协同处置的比例将达33%。

四、水泥窑协同处置固体废物工艺

水泥窑协同处置工艺是一种将固体废物与水泥生产过程相结合，以实现废物无害化和资源化的技术。

1. 工艺概述

水泥窑协同处置工艺是指将预处理后的固体废物投入水泥窑中，与水泥生产原料一起进行高温处理，实现废物的无害化处置和资源化利用。

2. 工艺流程

新型干法水泥窑协同处置固体废物，处置对象不同，其工艺过程有所不同，主要的工艺流程包括以下几个方面。

（1）固废预处理　固废预处理主要有分类、破碎、干燥、掺混等过程。固废的种类不同，其预处理的侧重点有所不同。如，危废系统强调破碎和消防安全，污泥系统注重干燥和降低含水量，生活垃圾系统则强调分类和含水量控制。

（2）固废输送和喂料　经过预处理的固废通过专用投加设备投入水泥窑中，并按照一定的比例进行混合，飞灰掺混比例通常不得高于4%，以确保水泥品质及生产稳定性。固废投加点一般选择在水泥窑的预热器或分解炉部分，以确保废物在高温下充分反应。喂料过程中需考虑废物的性质和分布，以充分利用热能和化学能。

（3）反应烧结　固废与水泥生产原料一起进入水泥窑进行高温处理。在高温下，在水泥窑内，固废与水泥生产原料一起在高温、高碱、高热的环境下进行化学反应，转化为水泥熟料。固废中的有害成分被分解或固化，转化为无害物质。同时，固废中的可燃成分被利用，为水泥生产提供部分热能。

反应过程需考虑废物和熟料的比例、温度控制、气氛调节等因素。

（4）冷却和磨粉　熟料经过冷却、分离、筛分等步骤，得到所需的水泥熟料。对熟料进行粉碎等后续加工，得到符合国家标准的水泥产品。

3. 水泥窑协同处置污泥工艺案例

水泥窑协同处置污泥作为全过程清洁的废弃物处置方式，利用水泥生产过程的高温环境来焚烧污泥，窑内呈碱性，可有效避免酸性物质和重金属挥发。水泥窑协同处置污泥过程中，有机物被彻底分解，二噁英很难形成。同时污泥焚烧产生的热能被回收，残渣和飞灰作为水泥成分配入熟料中，实现资源化和污泥减量化。与污泥其他处理方式相比，水泥窑处置技术更彻底，也不会产生二次污染，满足“减量化、无害化、资源化”的原则。

污泥预处理工艺与投入水泥窑位置是水泥窑协同处置污泥技术的关键要素。污泥可以投入窑尾烟室，投入水泥窑窑尾烟室的污泥不进行预处理，相对节省了污泥预处理的费用，但易造成烟室内的温度波动，影响水泥生产线的稳定运行；可以投入分解炉（依规范，含水率不大于30%的污泥可从水泥窑分解炉处进料），热干化技术具有占地小、无害化彻底、工艺技术成熟等优点，结合热干化与投入分解炉的污泥处置方式在污泥处置市场越来越受到重视；可以投入炉排炉或气化炉，结合水泥窑的炉排炉掺烧污泥方式不仅处理了垃圾与污泥过程中的臭气及有毒物质，实现污泥的无害化处理，还降低了对水泥生产的影响。

水泥窑协同处置污泥和垃圾的主要工艺路线如图11-10所示。

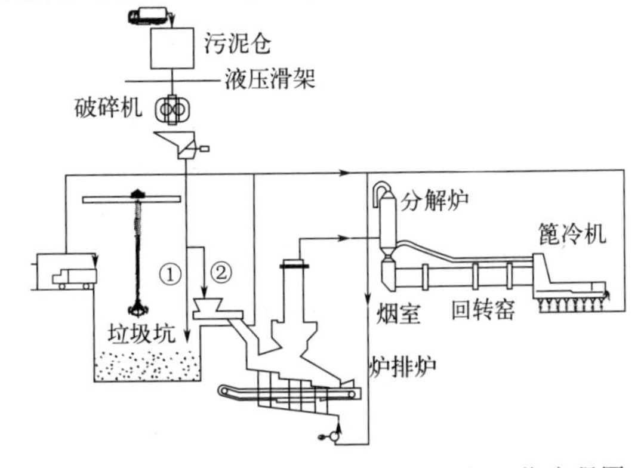

图11-10　水泥窑协同处置污泥和垃圾工艺流程图

污泥掺入垃圾主要有垃圾坑加入与在炉排炉进料装置处加入两种方式。污泥通过污泥车运输到污泥仓，污泥仓底部的液压滑架驱使仓内污泥滑入破碎机破碎，破碎后的污泥送至炉前污泥仓。通过垃圾坑加入是将炉前污泥仓的污泥送入垃圾坑中，利用抓斗的搅拌实现污泥与垃圾的混合。此掺烧方式系统简单、费用低，但污泥由于粒径小、密度大，在抓取中易掉落沉到坑底，增加渗滤液和淤泥的清理工作。通过进料装置处加入是将污泥送至炉排炉推料平台上，在平台上实现污泥与垃圾混合，混合后送炉排炉。此掺烧方式只需单独设置污泥存储和输送系统，系统简单，还可以根据运行实况控制污泥的掺烧比例，运行可靠。为了保证系统的安全稳定运行，污泥的掺混质量比为5%～20%。

第四节 新污染物及其防治

一、新污染物的概念

新污染物是2020年11月公布的《中共中央关于制定国民经济和社会发展第十四个五年规划和二〇三五年远景目标的建议》中提出的，2021～2023年的两会工作会议上都重点强调了新污染物的治理。

所谓新污染物，是指排放到环境中的，具有生物毒性、环境持久性、生物累积性等特征的有毒有害化学物质，这些物质对生态环境或人体健康存在较大风险，但尚未纳入管理或现有管理措施不足。也就是说，它们并不是新合成的，而是以前没有充分关注或者没有管控的。

二、新污染物的种类

目前，国际上广泛关注的新污染物有四大类：一是持久性有机污染物，二是内分泌干扰物，三是抗生素，四是微塑料。2022年12月29日，生态环境部等部门发布了《重点管控新污染物清单（2023年版）》，自2023年3月1日起施行。清单上列出了14类重点管控的新污染物，包括处方药类抗菌药物等抗生素、三氯杀螨醇、具备阻燃特点的十溴二苯醚等。

三、新污染物的特点

新污染具有两大特点：

1. "新"

新污染物的"新"体现在两个方面：一是相对于传统的污染物（如二氧化硫、氮氧化物、$PM_{2.5}$等）而言，这些物质是较新的；二是新污染物种类繁多，并且随着对化学物质环境和健康危害认识的不断深入以及环境监测技术的不断发展，可被识别出的新污染物还会持续增加，因此，联合国环境规划署对新污染物采用了"emerging pollutants"这个词，体现了新污染物将会不断新增的特点。

2. "环境风险大"

新污染物"环境风险大"主要体现在以下几个方面。

（1）隐蔽性　这类污染物往往在环境中存在或者已经大量使用多年，人们并未将其视为有害物质，而一旦发现其有害性时，它们已经以各种途径进入了环境介质中。

（2）持久性　新污染物具有很高的稳定性，在环境中难以降解并在生态系统中易于富集，可长期蓄积在环境中和生物体内，能够随着空气、水流长距离迁移或顺着食物链扩散。

（3）危害大　新污染物往往与我们生活息息相关，身体长期暴露其中，很容易造成致癌、致畸和致突变等问题。尤其抗生素长期致畸滥用导致的抗性基因污染，将会使一些病无药可医；一些内分泌干扰物通过影响生殖和发育甚至能导致种群的灭绝。

（4）不易治理　部分新污染物是人类新合成的物质，具有优良的产品特性，其替代品和替代技术不易研发。有些新污染物被人类广泛使用，环境存量较高，涉及行业广、产业链长，需多部门跨界协同才能治理。还有些在环境中含量低、分布分散，生产使用和污染底数不易摸清；有的危害、转化、迁移机理研究难度大等，都导致不易治理。

四、新污染物的治理对策

2022年5月，国务院办公厅印发《新污染物治理行动方案》（简称《行动方案》），明确了“筛、评、控”和“禁、减、治”的总体治理思路。

1. 开展调查监测，动态评估环境风险状况

（1）落实环境信息调查　2023年底，完成首轮重点化学物质生产使用的品种、数量、用途等基本信息调查，对列入环境风险优先评估计划的化学物质，进一步调查有关生产、加工使用、环境排放数量及途径、危害特性等详细信息。

（2）开展环境调查监测　制定新污染物专项环境调查监测实施方案。依托现有生态环境监测网络，结合新污染物生产使用基本信息调查情况，对可能产生新污染物的行业，开展新污染物环境调查监测试点。2025年底前，初步建立新污染物环境调查监测体系。

（3）实施风险筛查评估　结合国家化学物质环境风险优先评估计划和优先控制化学品名录，开展化学物质环境风险筛查，优先选取高关注、高产（用）量、高环境检出率、分散式用途的化学物质，分阶段、分批次开展化学物质环境风险评估。动态发布重点管控新污染物清单及制定“一品一策”管控方案。

2. 严格源头管控，有力防范新污染物产生

（1）全面落实新化学物质环境管理登记制度　严格执行《新化学物质环境管理登记办法》，督促企业落实新化学物质环境风险防控主体责任。加强监测、监管、执法“三联动”，按照“双随机、一公开”原则，将新化学物质环境管理事项纳入环境执法年度工作计划。加强对生产、进出口、加工使用和销售新化学物质企事业单位环境管理的监督执法检查。

（2）严格实施淘汰或限用措施　按照重点管控新污染物清单要求，禁止、限制重点管控新污染物的生产、加工使用和进出口。研究修订《产业结构调整指导目录》，对纳入《产业结构调整指导目录》淘汰类的工业化学品、农药、兽药、药品、化妆品等，未按期淘汰的，依法停止其产品登记或生产许可证核发。强化环境影响评价管理，严格涉新污染物建设项目准入管理。将禁止进出口的化学品纳入禁止进（出）口货物目录，加强进出口管控；将严格限制用途的化学品纳入《中国严格限制的有毒化学品名录》，强化进出口环境管理。依法严厉打击已淘汰持久性有机污染物的非法生产和加工使用。

(3) 加强产品中重点管控新污染物含量控制 对采取含量控制的重点管控新污染物，将含量控制要求纳入玩具、学生用品等相关产品的强制性国家标准并严格监督落实，减少产品消费过程中造成的新污染物环境排放。将重点管控新污染物限值和禁用要求纳入环境标志产品和绿色产品标准、认证、标识体系。在重要消费品环境标志认证中，对重点管控新污染物进行标识或提示。

3. 强化过程控制，全面减少新污染物排放

(1) 加强清洁生产和绿色制造 对使用有毒有害化学物质进行生产或者在生产过程中排放有毒有害化学物质的企业依法实施强制性清洁生产审核，全面推进清洁生产改造；企业应采取便于公众知晓的方式公布使用有毒有害原料的情况以及排放有毒有害化学物质的名称、浓度和数量等相关信息。推动将有毒有害化学物质的替代和排放控制要求纳入绿色产品、绿色园区、绿色工厂和绿色供应链等绿色制造标准体系。

(2) 规范药物使用管理 落实抗菌药全链条监督管理，严格落实零售药店凭处方销售处方药类抗菌药物。实施兽用抗菌药减量化行动，在经营、使用环节严格落实兽用处方药管理制度、兽药休药期制度和“兽药规范使用”承诺制度。加强畜禽、水产养殖生产过程中抗菌药物的管控，严肃查处用药违法违规行为。加强农药登记管理，严格管控具有环境持久性、生物累积性等特性的高毒高风险农药及助剂。持续开展农药减量增效行动，鼓励发展高效低风险农药，稳步推进高毒高风险农药淘汰和替代。鼓励使用便于回收的大容量、易资源化利用及易处置包装物，逐步建立包装废弃物回收和处理体系。

4. 深化末端治理，降低新污染物环境风险

(1) 加强新污染物多环境介质协同治理 加强有毒有害大气污染物、水污染物环境治理，制定相关污染控制技术规范。排放重点管控新污染物的企事业单位应采取污染控制措施，达到相关污染物排放标准及环境质量目标要求；按照排污许可管理有关要求，依法申领排污许可证或填写排污登记表，并在其中载明执行的污染控制标准要求及采取的污染控制措施。排放重点管控新污染物的企事业单位和其他生产经营者应按照相关法律法规要求，对排放（污）口及其周边环境定期开展环境监测，评估环境风险，排查整治环境安全隐患，依法公开新污染物信息，采取措施防范环境风险。土壤污染重点监管单位应严格控制有毒有害物质排放，建立土壤污染隐患排查制度，防止有毒有害物质渗漏、流失、扬散。生产、加工使用或排放重点管控新污染物清单中所列化学物质的企事业单位应纳入重点排污单位。

(2) 强化含特定新污染物废物的收集利用处置 严格落实废药品、废农药以及抗生素生产过程中产生的废母液、废反应基和废培养基等废物的收集利用处置要求。研究制定含特定新污染物废物的检测方法、鉴定技术标准和利用处置污染控制技术规范。

(3) 开展新污染物治理试点工程 在长江、黄河等流域和重点饮用水水源地周边，重点河口、重点海湾、重点海水养殖区，京津冀、长三角、珠三角等区域，聚焦石化、涂料、纺织印染、橡胶、农药、医药等行业，选取一批重点企业和工业园区开展新污染物治理试点工程，形成一批有毒有害化学物质绿色替代、新污染物减排以及污水污泥、废液废渣中新污染物治理示范技术。鼓励有条件的地方制定激励政策，推动企业先行先试，减少新污染物的产生和排放。

5. 加强能力建设，夯实新污染物治理基础

（1）加大科技支撑力度　在国家科技计划中加强新污染物治理科技攻关，开展有毒有害化学物质环境风险评估与管控关键技术研究；加强新污染物相关新理论和新技术等研究，提升创新能力；加强抗生素、微塑料等生态环境危害机理研究。整合现有资源，重组环境领域全国重点实验室，开展新污染物相关研究。

（2）加强基础能力建设　加强国家和地方新污染物治理的监督、执法和监测能力建设。加强国家和区域（流域、海域）化学物质环境风险评估和新污染物环境监测技术支撑保障能力。建设国家化学物质环境风险管理信息系统，构建化学物质计算毒理与暴露预测平台。培育一批符合良好实验室规范的化学物质危害测试实验室。加强相关专业人才队伍建设和专项培训。

第五节　我国“无废城市”建设

一、“无废城市”的概念及提出

“无废”一词源自英文“zero waste”，最早出现在1973年美国耶鲁大学化学博士保罗·帕尔默（Paul Palmer）创建的“无废系统公司”（Zero-waste Systems Inc）。“无废城市”是一种先进的城市管理理念，并不是没有固体废物产生，也不意味着固体废物能完全资源化利用。即使是日本、欧盟等发达地区倡导的“无废城市”，也不追求实现绝对意义上的固体废物零排放。目前在国际上没有统一的定义和标准。

基于这种理念，我国对“无废城市”的官方定义是：“以创新、协调、绿色、开放、共享的新发展理念为指导，通过推动形成绿色发展方式和生活方式，最大限度推进固体废物源头减量和资源化利用，将固体废物填埋量降至最低的城市发展模式。”这与发达国家的定义本质上是相同的，但更符合我国国情。

二、我国“无废城市”建设现状

近年来，“无废城市”建设成为我国固废治理的重要手段，也是建设生态文明和美丽中国的重要内容。2024年两会工作报告中强调，高标准推进“无废城市”建设，打造一批“无废城市”建设标杆。

2017年，中国工程院提出《关于通过“无废城市”试点推动固体废物资源化利用，建设“无废社会”的建议》，获中央领导的重要批示。2018年，国务院办公厅印发《“无废城市”建设试点工作方案》和《“无废城市”建设指标体系》。2019年4月30日，生态环境部公布了深圳、包头、铜陵、威海、重庆、三亚、许昌等11个“无废城市”建设试点。2022年4月24日，生态环境部公布了“十四五”时期“无废城市”的建设名单，有北京、天津、上海和重庆4个直辖市，郑州、洛阳、石家庄、唐山等109个地级市。另外，雄安新区、兰考、大理等8个特殊地区参照“无废城市”建设要求一并推进。

2021年12月15日，根据生态环境部等18部委印发的《“十四五”时期“无废城市”建设工作方案》，计划到2025年，“无废城市”固体废物产生强度较快下降，综合利用水平显著提升，无害化处置能力有效保障，减污降碳协同增效作用充分发挥，基本实现固体废物管理信息“一张网”，“无废”理念得到广泛认可，固体废物治理体系和治理能力得到明显提升。

三、“无废城市”的建设思路

1. 加强固废管理的全生命周期绿色设计

建设“无废城市”，必须深化固废管理改革，提高治理能力。大力推动源头减量和工农业废物、生活废物的资源能源梯级利用，严格控制新建、扩建固体废物产生量大、区域难以资源化利用和无害化处置项目；将生活垃圾、农林废物、“城市矿产”、污水处理污泥、建筑垃圾、危废等收集、分类、资源化利用和无害化处置设施纳入城市公共设施规划，形成企业内、企业间和区域内循环链接，支撑城市高质量发展。

2. 促进企业入园，提高废旧物资利用水平

推动企业集群，实行园区化管理，减轻固废对环境和人体健康的压力。企业入园集群发展有利于环保、海关、质检的统一监管，可以提高资源化利用和无害化处置的现代化、集中化、科学化水平，形成产业集聚和发展集约的效应，并带动区域经济发展。

3. 提高固体废物处理处置技术水平与适用性

固体废物处理处置方向是过程更清洁、分离分选更彻底、综合利用产品价值更高。在“无废城市”建设中，一是要筛选先进适用技术。国内外并不缺乏固体废物处理处置的先进适用技术，但一定要筛选适合国情、适合城市特点的技术，尤其要综合考虑国内外不同地区、国内不同城市的经济社会发展阶段、固体废物分类分质水平及资源环境禀赋，以及技术经济性等因素。国家层面要加快对“无废城市”建设适用性、针对性强的技术，搭建转化平台促进供需衔接。二是大力支持技术研发创新，开展产学研用结合试点，依托城市资源循环利用基地或静脉产业园联合建立研发中心或研究院。三是加快制定“无废城市”技术标准，重点是建立健全回收利用再生产品质量的现有国家和行业标准。

4. 完善相关制度体系，加强监督评估

制定有利于固体废物从分类到运输、回收利用、无害化处置等全过程的配套政策和长效机制，是“无废城市”建设难点之一，也是需要发挥各地积极性主动开展创新的重点任务。对种类繁多复杂的固废，还要通过系统评估资源、环境和经济属性，建立环境影响责任分担机制，对于环境效益明显、经济效益不明显的固废处理处置项目要给予必要的财政补贴，促进固废综合利用与环境保护的有机统一。

5. 形成完善的固废管控政策和长效机制

“无废城市”建设是一个系统工程，涉及环保、发展改革、商务、工业、农业等多部门和多领域，管控政策能否协调各部门形成合力，长效机制能否形成，关系到“无废城市”建设能否持续推进和取得预期成效。“无废城市”建设急需建立统一协调机制，而不是仅单纯依靠生态环境部门；相关部门要实现联合监管及信息共享、分工协作；同时还需要对各地的做法和经验进行调查研究、总结分析。城市固废治理政策制定和“无废城市”试点建设长效机制形成，必须按照企业主导、市场引领、政府推动的模式形成商业模式和运行机制。

复习思考题

1. 固体废物的概念是什么？

2. 固体废物有哪些特征?
3. 简述固体废物的主要来源。
4. 固体废物对生态环境有哪些危害,对人体健康又有哪些危害?
5. 固体废物污染的防治原则是什么?
6. 固体废物的控制关键有哪些?
7. 固体废物常用的物理处理技术有哪些?
8. 固体废物常用的化学处理技术有哪些?
9. 什么是卫生填埋法?卫生填埋法适合处理哪类固体废物?
10. 常用的防渗材料有哪些?
11. 人工防渗手段有哪些?
12. 特殊地质条件下,卫生填埋通常采用什么样的防渗结构?
13. 简述卫生填埋的工艺流程。
14. 安全填埋的对象有哪些?
15. 简述安全填埋的"三道屏障"防渗系统。
16. 废气矿井填埋法适合哪些固体废物?
17. 固体废物资源化利用的途径有哪些?
18. 固体废物资源化利用的新技术有哪些?
19. 简述水泥窑协同处置固体废物概念及适合处置固废的类型。
20. 水泥窑协同处置固体废物的优势有哪些?
21. 简述水泥窑协同处置固废的工艺流程。
22. 什么是新污染物?
23. 简述新污染物的特点。
24. 治理新污染物有哪些对策?
25. 我国对"无废城市"的定义是什么?

阅读材料

世界"第八大陆"

世界上存在"第八大陆",你听说过吗?那是太平洋上一片由400万吨塑料垃圾组成的漩涡,位于美国西海岸和夏威夷之间,垃圾带的面积已经达到了惊人的160万平方公里,这个面积相当于两个得克萨斯州和四个日本的面积总和。

这些垃圾主要由塑料垃圾和其他一些难以降解的物质组成,它们在海洋中不断积累,对海洋生态系统和地球的气候都造成了巨大的破坏,也对人类的生存和发展造成了严重的影响。这些垃圾在海洋中被分解成微小的颗粒,被海洋生物误食,导致许多物种的死亡和生态系统的破坏。此外,这些垃圾还可能对人体健康造成危害,因为其中含有有毒物质和细菌等污染物。

为了应对这个问题,美国的一个非营利组织"海洋远航机构"启动了一项名为"海星项目"的海洋拯救计划。这个计划的目标是为世界"第八大陆"清除40万吨的塑料垃圾,并将其分解制成燃料。这个项目的实施将有助于减少海洋垃圾的数量,保护海洋生态系统和地球环境。

然而，“海星项目”的实施并不容易。清理如此大规模的垃圾带需要巨额的资金和技术支持。此外，如何有效地分解和处理这些垃圾也是一个巨大的挑战。因此，“海星项目”需要全球的合作和努力，集合各方面的力量和资源来解决这个问题。

总之，世界“第八大陆”的存在提醒我们地球环境的脆弱性和保护的紧迫性。我们需要共同努力，采取切实有效的措施来解决这个问题。通过科学研究和国际合作，相信我们能够找到更好的解决方案，保护地球的生态环境和气候稳定。让我们携手努力，共同创造一个更美好的未来！

第十二章
噪声及其他物理性污染防治

【内容提要】 本章主要叙述了噪声的概念及来源，噪声污染的特征及危害，噪声的控制技术，建材行业噪声污染特点及防治途径，环境噪声标准，光污染、热污染、放射性污染和电磁辐射污染与防治相关知识。

【重点要求】 掌握噪声的概念，噪声的特征及危害，噪声的控制技术。熟知建材行业噪声特点及防治途径，光污染、热污染、放射性污染和电磁辐射污染的概念。了解噪声、光污染、热污染、放射性污染及电磁辐射污染的来源及防治措施。

在科技日新月异的今天，我们的生活品质得到了显著提升，但一系列曾经被忽视的环境问题也日益凸显。如，噪声污染、光污染、热污染、放射性污染和电磁辐射污染等，正悄无声息地侵入我们的生活，影响着我们的日常。尤其是噪声污染，近年来，职业性耳聋患者逐年增加，噪声投诉案件持续上升。这些“看不见”的污染，不得不引起我们的重视。为此，2021年12月我国颁布了《中华人民共和国噪声污染防治法》，并于2022年6月5日开始施行。学习和掌握噪声及其他物理性污染的相关知识及防治措施，关乎每个人的生活质量和社会和谐。

通过学习，认识噪声及其他物理性污染对人类健康的危害，树立环保意识；积极参与噪声污染防治活动，如参与噪声监测、宣传噪声污染防治知识等，培养社会责任感；同时增强法治观念，明确在防治噪声污染中的权利和义务。

第一节　噪声概述

人耳对声音的感知范围是有限的，这主要取决于声波的频率。在一般情况下，人耳可以听到的声波频率范围在20～20000Hz之间，这个范围被称为可听声范围。在这个范围内，不同频率的声波会给人带来不同的听觉感受。例如，低音（低频声波）通常给人一种深沉、厚重的感觉，高音（高频声波）则给人一种尖锐、明亮的感觉。

一、噪声的概念及来源

1. 噪声的概念

从物理学角度，噪声是发声体做无规则、杂乱无章的振动而发出的声音；从心理学角度，噪声是不需要的声音，或者令人烦躁或讨厌的声音；从环境保护的角度，噪声是影响人们正常学习、工作和休息的声音，即凡是人们不需要的声音都是噪声。《中华人民共和国噪声污染防治法》所称的噪声，是指在工业生产、建筑施工、交通运输和社会生活中产生的干扰周围生活环境的声音。

2. 噪声的来源

据统计，在影响城市环境的各种噪声来源中，工业噪声占8%～10%，建筑施工噪声占5%，交通噪声占30%，社会噪声占47%，其他噪声占8%～10%。社会噪声影响面最广，是干扰生活环境的主要噪声污染源。

（1）交通噪声　交通噪声的噪声源主要来自汽车、火车、飞机、摩托车、拖拉机等各类机动车辆的发动机和喇叭。据测定，汽车在行驶中的噪声为80～90dB(A)，在城市快速通道上行驶的汽车噪声可以达到100dB(A)以上。因此，城市无紧急情况禁止鸣笛。

（2）工业噪声　工业噪声的噪声源主要来自生产过程中机械振动、摩擦、撞击以及气流扰动等产生的声音。这类噪声一般可达80～120dB(A)甚至更高，可能造成职业性耳聋，对人们的影响较大。资料表明，我国约有20%的工人暴露在听觉受损的强噪声中，有近亿人受到噪声的严重干扰。

（3）建筑施工噪声　主要来源于建筑工地施工设备，包括推土机、打桩机、搅拌机、振动机、凿岩机及装修机械产生的噪声。建筑施工现场噪声一般在90dB(A)以上，各类机械的噪声平均强度如表12-1所示。因此，晚22:00至次日6:00施工的设备，噪声不得大于55dB(A)。若有特殊需求需进行夜间施工，应提前向环保部门申请并获批准。

表12-1　建筑工地噪声

设备名称	声级/dB(A)	设备名称	声级/dB(A)
打桩机	120	柴油发动机	100
混凝土搅拌机	98	水泵	90
电锯	110	载重汽车	90

（4）社会噪声　主要来源于街道和社区内各种生活设施、人群活动等产生的声音，包括商业、娱乐、体育、游行、庆祝、宣传等活动产生的噪声。比如以下几种均为常见的生活噪声：①宠物叫声，主要是猫和狗的叫声；②家用电器声，如空调和洗衣机由于破旧或使用不当而产生的过高噪声；③家庭娱乐声；④练习乐器声，如弹钢琴、吹笛子等；⑤室内装修声，如砸墙、砌砖和使用电锯、电钻等声音；⑥家庭内部或邻里之间的吵架声；⑦餐饮娱乐噪声、户外中小学生及商业设施人群的喧哗声、沿街流动宣传与叫卖声，以及社区娱乐广场及婚庆、节日的烟花燃放所产生的噪声，对人民的生活也有一定影响。社会噪声一般对人没有直接生理危害，但会不同程度干扰人们谈话、工作、学习和休息，使人心烦意乱。

二、噪声污染的特征及危害

《中华人民共和国噪声污染防治法》所称噪声污染，是指超过噪声排放标准或者未依法采取防控措施产生噪声，并干扰他人正常生活、工作和学习的现象。

1. 噪声污染的特征

（1）感觉性　噪声污染是一种感觉性公害，其污染程度与人的主观感受密切相关。同样的噪声，在不同的人听来，感受可能完全不同。这主要取决于个人的生理和心理状态。

（2）局限性　噪声污染的传播具有局限性，它随距离的增加而衰减。此外，噪声污染还受到地形、建筑物等物体的阻碍影响，使得其传播范围受到限制。

（3）瞬时性　噪声污染具有瞬时性，即声源一旦停止发声，噪声也就立即消失，无残留作用。这与水污染、大气污染等污染物的积累性和持续性不同。

（4）分散性　噪声源不是单一的，具有分散性。因为噪声源可能来自不同的方向，如道路交通、工业生产、建筑施工、娱乐场所等，这都导致噪声污染在地理分布上的广泛性。

2. 噪声污染的危害

2011 年 3 月底，世卫组织和欧盟合作研究中心公开了一份关于噪声对健康影响的报告《噪声污染导致的疾病负担》，报告对噪声污染进行了“定罪”，称噪声污染已经成为继空气污染之后影响人体健康的第二大环境危害因素。

（1）对人体健康的危害

① 损失听力。噪声对人体最直接的危害就是损伤听力。长时间在 80dB(A) 以上环境中工作，可造成职业性耳聋，耳聋发病率的统计见表 12-2；当突发性噪声强度高达 120dB(A) 以上时，可造成永久性失聪。1981 年，在美国举行现代派露天音乐会上，有 300 名听众突然失去知觉，昏迷不醒，100 辆救护车抢救。1959 年，美国有 10 名志愿者，“自愿”做噪声试验，当实验用飞机从 10 名志愿者头上 10～12 米高处飞过时，有 6 人当场死亡，4 人数小时后死亡。

表 12-2　工作 40 年后职业性耳聋发病率

噪声/dB(A)	国际统计/%	美国统计/%
80	0	0
85	10	8
90	21	18
95	29	28
100	41	40

从表 12-2 可以看出，80dB(A) 以下环境中工作不致耳聋，80dB(A) 以上，每增加 5dB(A) 职业性耳聋发病率增加约 10%。

② 干扰睡眠。噪声会影响人的睡眠质量和数量，噪声在 50～60dB(A) 时，会使人感觉吵闹，影响休息和睡眠，导致人体乏力、易疲、困倦。连续噪声可以加快熟睡到轻睡的回转，使人熟睡时间缩短；突然的噪声可使人惊醒。一般 40dB(A) 的连续噪声可使 10%的人受影响，70dB(A) 时可使 50%的人受影响。突然噪声达 40dB(A) 时，使 10%的人惊醒；60dB(A) 时，使 70%的人惊醒。

③ 精神障碍。近年来，噪声被称为“精神杀手”。因为长期暴露于 90dB(A) 以上的噪声环境中，可使人焦躁、易怒，甚至发展为焦虑症等精神疾病。1960 年，日本广岛一男子被附近工厂发出的噪声折磨得烦恼万分，最后把工厂主杀死。1961 年一名日本青年从新潟到东京找工作，在铁路附近，日夜被噪声折磨，患失眠症，最终抑郁自杀。

④ 影响交谈和思考。实验研究表明噪声干扰交谈，其结果如表 12-3 所示。

表 12-3　噪声对交谈的影响

噪声/dB(A)	主观反映	保证正常讲话距离/m	通信质量
45	安静	10	很好
55	稍吵	3.5	好
65	吵	1.2	较困难
75	很吵	0.3	困难
85	太吵	0.1	不可能

⑤ 其他健康问题。长期暴露于噪声环境可引起失眠、疲劳、头晕、头痛、记忆力减退等神经系统不适症状，以及导致胃肠系统功能紊乱和血压升高等问题。还会影响儿童智力发育，有人做过研究，吵闹环境下儿童的智力发育落后于安静环境下的儿童 20%。另外，噪声也会对胎儿造成有害影响。

(2) 对动物的危害　噪声污染可能会影响野生动物的生长和繁殖。一些研究表明，噪声污染可以影响雄性鸟类的歌唱行为，导致交配成功率下降；干扰海洋哺乳动物个体间的声通信，尤其是母仔间的声通信，导致幼仔与母体失去联系，对后代的生长发育产生影响。强噪声会使鸟类羽毛脱落，不产卵，甚至会使其内出血和死亡。

20 世纪 60 年代初期，美国空军的 F-104 喷气飞机，在俄克拉何马城上空做超声速飞行试验，每天飞越 8 次，高度为 1 万米，整整飞了 6 个月。结果，在飞机轰声的作用下，一个农场 1 万只鸡只剩下 4 千只，因轰声死亡 6 千只。化验结果发现，暴露于轰声下的鸡脑的神经细胞与未暴露的有本质的区别，受暴露的鸡的脑细胞中的尼塞尔物质大大减少。高强声实验证明，170dB(A) 的噪声 5 分钟可使豚鼠死亡。有人天天给奶牛播放轻音乐后，牛奶的产量大大增加，而强烈的噪声使奶牛不再产奶。

(3) 对物质结构的影响　实验研究表明，特强噪声会损伤仪器设备，甚至使仪器设备失效。当噪声级超过 140dB(A) 时，对轻型建筑开始有破坏作用。例如，当超声速飞机在低空掠过时，建筑物会受到不同程度的破坏，如出现门窗损伤、玻璃破碎、墙壁开裂、抹灰震落、烟囱倒塌等现象。

英法合作研制的协和式飞机在试飞过程中，航道下面的一些古老建筑（如教堂等），由于轰声的影响受到了破坏，出现了裂缝。试验表明，150dB(A) 以上的强噪声，由于声波振动，会使金属结构疲劳，遭到破坏。由于声疲劳造成飞机或导弹失事的严重事故也有发生。根据实验，一块 0.6mm 的铝板，在 168dB(A) 的无规律噪声作用下，只要 15min 就会断裂。

(4) 对社会经济的危害　首先，社会噪声对经济的直接影响之一是影响生产效率。在工厂、办公室等工作场所，噪声对员工的注意力和专注力产生了负面影响，从而降低了工作效率。例如，机械设备的噪声会导致工人无法集中精力完成任务，降低生产效率，进而影响经济发展。其次，社会噪声还对商业和服务行业的发展产生负面影响。有些商场、餐厅和娱乐场所等服务场所常常充斥着噪声，这严重影响了消费者的购物体验和消费意愿。另外，治疗因噪声引起的疾病、修复因噪声造成的损害等都需要投入大量的社会成本。

第二节　噪声污染的控制技术

《中华人民共和国噪声污染防治法》规定，噪声污染防治应当坚持统筹规划、源头防控、分类管理、社会共治、损害担责的原则。

噪声在传播过程中的三个要素是声源、传播途径和接受者，所以控制噪声主要是控制声源、切断传播途径和接受者的个人防护。

一、控制声源

控制声源主要是通过减少或消除噪声源产生噪声，如防止冲击、减少摩擦、保持平衡、去除振动等；改善机械设计，如提高旋转零件的动平衡精度、改善运动副的润滑、提高装配精度、用液压代替冲压、用斜齿轮代替直齿轮、用焊接代替铆接等；改进生产工艺和加工方法，降低工艺噪声；在生产管理和工程质量控制中保持良好运转状态，不增加不正常噪声。

二、切断传播途径

切断传播途径是噪声控制的第二个手段。如实行闹静分开，利用声源的指向性降低噪声，利用地物地形降低噪声，通过绿化降噪和利用声学控制手段降噪等。常用的控制技术有吸声、隔声、消声、隔振、阻尼等，通常是采用“综合防治”的措施，即这几种技术同时使用。

1. 吸声技术

吸声技术是一种有效降低室内噪声水平的技术手段，广泛应用于各个领域，如工业设备、建筑工程、音乐厅和剧院、学校和医院、航空航天领域等。

（1）定义及吸声原理　吸声技术是通过在房间内表面使用能够吸收声能的材料或结构，来减少声波在房间内的反射，从而降低室内噪声水平。吸声材料的选择和布置方式对吸声效果有着重要的影响。

声波在房间内传播时，遇到吸声材料或结构时，部分声能会被吸收并转化为热能而消耗掉。另一部分声能则会被反射，但由于吸声材料或结构的作用，反射声减弱，使总噪声级降低。接受者听到的声音是直达声和已经减弱的混响声，因此总噪声水平降低。

（2）技术方法　在吸声降噪中，常采用的技术方法有：使用多孔吸声材料，如泡沫塑料、矿棉等，具有良好的吸声性能；采用薄板共振吸声结构，利用薄板与空气层的共振效应来吸收声能；采用穿孔板共振吸声结构，通过在板材上穿孔，形成空气层，利用共振效应吸收声能；采用微穿孔板共振吸声结构，穿孔直径更小，具有更高的吸声性能。

2. 隔声技术

隔声技术具有优异的隔声性能、长效的使用寿命、较高的压力负荷、适用不同环境材料，所以广泛应用于居民楼、工厂、电站、公路、铁路、航空、城市轨道交通等。

（1）定义及隔声原理　隔声技术是通过在声源和接受者之间设置隔离层，声波无法穿透，从而达到隔声的效果。隔离层的材料和厚度对隔声效果有着重要的影响。

隔声原理是一种物理现象，它是通过吸收、反射、隔离等方式来实现的。声音在传播过程中会与物体表面发生交互作用，一部分能量被吸收，一部分被反射，在声源和接受者之间设置的物理隔离屏障，更是会有效阻止声音的传播。

（2）技术方法　隔声技术是通过使用屏障物来实现的，屏障物又称为隔声材料、隔声结构或隔声构件，如隔声墙、隔声屏、隔声罩、隔声间。常用材料有吸声棉、泡沫塑料、玻璃纤维等。这些材料具有多孔性结构，能够将声波转化为微小的热能，从而减少声音的反射和传播。

3. 消声技术

消声技术是一种旨在降低或消除噪声传播和影响的技术手段。在现代工业生产和生活中得到了广泛的应用，如机器设备、交通工具、建筑物等方面。

（1）定义及消声原理 消声技术是通过在声源和接受者之间增加消声装置，声波在传播过程中受到干扰和抵消，从而减少噪声的传播。消声装置根据声波的特点不同可以分为被动消声和主动消声两种。

（2）技术方法 主动消声，利用电子器件来对声波进行干扰和抵消。主动消声技术通常包括声源检测、信号处理、声波生成和相位控制等步骤。首先，通过声源检测设备监测噪声信号；然后，将检测到的信号传输到信号处理器进行处理；接着，信号处理器根据处理结果生成一个与原始噪声信号相位相反、振幅相等的声波；最后，通过声波生成设备将生成的声波发射到环境中，与原始噪声声波相抵消，从而实现消声效果。被动消声，利用隔声材料、吸声材料等被动方式来抵消噪声。这些材料通过吸收、反射声波来降低噪声的传播。

4. 隔振技术

隔振技术是指振源产生振动，通过介质传至受振对象时，利用特定的方法和手段来隔绝或减弱振动能量的传递，从而降低振动对受振对象的影响的技术。隔振技术有着良好的降噪效果，广泛应用于工业领域的机械设备（如水泵、压缩机等）；建筑领域的高层建筑、桥梁、地铁等结构物件的抗震设计；交通领域的车辆、铁路和船舶等交通工具，减少振动对乘客和货物的影响；降低家居领域的家居和电器的振动和噪声等。

（1）定义及隔振原理 隔振就是将振源与基础或连接结构的刚性连接改为弹性连接，以防止或减弱振动能量的传递，最终达到减振降噪的目的。实际上振动不可能完全隔绝，所以隔振也称为减振。

机械设备运转时，会存在一个周期性的力作用，从而使其产生振动。振动的机器通过基础、连接构件向四周传递。若在刚性连接之间安置弹簧或弹性衬垫组成弹性支座，由于支座可以发生弹性变形，起到缓冲作用，便减弱了机器对基础的冲击力，使基础的振动减弱；同时由于支座材料的阻力耗能，也减弱了传给基础的振动，从而使声辐射降低。

（2）技术方法 在振动源与其他结构之间铺设隔振材料，如橡胶板、栓皮、毛毡等；在振动机械基础的四周开有一定宽度和深度的沟槽——防振沟，里面填充松软物质（如木屑等）或不填，用来隔离振动的传递；在设备下安装隔振元件——隔振器，是目前工程上应用最为广泛的控制振动的有效措施，安装这种隔振元件后，能真正起到减少振动与冲击力传递的作用，只要隔振元件选用得当，隔振效果可在85%～90%以上，常用的隔振器有弹簧隔振器、金属丝网隔振器、橡胶隔振器、橡胶复合隔振器以及空气弹簧隔振器等。

5. 阻尼技术

阻尼技术是通过增加系统的能量损耗来减少振动对设备和结构的影响，从而提高系统的稳定性和安全性的技术，广泛应用于汽车工业、航空航天、机械制造、建筑工程、电子工业、医疗设备、能源及电力工业等。

（1）定义及原理 阻尼是指系统损耗能量的能力。从减振的角度看，就是将机械振动的能量转变成热能或其他可以损耗的能量，从而达到减振的目的。阻尼技术就是充分运用阻尼耗能的一般规律，从材料、工艺、设计等各项技术问题上发挥阻尼在减振方面的潜力，以提高机械结构的抗振性、降低机械产品的振动、增强机械与机械系统的动态稳定性。从工程应用的角度讲，阻尼的产生机理就是将广义振动的能量转换成可以损耗的能量，从而抑制振动、冲击和噪声。

（2）技术方法 通过阻尼的方法减振主要是利用阻尼材料，常用的阻尼材料主要有黏弹性阻尼材料，分橡胶类和塑料类两种，一般以胶片形式生产，使用时用专用黏结剂将其贴在需要减振的结构上；金属阻尼材料，由高分子树脂加入适量填料以及辅助材料配置而成，是一种可涂覆在各种金属板块结构表面上的特种涂料；沥青型阻尼材料，以沥青为基材，配入大量无机填料混合而成；复合型阻尼材料，在两块钢板或铝板之间夹有非常薄的黏弹性高分子材料，就构成复合阻尼金属板材，金属板弯曲振动时，通过高分子材料的剪切变形，发挥其阻尼特性，不仅损耗因子大，而且在常温或高温下均能保持良好的减振性能。

三、接受者的个人防护

接受者对噪声的个人防护主要是使用听力保护器。常使用的听力保护器有耳塞、耳罩、耳栓、头盔等。可单独使用，也可合并使用。不仅可以预防听力损伤，还可以改善语言联系等。

四、建材行业噪声污染特点及防治途径

1. 建材行业噪声污染的来源及设备

现有新型干法水泥生产线，按照其生产工序，噪声源主要分布在石灰石开采与破碎、物料皮带输送及转运、熟料生产线以及水泥粉磨与包装运输等部位。高噪声源主要有矿山破碎机、生料立磨、煤磨、水泥磨等产生的机械性噪声，空压机以及罗茨风机等发出的空气动力性噪声。

2. 建材行业噪声污染的特点

磨机是水泥企业重要的粉磨设备，以球磨机为例，工作时筒体转动，钢球与钢球、钢球与筒体、钢球与物料等相互撞击后产生的机械噪声由筒体表面向外辐射，声压级在85～105dB(A)。其特点是噪声级高、频带宽、传播距离远，不仅影响操作工人的身体健康，而且对周围环境造成严重污染。新型干法水泥厂基本上采用立式磨粉磨生料，生料磨的噪声较传统管磨低。

风机是水泥企业主要的排风和供风设备，如水泥厂水泥磨、原料磨、窑尾、电除尘器等都有排风机。风机工作时由于进出口空气摩擦及风机振动会产生噪声，其噪声特点是声压级高、频带宽，声压级一般都在90～120dB(A) 甚至以上。

总之，建材行业声源点固定、声源种类复杂、声源分布广、声压级别高，如原料磨、煤磨、水泥磨、风机、空压机等声压级都在85～120dB(A)，属于强噪声源。

3. 建材行业噪声治理措施

（1）合理布局噪声设备 水泥厂应综合考虑噪声设备整体布局的合理性。高噪声的磨机、风机等噪声设备所在车间的布置，应尽可能远离厂前区、车间办公室、化验室等对噪声敏感的区域。如果条件允许，可用仓库、食堂、围墙等对噪声不敏感的建筑物作屏障隔声，或利用自然地形降低噪声。

（2）采用低噪声设备 尽量采用低噪声设备，如用立磨或辊压机替代管磨机，可降噪20dB(A)。

（3）球磨机降噪 球磨机是水泥厂重要的设备，也是水泥企业的强噪声源，其声压级可达105dB(A)，通常采用隔声罩、隔声屏、筒体阻尼包覆、橡胶衬板代替锰钢衬板、非球形钢研磨体等措施进行降噪，仅能降噪到100dB(A) 左右，降噪效果不理想，要使噪声级降低到85dB(A) 以下，较理想的途径是采用隔声室。隔声室降噪就是将球磨机运转区域进行

封闭，降低球磨机噪声。一般水泥企业的球磨机房为两面或三面砖墙，砖墙本身的隔声量和阻尼作用已经很大，不做考虑。隔声室设计时，重点是考虑门、窗和磨房内墙，通常是安装隔声门，设置隔声窗，对隔声室内梁柱及屋顶进行隔声和吸声处理。

（4）风机降噪　风机也是水泥厂一大噪声源，特别是新型干法水泥厂的窑尾排风机和熟料篦冷机，噪声都高达105dB。对风机进行降噪处理，是减少水泥企业噪声的重要方面。具体措施是：风机的进出口管道安装消声器；风管用阻尼材料外包扎减少通风管传播噪声或使用阻尼涂料粉刷风机、风管；增大增重风机、电机基础及采用橡胶隔振垫等隔振措施，也可用密封罩密封风机等；风机房屋采用吸声的墙体，如多孔混凝土砌块、内贴吸声材料或采用双层隔声墙处理等。

五、环境噪声标准

环境噪声标准是为保护人群健康和生存环境，对噪声容许范围所作的规定，以保护人的听力、睡眠休息、交谈思考为依据，具有先进性、科学性和现实性。近年来，我国根据生理与心理学研究结果，结合我国人民工作、学习和生活现状，提出了适合我国的环境噪声允许范围，见表12-4。

表12-4　噪声允许范围　　单位：dB(A)

人的活动	最高值	理想值
体力劳动(听力保护)	90	70
脑力劳动(语言清晰度)	60	40
睡眠	50	30

户外和室内有着不同的标准，见表12-5和表12-6。中国城市区域户外环境噪声标准，执行的是《工业企业厂界环境噪声排放标准》(GB 12348—2008)；室内噪声标准分为住宅和非住宅两种，住宅室内噪声标准是根据生活安静的要求和所在区域环境噪声标准，参考住宅窗户条件制定的，国际标准化组织（ISO）规定一般应低于所在区域的环境噪声标准20dB(A)。我国住宅室内的标准规定为低于所在区域环境噪声标准10dB(A)，因为中国城市有较多的小工厂紧靠住宅。非住宅的室内噪声标准，是根据房间用途规定的。

表12-5　我国城市区域环境噪声标准　　单位：dB(A)

类别	昼间	夜间
0	50	40
1	55	45
2	60	50
3	65	55
4	70	55

注：1. 0类标准适用于疗养区、高级别墅区、高级宾馆区等特别需要安静的区域。位于城郊和乡村的这一类区域分别按严于0类标准执行。

2. 1类标准适用于以居住、文教机关为主的区域。乡村居住环境可参照执行该类标准。

3. 2类标准适用于居住、商业、工业混杂区。

4. 3类标准适用于工业区。

5. 4类标准适用于城市中的道路交通干线道路两侧区域，穿越城区的内河航道两侧区域。穿越城区的铁路主、次干线两侧区域的背景噪声（指不通过列车时的噪声水平）限值也执行该类标准。

表 12-6　室内允许噪声标准　　　　单位：dB(A)

标准国别	建筑物、室内活动性质	标准值(L_{Aeq})		
		平均		最大
ISO	语言办公室	35～60		
中国	学校教室	40～50		55
	住宅	卧室	40～45	50
		起居室	45～50	
	医院	病房	40～45	50
		门诊	55	60
		手术室	45	50
中国	旅馆	客房	40～45	55
		会议室	45～50	

第三节　其他物理性污染与防治

一、光污染与防治

光污染已经成为继大气污染、水污染、噪声污染、固体废物污染之后的第五大污染，是21世纪直接影响人类健康的又一大环境杀手。

1. 光污染的概念

光污染是一种新型的环境污染，指由人工光源导致的违背人生理与心理需求或有损于生理与心理健康的现象。包括眩光污染、射线污染、光泛滥、视单调、视屏蔽、频闪等。

2. 光污染的分类

国际上一般将光污染分成三类，即白亮污染、人工白昼和彩光污染。

（1）白亮污染　是指阳光照射强烈时，城市里建筑物的玻璃幕墙、釉面砖墙、磨光大理石和各种涂料等装饰反射光线，明晃白亮、耀眼夺目。据测定白色的粉刷面光反射系数为69%～80%，而镜面的反射系数为82%～90%，比绿色草地、森林、毛砖装饰的建筑物的反射系数大10倍左右，大大超过了人体所能承受的范围。专家研究发现，长时间在白亮污染环境下工作和生活的人，视网膜和虹膜都会受到不同程度的损害，视力急剧下降，白内障的发病率高达45%；还使人头昏心烦，甚至出现失眠、食欲下降、情绪低落、身体乏力等类似神经衰弱的症状。

（2）人工白昼　夜幕降临后，商场、酒店的广告灯、霓虹灯闪烁夺目，令人眼花缭乱。有些强光束甚至直冲云霄，使得夜晚如同白天一样，即所谓人工白昼。在这样的不夜城里，人们在夜晚难以入睡，扰乱了人体正常的生物钟，导致白天工作效率低下。人工白昼还会伤害鸟类和昆虫，强光可能破坏昆虫在夜间的正常繁殖过程。

（3）彩光污染　娱乐场所等安装的黑光灯、旋转灯、荧光灯以及闪烁的彩色光源构成了彩光污染。据测定，黑光灯所产生的紫外线强度大大高于太阳光中的紫外线，且对人体的有害影响持续时间长。人们如果长期接受这种照射，可诱发流鼻血、脱牙、白内障，甚至导致白血病和其他癌变。彩色光源让人眼花缭乱，不仅对眼睛不利，而且干扰大脑中枢神经，使人感到头晕目眩，出现恶心呕吐、失眠等症状。科学家最新研究表明，彩光污染不仅有损人的生理功能，还会影响心理健康。

3. 光污染的危害

（1）对人体的危害　光污染首先危害的是人的眼睛。光污染会对人眼的角膜和虹膜造成很大的伤害，引起人的视觉疲劳和视力下降。有人做过一个有趣的调查：晚上开灯睡觉的小孩，长大后患近视的风险要比其他小孩高。2 岁前就有开灯睡觉习惯的孩子，近视率为 55%，而习惯熄灯睡觉的孩子，近视率只有 10%。知名眼科专家储仁远教授表示，造成现在青少年近视的主要原因，并非用眼习惯所致，而是视觉环境受到污染。影响视力的光污染主要是眩光、闪烁光等。光污染还与白内障的高发病率有关，如果人长期在光污染的环境下生活，不仅眼睛受到伤害，而且还会出现头昏心烦、情绪低落、身体乏力、食欲下降、恶心呕吐等类似神经衰弱的症状。

强烈的光照灯光、长时间的电视和电脑显示屏光可能导致儿童性早熟。这是由人体内松果体分泌的褪黑激素引起的，褪黑激素能抑制腺垂体促性腺激素的释放，可以防止性早熟。当人在夜间进入睡眠状态时，松果体会分泌大量的褪黑激素，天亮时便会停止分泌。人类的松果体一般在儿童中期发育至高峰，抑制性腺的过早发育；但从 7～10 岁起，松果体开始退化，性机能随之慢慢增强。儿童若受过多的光线照射，会减少松果体褪黑激素的分泌，导致性早熟或生殖器过度发育。

（2）对野生动植物的危害　光污染不仅危及人类，而且也危及野生动植物。有的科学家认为，光污染就像有毒的化合物一样，对一些物种造成生理上的压力和伤害。人间灯火会扰乱夜间活动的动植物的生理节奏，干扰它们的正常生活。有一种树蛙喜欢在晚上鸣叫，如果周围有强烈的灯光，它就不再出声。雄蛙如果不叫，就无法吸引雌蛙繁殖后代。长此下去，会影响到树蛙的生存。蝙蝠、绝大多数小型食肉动物和啮齿类动物、20%的灵长类动物以及 80%的有袋动物等在夜间活动的动物，它们都会成为光污染的直接或间接受害者。

鸟类更是光污染的受害者。夜间飞行的鸟依靠星光和月光导航，建筑物上炫目的灯光会使飞鸟迷失方向，特别是在雾、雨天的后半夜，有的鸟误撞高楼，坠落在地上；有的像飞蛾扑火那样，扑扇着翅膀绕着亮灯的高楼转圈，直到力竭坠地而亡。研究人员还发现光污染会影响鸟类繁殖行为的时间。

（3）对大气生活环境的影响　意大利和美国的科研小组发现，全球有 2/3 地区的居民看不到星光灿烂的夜空，接近一半的地球人无法用肉眼看到银河系。尤其在西欧和美国，高达 99%的居民看不到星空。在北美、西欧、日本和韩国的大部分地区，夜晚已经变成了不暗的黄昏。过度的城市夜景照明会危害正常的天文观测。据估计，如果城市上空夜间的亮度每年以 30%的速度递增，会使天文台丧失正常的观测能力，这已成为困扰世界天文观测的一个难题。

烈日下驾车行驶的司机会遭到玻璃幕墙反射光的突然袭击，造成人的突发性暂时失明和视力错觉，会瞬间遮住司机的视野，或使其感到头晕目眩，严重危害行人和司机的安全。眼睛受到强烈刺激，极易引起视觉疲劳，导致驾驶员出错，发生意外交通事故。

光污染会给人们的日常生活带来不便。在夏天，经玻璃幕墙反射的光进入附近居民楼房内，增加了室内的温度（上升 4～6℃）和亮度，大大超过了人体所能承受的范围，影响正常的生活。有些玻璃幕墙是半圆形的，反射光汇聚还容易引起火灾。

4. 光污染的防治

造成光污染的原因主要有两种：一是亮度过大，超过正常工作、生活所需量；二是光源分布不合理。防治光污染的总体方略是以防为主，防治结合。在开始规划和建设城市夜景照明时就应该考虑防止光污染的问题，从源头防治光污染，实现建设城市照明、保护夜空的要求。

（1）提高光污染防治的意识　光污染产生的根源在于人们缺乏对光污染的深刻认识，应大力宣传夜景照明产生光污染的危害，提高人们防治光污染的意识。对那些正在计划建设城市照明的城市务必在计划时就考虑防治光污染问题，做到未雨绸缪，防患于未然；对已产生光污染的城市，应立即采取措施，把光污染消除在萌芽状态。

（2）加强城市规划与管理　根据城市的性质和特征，从宏观上按点、线、面相结合的原则，认真做好整个城市的夜景照明总体规划。设计人员要精心设计，不要任意提高照度、随意增加照明设备。

（3）采取积极的防治措施　一是尽量不用大面积的玻璃幕墙采光，减少污染源。二是多建绿地，扩大绿地面积，实施绿化工程，改平面绿化为立体绿化，大力植树种草，将反射光改为漫反射，从而达到防治光污染的目的。三是限定夜景照明时间，改造已有照明装置。四是采用新型照明技术，采用节能效果好的照明器材。五是灯光照明设计时，合理选择光源、灯具和布灯方案，尽量使用光束发散角小的灯具，并在灯具上采取加遮光罩或隔片的措施，将防治光污染的规定、措施和技术指标落实到工程上，严格限制光污染的产生。

（4）制定光污染防治的法律法规　政府应该制定和实施相关法律法规，对光污染进行规范和限制。规定合理的光照强度和分布标准，对超过标准的照明设备进行处罚。同时，政府还应该加强对光照设备制造商和使用者的监管，确保他们遵守相关规定。目前，我国没有专门的光污染的法律法规。2022年8月1日起，新修正的《上海市环境保护条例》正式实施，新增了防治“光污染”的内容，成为我国首部纳入光污染治理的地方性环境保护法规。这项法规的颁布实施，为治理城市光污染打下了坚实的基础。

（5）加强宣传和教育　人们对光污染的认识和了解程度还相对较低，需要加强宣传和教育，提高人们的环境意识和生态保护意识。通过组织相关的宣传活动、培训和讲座等，普及光污染的知识，引导公众正确使用光照设备。

二、热污染与防治

1. 热污染的概念

自然界中局部的热能转换和人类所从事的种类繁多的生活、生产活动向环境排放热量，当热量超过环境所允许的极限（环境容量）时，环境质量发生恶化，使人们的生活、工作、健康、精神状态、设备财产以及生态环境等遭受到恶劣影响和破坏，此类现象为热污染。

2. 热污染的分类及来源

热污染主要包括水体热污染与大气热污染。由于向水体排放温水，水体温度升高到有害程度，引起水质发生物理、化学和生物的变化，称为水体热污染。水体热污染主要是由于工业冷却水的排放，其中以电力工业为主，其次为冶金、化工、石油、造纸和机械工业等。按照大气热力学原理，现代社会生产、生活中的一切能量都可转化为热能扩散到大气中，大气温度升高到一定程度，引起大气环境发生变化，形成大气热污染。特别是大量消耗煤炭、石油等矿物资源产生的大量二氧化碳和二氧化硫气体排入大气，这些气体在大气层中含量不断增多，削弱了地球大气层抵御太阳紫外线的能力，形成“温室效应”，致使地球表面温度不断升高。

3. 热污染的危害

（1）危害人体健康 热污染对人体健康构成严重危害，降低人体的正常免疫功能。高温不仅会使体弱者中暑，还会使人心率加快，引起情绪烦躁、精神萎靡、食欲不振、思维反应迟钝、工作效率低。高温助长了多种病原体、病毒的繁殖和扩散，易引起疾病，特别是肠道疾病和皮肤病。

（2）影响全球气候变化 随着人口和耗能数量的增多，人类使用的全部能量最终将转化为热能，传入大气，逸向太空。这样，地面对太阳热的反射率增高，吸收太阳辐射热减少，沿地面空气热减少，上升气流减弱，阻碍云雨形成，造成局部干旱，影响农作物生长。由于全球气候变暖，空气中水蒸气相对较少，干旱地区明显增多，土地干裂、河流干涸、沙化严重。热污染还可能破坏大片海洋从大气层中吸收 CO_2 的能力，热污染使得吸收 CO_2 能力较强的单细胞水藻死亡，而使吸收 CO_2 能力较弱的硅藻数量增加。如此引起恶性循环，使地球变得更热。热污染使海水温度升高，使海藻、浮游生物和甲壳类动物等物种栖息的珊瑚礁和极地海岸周围的冰架遭到破坏，同时滋生了未知细菌和病毒，威胁着生物的安全和人类的健康。

（3）污染大气 人类使用的全部能源最终转化为一定的热量进入大气环境，使大气增温，同时煤、石油、天然气等矿物质在利用过程中燃烧产生大量 CO_2 也会使气温上升，这些热量将会对大气环境产生严重影响。

（4）污染水体 火力发电厂、核电站、钢铁厂冷却系统排出的热水，以及石油、化工、造纸等工厂排出的生产性废水中含有大量废热，影响水质和水中生物，使水体富营养化，传染病蔓延，有毒物质毒性增大，能量消耗增加且威胁企业生产安全。

4. 热污染的防治

① 在源头上，应尽可能多地开发和利用太阳能、风能、潮汐能、地热能等可再生能源。

② 加强绿化，增加森林覆盖面积。绿色植物具有光合作用，可以吸收 CO_2，释放 O_2，还可以产生负离子。植物的蒸腾作用可以释放大量水蒸气，增加空气湿度，降低气温。林木还可以遮光、吸热、反射长波辐射，降低地表温度。绿色植物对防治热污染有巨大的可持续生态功能。

③ 提高热能转化和利用率及对废热的综合利用。如在热电厂、核电站的热能向电能的转化，工厂以及人们平时生活中热能的利用上，都应提高热能的转化和使用效率，把排放到大气中的热能和 CO_2 降低到最小量。在电能的消耗上，应使用良好设计的节能、散发额外热能少的电器等。这样做，既节省能源，又有利于环境。另外，产生的废热可以作为热源加以利用。如用于水产养殖、农业灌溉、冬季供暖、预防水运航道和港口结冰等。

④ 有关职能部门应加强监督管理，制定法律、法规和标准，严格限制热排放，提高冷却排放技术水平，减少废热排放。我国没有专门的防治热污染的法律法规，《中华人民共和国海洋环境保护法》第五十四条规定：“向海域排放含热废水，必须采取有效措施，保证邻近自然保护地、渔业水域的水温符合国家和地方海洋环境质量标准，避免热污染对珍稀濒危

海洋生物、海洋水产资源造成危害。”这一条款直接针对了海洋环境中的热污染问题，并规定了相应的防治措施。

三、放射性污染与防治

1. 放射性污染的概念及特点

（1）放射性污染的概念　某些物质的原子核能发生衰变，放出我们肉眼看不见也感觉不到的射线，这种性质被称为放射性。具有这种性质的物质被称为放射性物质。放射性物质放出的射线主要有α射线、β射线、γ射线、正电子、质子、中子、中微子等其他粒子。这些射线对人体和环境都有潜在的危害。

放射性污染是指由于人类活动造成物料、人体、场所、环境介质表面或者内部出现超过国家标准的放射性物质或者射线，从而危害人类健康的现象。

（2）放射性污染的特点　放射性污染具有长期危害性，处理难度大且处理技术复杂。

2. 放射性污染的来源

（1）天然来源

① 宇宙射线。来自宇宙空间的高能粒子辐射。

② 地球上的天然放射性源。存在于地表、大气和水圈的天然放射性源。例如，岩石、土壤、空气、水、动植物、建筑材料、食品甚至人体内都有天然放射性核素的存在。地壳是天然放射性核素的重要储存库，尤其是原生放射性核素，如铀、钍系等。

（2）人为来源

① 核工业排放的废物。原子能工业中核燃料的提炼、精制和核燃料元件的制造，都会有放射性废弃物的产生和废水、废气的排放。这些放射性“三废”都有可能造成污染。

② 核武器试验的沉降物。进行大气层、地面或地下核试验时，排入大气中的放射性物质与大气中的飘尘相结合，由于重力作用或雨雪的冲刷而沉降于地球表面。

③ 医疗照射引起的放射性。医疗检查和诊断过程中，患者身体都要受到一定剂量的放射性照射。例如，进行一次肺部X光透视，会接受0.02～0.1mSv的剂量；进行一次胃部透视，会接受0.015～0.03Sv的剂量。

④ 科研放射性废物。科研工作中广泛地应用放射性物质，如金属冶炼、自动控制、生物工程、计量等研究部门几乎都有涉及。

⑤ 人工放射性核素的应用。如夜光表、彩色电视机等生活消费品，以及含铀、镭量高的花岗岩和钢渣砖等建筑材料，它们的使用也会增加室内的辐射强度。

（3）放射性元素　常见的放射性元素包括镭（^{226}Ra）、铀（^{235}U）、钴（^{60}Co）、钋（^{210}Po）、氘（^{2}H）、氩（^{41}Ar）、氪（^{35}Kr）、氙（^{133}Xe）、碘（^{131}I）、锶（^{90}Sr）、钷（^{147}Pm）、铯（^{137}Cs）等。

3. 放射性污染的危害

放射性污染很难消除，射线强弱只能随着时间的推移而减弱。对人体健康、环境和生态系统有着长期的影响。

（1）对人体健康的危害

① 辐射损伤：放射性物质释放的射线可以直接损伤人体细胞，导致细胞死亡或变异，长期暴露可能引发癌症、白血病等恶性疾病。

② 遗传效应：辐射可能改变人体细胞的遗传物质，导致基因突变或染色体畸变，进而增加遗传性疾病的风险，并对后代产生不良影响。

③ 急性放射病：在辐射剂量较高的情况下，人体可能出现急性放射病，表现为恶心、呕吐、腹泻、发热、头痛等症状，严重时可能危及生命。

(2) 对环境的危害　放射性物质进入土壤、水体和大气后，可能长期存在并积累，进入土壤和水体的污染物会导致农作物、水生生物等受到污染，放射性物质在大气中的扩散还会导致大气环境受到污染，影响人类和动植物的呼吸健康。

(3) 对生态系统的危害　放射性物质对生态系统的破坏会导致生物种群数量减少、生态平衡失衡；放射性物质在生态系统中的积累会导致生物体内放射性物质浓度升高，对生物体的正常生长和繁殖产生不良影响；放射性污染还会导致某些物种的遗传变异或灭绝，对生物多样性产生负面影响。

4. 放射性污染的防治

放射性污染对人体的危害，主要发生在封闭性放射源的工作场所和放射性“三废”物质的处理、处置等过程中，具体防护措施有如下几种。

① 时间防护。在具有特定辐射剂量的场所，工作人员所受到的辐射累积剂量与人体在该场所停留的总时间成正比。所以工作人员应尽量做到操作快速、准确，或采取轮流操作方式，以减少每个操作人员受辐射的时间。

② 距离防护。点状放射性污染源的辐射剂量与污染源到受照者之间的距离的平方成反比，人距离辐射源越近接受的辐射剂量越大，所以工作人员应尽可能远离放射源进行操作。

③ 屏蔽防护。根据各种放射性射线在穿透物体时被吸收和减弱的原理，可采用各种屏蔽材料来吸收降低外照射剂量。α射线射程短穿透力弱，一般不考虑屏蔽问题；β射线穿透力较大，常用质量较轻的材料，如铝板、塑料板、有机玻璃等；γ射线和X射线穿透力强、危害大，屏蔽时应采用足够厚度和密度的材料，如铅、铁、钢或混凝土构件；对于中子射线，一般采用含硼石蜡、水、锂、铍和石墨等作为慢化及吸收中子的屏蔽材料。

四、电磁辐射污染与防治

1. 电磁辐射污染的概念

电磁辐射是由振荡的电磁波产生的。在电磁振荡的发射过程中，电磁波在自由空间以一定速度向四周传播，这种以电磁波传递能量的过程或现象称为电磁波辐射，简称电磁辐射。

人类使用产生电磁辐射的器具而泄漏的电磁能量流传播到室内外空间中，其量超出环境本底值，且其性质、频率、强度和持续时间等综合影响而引起周围人群的不适感，并使人体健康和生态环境受到损害的现象，称为电磁辐射污染，简称电磁污染。

2. 电磁辐射污染的来源

电磁辐射污染的来源按其产生方式可分为天然来源和人工来源两种。

天然电磁辐射源产生于自然界，由某些自然现象所引起，例如雷电、云层放电、太阳黑子活动、火山爆发等。它们的射频辐射场与人工产生的电磁辐射相比，小到可以忽略不计。因此，目前环境中的电磁辐射污染主要来源于人工辐射源。

人工电磁辐射产生于人工制造的若干系统，在正常工作时所产生的各种不同波长和频率的电磁波。影响较大的包括电力系统、广播电视发射系统、移动通信系统、交通运输系统、工业与医疗科研高频设备等。

3. 电磁辐射污染的危害

大功率的电磁辐射能可以作为能源加以利用，但也有产生环境污染乃至危害的不利因素。电磁辐射可能造成的危害有以下几个方面。

（1）引燃引爆　极高频辐射场可使导弹系统控制失灵，造成电爆管效应的提前或滞后；更为严重的是高频电磁的振荡可使金属器件之间相互碰撞而打火，引起火药、可燃油类或气体燃烧爆炸。

（2）干扰信号　电磁辐射可直接影响电子设备、仪器仪表的正常工作，造成信息失真、控制失灵，以致酿成大祸。如，会引起火车、飞机、导弹或人造卫星的失控；干扰医院的脑电图和心电图等信号，使之无法正常工作。

（3）危害人体健康　电磁辐射可对人体产生不良影响，其影响程度与电磁辐射强度、接触时间、设备防护措施等因素有关，若人体长期受到较强的电磁辐射，将造成中枢神经系统及植物神经系统机能障碍与失调。常见的有头晕、头痛、乏力、睡眠障碍、记忆力减退等为主的神经衰弱综合征及食欲不振、脱发、多汗、心悸、女性月经紊乱等症状。反映在心血管系统可见心律不齐、心动过缓等。微波对人身的影响除上述症状外，还可能造成眼睛损伤（如晶体浑浊、白内障等），甚至会影响男性睾丸功能。

4. 电磁辐射污染的防治

（1）减少泄漏　工作前必须调整好设备，使之处于最佳状态，避免因负荷过小导致高频功率以驻波形式向周围发射。在调试大功率高频及微波设备时，应在系统终端安接功率吸收器或等效天线，以防能量向空间环境泄漏。

（2）合理布局　在居民密集的生活区、生活点不宜设置高频与微波设备，尤其勿架装天线设施。当需临时架设微波发射天线等设备时，应尽量避开居民区。

（3）采取有效治理措施　针对不同类型的辐射源应根据具体情况，分别采取屏蔽技术、隔离技术、接地技术、吸收材料等有效治理措施，使泄漏量最大限度地减少，达到消除污染的目的。

（4）加强个人防护　要避免电磁辐射的直接影响，除了要注意设备性能、操作技术与辐射源间距外，作业人员需要做好个人防护，穿戴特别配备的防护服、防护目罩、头盔等防护用品。

复习思考题

1. 噪声源的分类及来源有哪些？
2. 噪声的特征有哪些？
3. 噪声污染的危害有哪些？
4. 控制噪声必须考虑的因素是什么？
5. 简述光污染的来源及危害。
6. 对噪声进行控制，可以从哪几方面着手？其中最有效的方法是什么？
7. 电磁辐射污染的危害及防护措施是什么？
8. 消声与吸声在原理上有什么区别？

9. 简述放射性污染的特点和来源。

10. 放射性污染的危害和处理方法是什么？

11. 你认为在城市发展过程中，应该如何有效地控制噪声污染？

12. 交通噪声是城市噪声的主要来源，请分析如何解决城市交通发展与交通噪声的矛盾。

阅读材料

噪声竟能“杀”人

在现实生活中，因噪声引发的激烈冲突乃至悲剧事件并不少见。

1. 德国萨尔布吕肯派对噪声致死事件

2018年10月12日凌晨，在德国萨尔州首府萨尔布吕肯的一栋公寓楼里，4楼的住户举办派对，产生的噪声让69岁的退休老人不堪其扰。老人投诉后，噪声短暂停止又再次响起，随后双方发生肢体冲突，最终演变成持刀互殴，44岁的男子胸部受到致命刺伤，抢救无效死亡，老人也身负重伤。这起事件不仅夺走了两条宝贵的生命，更让人们对噪声的危害有了更深刻的认识。

2. 法国布列塔尼大区噪声枪击案

2019年，在法国布列塔尼大区，一起因噪声引发的枪击案震惊了整个社会。比利时70岁男子Raats因认为邻居Thornton一家制造噪声扰民，还砍伐了自家的树木，在晚上10时向正在自家花园玩耍的11岁英国女孩Thornton一家连开多枪，女孩不幸中枪身亡，其父母也受伤，父亲头部重伤生命垂危。这起事件再次凸显了噪声污染可能引发的极端行为，以及它对人们心理健康的严重影响。

3. 冲绳美军基地噪声扰民案

在日本冲绳，美军基地的噪声问题已成为当地居民的心头大患。飞机起降的噪声严重影响了居民的正常生活，引发了持续不断的抗议。早在1996年，日美政府就约定将基地搬迁至冲绳县内的名护市边野古地区。但这一搬迁计划遭到冲绳民众强烈反对，他们要求美军基地彻底迁出冲绳，以摆脱噪声的困扰。多年来，冲绳当地民众不断举行集会，抗议基地带来的安全事故、噪声污染等问题。此前，驻日本冲绳美军普天间基地周围3100多名居民提起诉讼，要求日本政府为美军飞机噪声给他们造成的伤害予以赔偿。本案于2022年由日本那霸地方法院冲绳支部做出一审判决，当时的判决结果要求日本政府作出约1.34×10^9日元赔偿。被告及原告双方均对该结果不服，提起上诉。

经过多年的抗争，2025年2月21日，日本福冈高等法院那霸支部作出二审判决，维持一审判决结果，认定美军机噪声扰民的事实，并维持一审判决的赔付标准。但由于二审与一审判决之间过去了约3年时间，这段时间被纳入赔偿范围内，共要求日本政府向原告方赔偿约22亿日元。

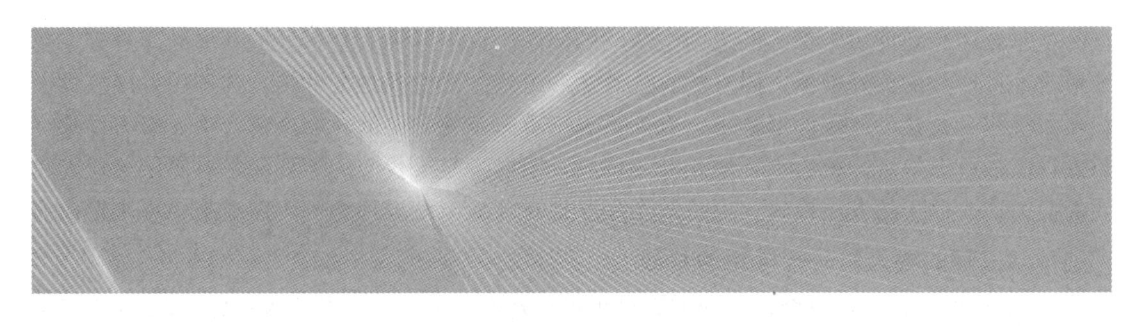

第十三章 可持续发展战略

【内容提要】本章主要介绍了可持续发展、清洁生产、循环经济、绿色产品、低碳经济等相关基本知识；重点介绍了可持续发展的概念、内涵、基本原则，可持续发展战略的指标体系及实施可持续发展的基本途径。

【重点要求】掌握可持续发展的概念、内涵和基本原则。熟知实施可持续发展的基本途径。了解清洁生产、绿色产品、低碳经济及生态工业的有关概念。

随着全球化的加速和科技的迅猛发展，人类活动对自然环境的影响日益显著，资源短缺、环境污染、生态失衡等问题日益凸显。面对这些挑战，可持续发展战略成了全球共识，它旨在实现经济发展、社会公正和环境保护的协调统一。

近年来，我国为推动可持续发展战略作出了巨大的努力，相继出台了《关于加快推进生态文明建设的意见》、《中国落实2030年可持续发展议程创新示范区建设方案》、《关于加快发展节能环保产业的意见》和《关于推进绿色“一带一路”建设的指导意见》等一系列国家及国际合作与交流的政策。目前，已取得了显著的成就。联合国全球可持续发展战略研究院创始人，2024年6月在《中国日报》撰文称，中国正在大力推动可持续发展，力争2030年前实现碳达峰、2060年前实现碳中和，为其他国家树立了榜样。当然，可持续发展战略不是哪一个国家、哪一代人能够完成的，它需要世世代代的所有人都参与其中，共同完成。我们每个人，尤其当代年轻人更应该树立可持续发展的观念，理解可持续发展的内涵、重要性和紧迫性，弘扬社会责任感，在发展经济的同时保护环境。

第一节 可持续发展的概念及内涵

一、可持续发展的由来

发展是人类社会不断进步的永恒主题。

工业革命以后，随着科学技术的进步和社会生产力的提高，人类一跃成为大自然的主宰，创造了前所未有的物质财富。可就在人类对科学技术和经济发展的累累硕果津津乐道之时，却不知不觉地步入了自己挖掘的陷阱，世界人口急剧膨胀、资源被过度消耗和浪费、严重的生态破坏和环境污染都已经成为全球性的问题。以上种种始料不及的环境问题击碎了单纯追求经济增长的美好神话，固有的思想观念和思维方式受到强大冲击，传统的发展模式面临严峻挑战。在这种严峻的形势下，人类不得不重新审视自己的社会经济行为，努力寻求一条人口、资源、经济、社会和环境相互协调的，既能满足当代人的需要又不对满足后代人需要的能力构成危害的发展模式。可持续发展思想在环境与发展理念的不断更新中逐步形成。

1.《寂静的春天》——早期的反思

“可持续性”是一个概念，我国道家思想很早就有“道法自然”的古朴思想，《淮南子·主术训》中写道“先王之法，不涸泽而渔，不焚林而猎”。西方早期的一些经济学家如马尔萨斯、李嘉图等，也较早认识到人类消费的物质限制，即人类经济活动存在着生态边界。

20世纪中叶，随着环境污染的日趋加重，特别是西方国家公害事件的不断发生，环境问题频频困扰人类。20世纪50年代末，美国海洋生物学家蕾切尔·卡森（Rachel Carson）在潜心研究美国使用杀虫剂所产生的种种危害之后，于1962年发表了环境保护科普著作《寂静的春天》。作者通过对污染物富集、迁移、转化的描写，阐明了人类同大气、海洋、河流、土壤、动植物之间的密切关系，初步揭示了污染对生态系统的影响。她告诉人们：“地球上生命的历史一直是生物与其周围环境相互作用的历史……只有人类出现后，生命才具有了改造其周围大自然的能力。在人对环境的所有改造中，最令人震惊的，是空气、土地、河流以及大海受到各种致命化学物质的污染。这种污染是难以恢复的，因为它们不仅进入了生命赖以生存的世界，而且进入了生物组织内。”她还向世人呼吁，我们长期以来前进的道路，容易被人误认为是一条可以高速前进的平坦、舒适的超级公路，但实际上，这条路的终点却潜伏着灾难，另外的道路则为我们提供了保护地球的唯一的机会。这“另外的道路”究竟是什么样的，卡森没能确切告诉我们，但是，卡森的警告还是唤醒了人们，从那时起，环境保护作为一个崭新的词汇经常在科学讨论中出现。卡森的思想在世界范围内引起了人类对自身行为和观念的深入反思。在随后的时间里，人类面临的环境问题越来越严重。面对如此众多的环境问题，越来越多的人进行了严肃的思考。人们发现，环境问题的出现总是和经济发展同步，经济的发展则是由人类驱使，人类开始发挥自己的聪明才智，研究环境和发展二者之间的关系。

2.《增长的极限》——一服清醒剂

随着科学的进步，人类活动的影响已经不仅在地球的范围内了，人类创造高度的文明却破坏了环境，过度地消耗了资源，环境和资源对人类发展的负面效应也越来越大，此时，已经出现了一种对人类和环境都不利的恶性循环。1972年以麻省理工学院德内拉·梅多斯为首的研究小组，针对长期流行于西方的高增长理论进行了深刻反思，写出了一份研究报告——《增长的极限》。报告深刻阐明了环境的重要性以及资源与人口之间的基本联系。由于世界人口增长、粮食生产、工业发展、资源消耗和环境污染这五项基本因素的运行方式是指数增长而非线性增长，全球的增长将会因为粮食短缺和环境破坏于某个时段内达到极限。就是说，地球的支撑力将会达到极限，经济增长将发生不可控制的衰退。因此，要避免因超越地球资源极限而导致世界崩溃的最好方法是限制增长，即“零增长”。

《增长的极限》一发表，在国际社会特别是在学术界引起了强烈的反响。该报告在促使人们密切关注人口、资源和环境问题的同时，因其反增长情绪而遭受到尖锐的批评和责难。因此，引发了一场激烈的、旷日持久的学术之争。一般认为，由于种种因素的局限，《增长的极限》的结论和观点，存在十分明显的缺陷。但是，报告所表现出的对人类前途的“严肃的忧虑”以及其唤起的人类自身觉醒，其积极意义是毋庸置疑的。它所阐述的“合理的、持久的均衡发展”，为孕育可持续发展的思想提供了土壤。

3.《人类环境宣言》——全球的觉醒

1972年，联合国人类环境会议在斯德哥尔摩召开，来自世界113个国家和地区的代表汇聚一堂，共同讨论环境对人类的影响问题。这是人类第一次将环境问题纳入世界各国政府和国际政治的议程。大会通过的《人类环境宣言》宣布了37个共同观点和26项共同原则。它向全球呼吁，现在已经到达历史上这样一个时刻，我们在决定世界各地的行动时，必须更加审慎地考虑它们对环境产生的后果。由于无知或不关心，我们可能给幸福生活所依赖的地球环境造成巨大的无法挽回的损失。因此，保护和改善人类环境是关系到全世界各国人民的幸福和经济发展的重要问题，是全世界各国人民的迫切希望和各国政府的责任，也是人类的紧迫目标。各国政府和人民必须为着全体人民和自身后代的利益而作出共同的努力。

作为探讨保护全球环境战略的第一次国际会议，联合国人类环境会议的意义在于唤起了各国政府共同对环境问题，特别是对环境污染的觉醒和关注。尽管会议对整个环境问题认识比较粗浅，对解决环境问题的途径尚未确定，尤其是没能找出问题的根源和责任，但是，它正式吹响了人类共同向环境问题发出挑战的进军号。各国政府和公众的环境意识，无论是在广度上还是在深度上都向前迈进了一步。

4.《我们共同的未来》——重要飞跃

20世纪80年代伊始，联合国本着必须研究自然的、社会的、生态的、经济的以及利用自然资源过程中的基本关系，确保全球发展的宗旨，于1983年成立了以挪威首相布伦特兰夫人任主席的世界环境与发展委员会（WCED）。联合国要求其负责制订长期的环境对策，研究能使国际社会更有效地解决环境问题的途径和方法。经过3年多的深入研究和充分论证，该委员会于1987年向联合国大会提交了研究报告《我们共同的未来》。

《我们共同的未来》分为“共同的问题”“共同的挑战”“共同的努力”三大部分。报告将注意力集中于人口、粮食、物种和遗传资源、能源、工业和人类居住等方面。在系统探讨了人类面临的一系列重大经济、社会和环境问题之后，提出了“可持续发展”的概念。报告深刻指出，在过去，我们关心的是经济发展对生态环境的影响，而现在，我们正迫切地感到生态的压力给经济发展所带来的重大影响。因此，我们需要有一条新的发展道路，这条道路不是一条仅能在若干年内、在若干地方支持人类进步的道路，而是一直到遥远的未来都能支持全球人类进步的道路。这实际上就是卡森在《寂静的春天》中没能提供答案的、所谓的“另外的道路”，即“可持续发展道路”。布伦特兰鲜明、创新的科学观点，把人们从单纯考虑环境保护引导到把环境保护与人类发展切实结合起来，实现了人类有关环境与发展思想的重要飞跃。

从1972年联合国人类环境会议召开到1992年的20年间，尤其是20世纪80年代以来，国际社会关注的热点已由单纯注重环境问题逐步转移到环境与发展二者的关系上来，而这一主题必须由国际社会广泛参与。在这一背景下，联合国环境与发展会议于1992年6月在巴西里约热内卢召开。共有178个国家的1.5万名代表与会，其中118个国家的国家元首或政府首脑到会讲话。会议通过了《里约环境与发展宣言》（又名《地球宪章》）和《21世纪议程》两个纲领性文件。前者是开展全球环境与发展领域合作的框架性文件，是为了保护地球永恒的活力和整体性，建立的一种新的、公平的全球伙伴关系的“关于国家和公众行为基本准则”的宣言，它提出了实现可持续发展的27条基本原则；后者则是全球范围内可持续发展的行动计划，它旨在建立21世纪世界各国在人类活动对环境产生影响的各个方面的行动规则，为保障人类共同的未来提供一个全球性措施的战略框架。此外，各国政府代表还签署了《气候变化框架公约》等国际文件及有关国际公约。可持续发展得到世界最广泛和最高级别的政治承诺。

以联合国环境与发展会议为标志，人类对环境与发展的认识提高到了一个崭新的阶段。会议为人类高举可持续发展旗帜，走可持续发展之路发出了总动员，使人类迈出了跨向新的文明时代的关键性一步，为人类的环境与发展矗立了一座重要的里程碑。

二、可持续发展的概念

在1987年联合国发表的《我们共同的未来》中，将可持续发展定义为“既满足当代人的需要、又不危及后代人满足其需要的发展”。该定义受到国际社会的普遍赞同和广泛接受。可持续发展是一种从环境和自然角度提出的关于人类长期发展的战略模式。它特别指出环境和自然的长期承载力对发展的重要性以及发展对改善生活的重要性。可持续发展既是一种新的发展论、环境论、人地关系论，又可以作为全球发展战略实施的指导思想和主导原则。可持续发展意味着维护、合理使用并提高自然资源基础，意味着在发展规划和政策中纳入对环境的关注和考虑。下面介绍几种具有代表性的可持续发展的定义。

1. 着重于自然属性的定义

可持续性的概念源于生态学，即所谓“生态持续性”（ecological sustainability），它主要指自然资源及其开发利用程度间的平衡。世界自然保护联盟（IUCN）1991年对可持续性的定义是“可持续地使用，是指在其可再生能力（速度）的范围内使用一种有机生态系统或其他可再生资源”。同年，国际生态学联合会（INTECOL）和国际生物科学联合会（IUBS）进一步探讨了可持续发展的自然属性，他们将可持续发展定义为“保护和加强环境系统的生产更新能力”，即可持续发展是不超越环境系统再生能力的发展。此外，从自然属性方面定义的另一种代表是从生物圈概念出发，即认为可持续发展是寻求一种最佳的生态系统以支持生态的完整性和人类愿望的实现，使人类的生存环境得以持续。

2. 着重于社会属性的定义

1991年，由世界自然保护联盟、联合国环境规划署和世界自然基金会共同发表了报告《保护地球：可持续生存战略》（*Caring for The Earth：A Strategy for Sustainable Living*）。其中提出的可持续发展定义是“在生存不超出维持生态系统涵容能力的情况下，提高人类的生活质量”，并进而提出了可持续生存的9条基本原则。这9条基本原则既强调了人类的生产方式与生活方式要与地球承载能力保持平衡，保护地球的生命力和生物多样性，又提出了可持续发展的价值观和130个行动方案。报告还着重论述了可持续发展的最终目标是人类社会的进步，即改善人类生活质量，创造美好的生活环境。报告认为，各国可以根据自己的国情制定各自的发展目标。但是，真正的发展必须包括提高人类健康水平，改善人类生活质量，合理开发、利用自然资源，必须创造一个保障平等、自由、人权的发展环境。

3. 着重于经济属性的定义

这类定义均把可持续发展的核心看成是经济发展。当然，这里的经济发展已不是传统意义上的以牺牲资源和环境为代价的经济发展，而是不降低环境质量和不破坏世界自然资源基础的经济发展。在《经济、自然资源、不足和发展》中，作者巴比尔（Edward B. Barbier）把可持续发展定义为："在保护自然资源的质量和其所提供服务的前提下，使经济发展的净利益增加到最大限度。"普朗克（Pronk）和哈克（Hag）在1992年为可持续发展所作的定义是："为全世界而不是为少数人的特权所提供公平机会的经济增长，不进一步消耗自然资源的绝对量和涵容能力"。英国经济学家皮尔斯（Pearce）和沃福德（Warford）在1993年合著的《世界末日》一书中，提出了以经济学语言表达的可持续发展定义："当发展能够保证当代人的福利增加时，也不应使后代人的福利减少。"而经济学家康世坦（Costanza）等人则认为，可持续发展能够无限期地持续下去，而不会减少包括各种"自然资本"存量（量和质）在内的整个资本存量的消费数量。他们还进一步定义："可持续发展是动态的人类经济系统与更为动态的、但在正常条件下变动却很缓慢的生态系统之间的一种关系。这种关系意味着，人类的生存能够无限期地持续，人类个体能够处于全盛状态，人类文化能够发展，但这种关系也意味着人类活动的影响保持在某些限度之内，以免破坏生态学上的生存支持系统的多样性、复杂性和基本功能。"

4. 着重于科技属性的定义

这主要是从技术选择的角度扩展了可持续发展的定义，倾向这一定义的学者认为："可持续发展就是转向更清洁、更有效的技术，尽可能接近'零排放'或'密闭式'的工艺方法，尽可能减少能源和其他自然资源的消耗。"还有的学者提出："可持续发展就是建立极少产生废料和污染物的工艺或技术系统。"他们认为污染并不是工业活动不可避免的结果，而是技术水平差、效率低的表现。他们主张发达国家与发展中国家之间进行技术合作，缩短技术差距，提高发展中国家的经济生产能力。

三、可持续发展的内涵

可持续发展是一个涉及经济、社会、文化、技术及自然环境的综合概念。它是一种立足于环境和自然资源角度提出的关于人类长期发展的战略和模式。这并不是一般意义上所指的在时间和空间上的连续，而是特别强调环境承载能力和资源的永续利用对发展进程的重要性和必要性，它的基本思想主要包括以下三个方面。

1. 可持续发展鼓励经济增长

它强调经济增长的必要性，必须通过经济增长提高当代人福利水平，增强国家实力和社会财富。但可持续发展不仅要重视经济增长的数量，更要追求经济增长的质量。这就是说经济发展包括数量增长和质量提高两部分。数量的增长是有限的，而依靠科学技术进步，提高经济活动中的效益和质量，采取科学的经济增长方式才是可持续的。因此，可持续发展要求重新审视如何实现经济增长。要达到具有可持续意义的经济增长，必须审视使用能源和原料的方式，改变传统的以"高投入、高消耗、高污染"为特征的生产模式和消费模式，实施清洁生产和文明消费，从而减少每单位经济活动造成的环境压力。环境退化的原因产生于经济活动，其解决的办法也必须依靠于经济过程。

2. 可持续发展的标志是资源的永续利用和良好的生态环境

经济和社会发展不能超越资源和环境的承载能力。可持续发展以自然资源为基础，同生态环境相协调。它要求在严格控制人口增长、提高人口素质和保护环境、资源永续利用的条件下，进行经济建设、保证以可持续的方式使用自然资源和环境成本，使人类的发展控制在地球的承载力之内。可持续发展强调发展是有限制条件的，没有限制就没有可持续发展。要实现可持续发展，必须使自然资源的耗竭速率低于资源的再生速率，必须通过转变发展模式，从根本上解决环境问题。如果经济决策中能够将环境影响全面系统地考虑进去，这一目的是能够达到的。但如果处理不当，环境退化和资源破坏的成本就会非常大，甚至会抵消经济增长的成果而适得其反。

3. 可持续发展的目标是谋求社会的全面进步

发展不仅仅是经济问题，单纯追求产值的经济增长不能体现发展的内涵。可持续发展的观念认为，世界各国的发展阶段和发展目标可以不同，但发展的本质应当包括改善人类生活质量，提高人类健康水平，创造一个保障人们平等、自由、受教育和免受暴力的社会环境。这就是说，在人类可持续发展系统中，经济发展是基础，自然生态保护是条件，社会进步才是目的。而这三者又是一个相互影响的综合体，只要社会在每一个时间段内都能保持与经济、资源和环境的协调，这个社会就符合可持续发展的要求。显然，在新的世纪里，人类共同追求的目标，是以人为本的自然-经济-社会复合系统的持续、稳定、健康发展。

第二节 可持续发展的基本原则

可持续发展具有十分丰富的内涵。就其社会观而言，主张公平分配，既满足当代人又满足后代人的基本需求；就其经济观而言，主张建立在保护地球自然系统基础上的经济持续发展；就其自然观而言，主张人类与自然和谐相处。从中所体现的基本原则有以下几种。

一、公平性原则

所谓公平是指机会选择的平等性。可持续发展的公平性原则包括两个方面。一是本代人的公平即代内之间的横向公平。可持续发展要满足所有人的基本需求，给他们机会以满足他们要求过美好生活的愿望。当今世界贫富悬殊、两极分化的状况完全不符合可持续发展的原则。因此，要给世界各国以公平的发展权、公平的资源使用权，要在可持续发展的进程中消除贫困。各国拥有按其本国的环境与发展政策开发本国自然资源的主权，并负有确保在其管辖范围内或在其控制下的活动，不致损害其他国家或在各国管理范围以外地区的环境的责任。二是代际间的公平即世代的纵向公平。人类赖以生存的自然资源是有限的，当代人不能因为自己的发展与需求而损害后代人满足其发展需求的条件——自然资源与环境，要给后代人以公平利用自然资源的权利。

二、持续性原则

可持续发展有着许多制约因素，其主要限制因素是资源与环境。资源与环境是人类生存与发展的基础和条件，离开了这一基础和条件，人类的生存和发展就无从谈起。因此，资源的永续利用和生态环境的可持续性是可持续发展的重要保证。人类发展必须以不损害支持地球生命的大气、水、土壤、生物等自然条件为前提，必须充分考虑资源的临界性，必须适应资源与环境的承载能力。换言之，人类在经济社会的发展进程中，需要根据可持续性原则调整自己的生活方式，确定自身的消耗标准，而不是盲目地、过度地生产和消费。

三、共同性原则

可持续发展关系到全球的发展。尽管不同国家的历史、经济、文化和发展水平不同，可持续发展的具体目标、政策和实施步骤也各有差异，但是，公平性和可持续性是一致的。要实现可持续发展的总目标，必须争取全球共同的配合行动，这是由地球整体性和相互依存性所决定的。因此，致力于达成既尊重各方的利益，又保护全球环境与发展体系的国际协定至关重要。正如《我们共同的未来》中写的“今天我们最紧迫的任务也许是要说服各国，认识回到多边主义的必要性”，“进一步发展共同的认识和共同的责任感，是这个分裂的世界十分需要的”。这就是说，实现可持续发展就是人类要共同促进自身之间、自身与自然之间的协调，这是人类共同的道义和责任。

第三节　可持续发展战略的指标体系

长期以来，人们采用国内生产总值来衡量经济发展的速度，并以此作为宏观经济政策分析与决策的基础。但是从可持续发展的观点来看，它存在着明显的缺陷，为了克服其缺陷，使衡量发展的指标更具有科学性，不少权威的世界性组织和专家都提出了一些衡量发展的新思路。

一、衡量国家财富的新标准

1995年，世界银行颁布了一项衡量国家财富的新标准，即一国的国家财富由三个主要资本组成：人造资本、自然资本和人力资本。人造资本为通常经济统计和核算中的资本，包括机械设备、运输设备、基础设施、建筑物等人工创造的固定资产；自然资本指的是大自然为人类提供的自然财富，如土地、森林、空气、水、矿产资源等；人力资本指的是人的生产能力，它包括了人的体力、受教育程度、身体状况、能力水平等各个方面。

二、人文发展指数

联合国开发计划署于1990年发布的《人类发展报告》中，第一次使用了人文发展指数（human development index，HDI，也称人类发展指数）来综合测量世界各国的人文发展状况，该指数由三个单项指数复合组成：平均寿命指数（也称健康指数）、教育水平指数（也称文化指数）和人均国内生产总值（GDP）指数（也称生活水平指数）。平均寿命指数，用出生时期望寿命来表示；教育水平指数，用成人识字率及大中小学综合入学率来表示；生活水平指数，用按购买力平价法计算的人均国内生产总值来表示。这三个指标分别反映了人的长寿水平、知识水平和生活水平。指数在0～1之间，指数越接近1，说明发展水平越高。人类发展指数从动态上对人类发展状况进行了反映，揭示了一个国家的优先发展项，为世界各国尤其是发展中国家制定发展政策提供了一定依据，从而有助于挖掘一国经济发展的潜力。通过分解人类发展指数，可以发现社会发展中的薄弱环节，为经济与社会发展提供预警。

三、绿色国民账户

现行的国民经济核算体系没有充分考虑自然资源耗减和环境质量退化的成本，因此，它无法真正反映国民经济发展成果和国民福利状况。近年来，世界银行和联合国统计委员会合作，试图将环境问题纳入正在修订的国民账户体系框架中，建立经过环境调整的国内生产净值（NDP）和经过环境调整的国内收入净值（EDI）统计体系。目前，一个使用性的框架已经问世，称为“综合环境与经济核算体系（SEEA）”，其目的在于：在尽可能地保持现有国民账户体系的概念和原则的情况下，将环境数据结合到现存的国民账户信息体系中。

四、国际竞争力评价体系

当代国际竞争力的评价体系创立于20世纪80年代，它以国际竞争力理论为依据，运用系统和科学的统计指标体系，从经济运行的事后结果和发展潜力，对一国经济运行和社会发展的综合竞争能力进行全面和系统的评价。目前，颇具影响的国际竞争力评价体系有瑞士洛桑国际管理发展学院（IMD）国际竞争力评价体系，它是由瑞士国际管理发展学院制定的。该体系运用和借鉴经济、管理和社会发展的最新理论，建立了国际竞争力成长的基本目标，对世界各国或地区国际竞争力的发展过程与趋势进行测度，分析一国或地区的国际竞争力的优劣势，并提出提升国际竞争力的发展战略与政策。从2001年开始，瑞士国际管理发展学院提出了新的国际竞争力评价体系，由新的竞争力四大要素指标取代原有的八大要素指标。这四大要素指标是经济运行竞争力、政府效率竞争力、企业效率竞争力和基础设施竞争力，四大要素指标均分别包含5个子要素。①经济运行，包括国内经济实力、国际贸易、国际投资、就业和价格子要素；②政府效率，包括公共财政、财政政策、组织机构、企业法规和社会结构子要素；③企业效率，包括生产效率、劳动市场、金融、企业管理和价值系统子要素；④基础设施，包括基本基础设施、技术基础设施、科学基础设施、健康与环境基础设施、教育子要素。这20个子要素共包含300多个指标。

五、几种典型的综合性指标

综合性指标是通过系统分析方法，寻求一种能够从整体上反映系统状况的指标，从而达到对很多单个指标进行分析的目的，为决策者提供有效信息。一个是货币型综合性指标，它以环境经济学和资源经济学为基础，其研究始于20世纪70年代的改良国民生产总值（GNP）运动。另一个是物质流或者能量流型综合性指标，它是以世界资源研究所的物质流指标为代表的指标，寻求经济系统中物质流动或者能量流动的平衡关系，反映可持续发展水平，也为分析经济、资源和环境长期协调发展战略提供了一种新思路。

第四节 可持续发展战略的实施途径

实现全球范围内的可持续发展面临诸多挑战。未来，我们需要继续深化对可持续发展战略的理解和认识，加强国际合作与交流，共同应对全球性的环境、资源和发展问题。同时，我们还需不断探索和创新可持续发展的实现路径和方式，推动经济、社会和环境的全面协调发展。目前，我们探索到的可持续发展战略的实施途径有以下几种方式。

一、自然资源的可持续利用

自然资源是人类生存和发展的基础。而自然资源的消耗速度比它们的再生速度要快得多，这意味着我们必须找到方法来可持续利用自然资源。

自然资源的可持续利用是指在资源的使用过程中，保证资源的供给不会因为使用而减少，同时也要考虑到环境和经济的平衡。在进行自然资源的利用时，应该遵循以下几点。

1. 优先使用可再生能源

可再生能源如风力、太阳能、水力等都是可以再生的，使用它们不仅可以降低碳排放，还可以避免不可再生资源的过度使用。

2. 控制不可再生资源的使用量

为了避免不可再生资源的过度使用，需要控制它们的使用量。这意味着我们应该尽可能地节约使用，同时寻找替代品，用可再生资源代替不可再生资源。例如，通过充分利用太阳能和风能，发展互联网＋智慧能源模式，推广清洁能源和高效能源使用等，可实现绿色低碳资源消耗和能源环保的可持续利用。

3. 遵循环保理念

循环经济是一种资源利用的新模式，它的关键在于将废弃物转化为新资源。如果我们能够尽可能地循环利用资源，就可以大大减少对自然资源的消耗。

总之，自然资源可持续发展的关键，就是要合理开发和利用自然资源，使可再生性资源能保持其再生能力，不可再生性资源提高资源配置利用率，实现最佳社会目标。提高可再生资源利用率是核心，节能减排是重要途径。

二、保护环境，防治污染

可持续发展的提出源于环境保护，因此，搞好环境保护是实施可持续发展的关键。环境问题产生的原因：一是人类对自然资源的过度开发利用，造成资源枯竭和生态破坏；二是人类向环境中排放了过量的污染物，导致环境质量恶化。因此，保护现有环境，防止环境被污染和治理已经被污染的环境是可持续发展战略实施的主要内容。

三、改变传统的消费模式

传统的消费模式是一种“线性过程”，即自然资源→产品和货物→利用和消费→废物抛弃。可见，线性消费本质上是一种耗竭性消费。

可持续的消费观就是提供的服务以及相关的产品能满足人类的基本需求，且能提高生活质量，同时在自然资源的利用过程中使污染物排放最少，从而保证当代人的消费不影响后代的需求。

近年来，可持续消费理念逐渐深入人心。据《2022低碳社会洞察报告》，年轻一代更加重视环境与生态问题，在环保支付方面表现出突出意愿。Instagram发布的《2022年趋势报告》显示，将近四分之一的人在二手时尚网站上购物，其中大部分都是年轻人；约有24%的年轻人计划通过电商网站或社交媒体销售自己的东西，将旧物循环利用。《2021新锐品牌人群洞察报告》指出，循环消费模式日益受到我国青年消费群体的关注，我国的“Z世代”更关注“潮流消费”和“二手交易”，这部分群体也因此被称为“循环青年”。

四、利用科技进步

实施可持续发展战略，要把科技创新作为推进可持续发展的不竭动力。首先是开发新能源，如提高太阳能、地热能、核能、风能等清洁能源的利用率。其次是改进生产工艺，减少污染物的排放量，提高对废物的回收利用率。最后是依靠科学技术生产出清洁产品和无污染物品。具体措施如下：

1. 清洁生产

清洁生产宗旨是通过不断采取改进设计、使用清洁的能源和原料、采用先进工艺技术与设备、改善管理、综合利用等措施，从源头削减污染，提高资源利用率，减少或者避免生产、服务和产品使用过程中污染物的产生和排放，以减轻或者消除对人类健康和环境的危害。

在《中国21世纪议程》中，清洁生产是指既可满足人们的需要又可合理使用自然资源和能源并保护环境的实用生产方法和措施，其实质是一种物耗和能耗最少的人类生产活动的规划和管理，将废物减量化、资源化和无害化，或消灭于生产过程之中。同时对人体和环境无害的绿色产品的生产亦将随着可持续发展进程的深入而日益成为今后产品生产的主导方向。

清洁生产的内容相当广泛，主要强调以下三个重点。

① 清洁能源。包括节能技术的开发与改造，尽可能开发利用太阳能、风能、地热能、海洋能、生物能等可再生能源以及合理利用常规能源，提高能源利用率。

② 清洁生产过程。尽可能不用或少用有毒有害原料和中间产品。对原材料和中间产品进行回收，改善管理、提高效率，采用无废或者少废的生产工艺和生产设备。

③ 清洁产品。以不危害人体健康和生态环境为主导因素来考虑产品的制造过程甚至使用之后的回收利用，减少原材料和能源使用。清洁产品本身应该易于回收利用，在使用过程中不会对人体和环境造成危害。

清洁生产是可持续发展的关键要素，可以大幅减少资源消耗和废物产生，可以使已经被破坏的环境得到缓解，使工业发展走上可持续发展的道路。

2. 绿色产品

绿色产品又称为环境意识产品，即该产品的生产、使用及处理过程均符合环境保护的要求，不危害人体健康，其垃圾无害或危害极小，有利于资源再生和回收利用。为了把绿色产品与传统产品相区别，许多国家在绿色产品上贴有绿色标志。该标志不同于一般商标，而是用来标明该产品是在制造、配置使用、处置全过程中符合特定环保要求的产品类型。

我国于1993年实行绿色标志认证制度，并制定了严格的绿色标志产品标准，目前涉及的产品有家用制冷器具、气溶胶制品、可降解地膜、车用无铅汽油、水性涂料和卫生纸等。绿色标志认证可以根据国际惯例保护我国的环境利益，同时也有利于促进企业提高产品在国际市场上的竞争力，因为越来越多的事实证明：谁拥有绿色产品，谁就拥有市场。

绿色产品除了常见的绿色食品以外还有绿色材料和绿色建筑两类。绿色材料是指可以通过生物降解或者光降解的有机高分子材料。绿色建筑是指在建筑的全生命周期内，最大限度地节约资源（节能、节地、节水、节材）、保护环境和减少污染，为人们提供健康、适用和高效的使用空间，与自然和谐共生的建筑。

3. 循环经济

（1）循环经济的概念　循环经济即物质闭环流动型经济，是指在人、自然资源和科学技术的大系统内，在资源投入、企业生产、产品消费及其废弃的全过程中，把传统的依赖资源消耗的线性增长的经济，转变为依靠生态型资源循环来发展的经济。它是以资源的高效利用和循环利用为目标，以“减量化、再利用、资源化”为原则，以物质闭路循环和能量梯级利用为特征，按照自然生态系统物质循环和能量流动方式运行的经济模式。它要求运用生态学规律来指导人类社会的经济活动，其目的是通过资源高效和循环利用，实现污染的低排放甚至零排放，保护环境，实现社会、经济与环境的可持续发展。循环经济是把清洁生产和废弃物的综合利用融为一体的经济，本质上是一种生态经济，它要求运用生态学规律来指导人类社会的经济活动。

循环经济按照自然生态系统物质循环和能量流动规律重构经济系统，使经济系统和谐地纳入自然生态系统的物质循环过程中，建立起一种新形态的经济体系。循环经济在本质上就是一种生态经济，要求运用生态学规律来指导人类社会的经济活动，是在可持续发展的思想指导下，按照清洁生产的方式，对能源及其废弃物实行综合利用的生产活动过程。它要求把经济活动组成一个“资源—产品—再生资源”的反馈式流程。

（2）循环经济的基本特征　传统经济是“资源—产品—废弃物”的单向直线过程，创造的财富越多，消耗的资源和产生的废弃物就越多，对环境资源的负面影响也就越大。循环经济则以尽可能小的资源消耗和环境成本，获得尽可能大的经济效益和社会效益，从而使经济系统与自然生态系统的物质循环过程相互和谐，促进资源永续利用。因此，循环经济是对“大量生产、大量消费、大量废弃”的传统经济模式的根本变革。其有以下基本特征。

① 新的系统观。循环是指在一定系统内的运动过程，循环经济的系统是由人、自然资源和科学技术等要素构成的大系统。

② 新的经济观。循环经济观要求运用生态学规律，不仅要考虑工程承载能力，还要考虑生态承载能力。在生态系统中，经济活动超过资源承载能力的循环是恶性循环，会造成生态系统退化；只有在资源承载能力之内的良性循环，才能使生态系统平衡地发展。

③ 新的价值观。循环经济观在考虑自然时，将其作为人类赖以生存的基础，是需要维持良性循环的生态系统；更重视人与自然和谐相处的能力，促进人的全面发展。

④ 新的生产观。循环经济的生产观念是要充分考虑自然生态系统的承载能力，尽可能地节约自然资源，不断提高自然资源的利用效率，循环使用资源，创造良性的社会财富。在生产过程中，循环经济观要求遵循“3R”原则。同时，在生产中还要求尽可能地利用循环再生的资源替代不可再生资源，如利用太阳能、风能和农家肥等，使生产合理地依托在自然生态循环之上；尽可能地利用高科技，尽可能地以知识投入来替代物质投入，以达到经济、社会与生态的和谐统一，使人类在良好的环境中生产生活，真正全面提高人民生活质量。

⑤ 新的消费观。循环消费观要求走出传统工业经济“拼命生产、拼命消费”的误区，提倡物质的适度消费、层次消费，在消费的同时就考虑到废弃物的资源化，建立循环生产和消费的观念。同时，循环消费观要求通过税收和行政等手段，限制以不可再生资源为原料的一次性产品的生产与消费，如宾馆的一次性用品、餐馆的一次性餐具和豪华包装等。

（3）循环经济发展的技术路线

① 资源的高效利用。依靠科技进步和制度创新，提高资源的利用水平和单位要素的产出率。

② 资源的循环利用。

③ 废弃物的无害化排放。

4. 低碳经济

（1）低碳经济的概念　低碳经济指一个经济系统只有很少或没有温室气体排出到大气

层，或指一个经济系统的碳足迹接近于或等于零。低碳经济可让大气中的温室气体含量稳定在一个适当的水平，避免剧烈的气候改变，减少恶劣气候给人类造成伤害的机会，因为过高的温室气体浓度可能会引起灾难性的全球气候变化，会给人类的将来带来负面影响。

(2) 低碳经济的实施方法　发展低碳经济受到不同地理环境、能源结构和环境资源的影响和制约。我国以煤炭为主要能源，因此在发展低碳经济时主要注重以下几个方面。

① 降低煤在国家能源结构中的比例，提高煤炭净化比重。作为最大的能源矿种，煤炭在我国能源消费中的主导地位还将持续相当长的时间。因此，大力实施煤炭净化技术及加强相关基础设施的建设将成为我国未来能源消费结构改善的一个基本任务。

② 大力支持节能环保企业。节能减排是举国大事，当然需要全民行动，但是核心环节还在企业，促成变化的主要外因在政府。一方面政府必须从政策、环境、资金等方面，给予强有力的扶持；另一方面企业更需顺应时代要求，围绕节能减排大目标，调适企业行为。例如，在国内日见火爆的建筑玻璃贴膜产品，该产品具有夏季能够阻挡进入室内高达76%的热辐射，冬季可以减少高达23%～30%的热量损失，阻隔99%以上的紫外线；防止玻璃受外力冲击碎片飞溅伤人；保护室内隐私性，室内看室外很清晰，室外看室内则看不清晰等功能。在美国，建筑玻璃贴膜普及率已经超过95%；在日本、韩国、英国等发达国家，建筑玻璃贴膜及率都在75%以上；而我国建筑玻璃贴膜普及率目前还不到10%。

③ 提高能源效率，重点改善城市的能源消费结构和效率。以较少的能源消耗，创造更多的物质财富，不仅对保障能源供给、推进技术进步、提高经济效益有直接影响，而且也是减少二氧化碳排放的重要手段。

④ 充分发挥碳汇潜力。通过土地利用调整和林业措施将大气温室气体储存于生物碳库，是一种积极有效的途径。改进森林管理，提高单位面积生物产量，扩大造林面积可增加森林的碳汇潜力。研究表明，每增加1%的森林覆盖率，便可以从大气中吸收固定0.6亿～7.1亿吨碳。

⑤ 参与国际减排活动，加强国际经济技术合作。碳减排涉及世界各国的切身利益，未来越来越依赖于资源的可持续利用和环境技术来进行竞争，同时也不应该低估低碳经济在创造就业机会和经济发展方面的巨大潜力。为了促进全球可持续发展的共同目标，发达国家有义务向发展中国家提供资金援助和技术转让。国际低碳方面的技术交流是发展中国家获取能源新技术的主要途径，我国应积极参与国际能源技术市场和碳交易市场，通过各种激励机制来促进可持续发展，并为低碳技术、低碳产品的出口提供一定的激励措施。

5. 生态工业

(1) 定义　生态工业是依据生态经济学原理，以节约资源、清洁生产和废弃物多层次循环利用等为特征，以现代科学技术为依托，运用生态规律、经济规律和系统工程的方法经营和管理的一种综合工业发展模式。它通过两个或两个以上的生产体系或环节之间的系统耦合使物质和能量多级利用、高效产出或持续利用。

(2) 生态工业的特征

① 生态工业将工业的经济效益和生态效益并重，从战略上重视环境保护和资源的集约、循环利用，有助于工业的可持续发展。

② 生态工业从经济效益和生态效益兼顾的目标出发，在生态经济系统的共生原理、长链利用原理、价值增值原理和生态经济系统的耐受性原理指导下，对资源进行合理开采，使各种工矿企业相互依存，形成共生的网状生态工业链，达到资源的集约利用和循环使用。

③ 生态工业系统是一个开放性的系统，其中的人流、物流、价值流、信息流和能量流在整个工业生态经济系统中合理流动和转换增值，这要求合理的产业结构和产业布局，以与其所处的生态系统和自然结构相适应，以符合生态经济系统的耐受性原理。

④ 生态工业从环保的角度遵循生态系统的耐受性原理而尽量减少废弃物的排放，充分利用共生原理和长链利用原理，改过去的“原料-产品-废料”的生产模式为“原料-产品-废料-原料”的模式，最大限度地开发和利用资源，既获得了价值增值，又保护了环境。

（3）生态工业园　生态工业园是建立在一块固定地域上的由制造企业和服务企业形成的企业社区。在该社区内，各成员单位通过共同管理环境事宜和经济事宜来获取更大的环境效益、经济效益和社会效益。整个企业社区能获得比单个企业通过个体行为的最优化所能获得的效益之和更大的效益。生态工业园的目标是在最小化参与企业环境影响的同时提高其经济效益。这类方法包括对园区内的基础设施和园区企业（新加入企业和原有经过改造的企业）的绿色设计、清洁生产、污染预防、能源有效使用及企业内部合作。生态工业园也要为附近的社区寻求利益以确保发展的最终结果是积极的。比较成功的生态工业园的例子是丹麦卡伦堡（Kalundborg）共生体系，卡伦堡已成为区域不同产业之间连接起来的模板。我国生态工业园有以下两种比较成功的范例。

① 南海国家生态工业示范园区。这是中国第一个全新规划、实体与虚拟结合的生态工业示范园区，包括核心区的环保科技产业园区和虚拟生态工业园区。其主导产业定位为高新技术环保产业，包括环境科学咨询服务、环保设备与材料制造、绿色产品生产、资源再生 4 个主导产业群。该园区以循环经济和生态工业为指导理念，以环保产业为主导产业，将制造业、加工业等传统产业纳入生态工业链体系。重点培育设备加工、塑料生产、建筑陶瓷、铝型材和绿色板材 5 个主导产业生态群落。生态工业系统类似于自然生态系统，12 个企业组成一个生产-消费-分解-闭合的循环。

② 广西贵港国家生态工业（制糖）示范园区。这是中国第一个循环经济试点，该园区以上市公司贵糖（集团）股份有限公司为核心，以蔗田系统、制糖系统、酒精系统、造纸系统、热电联产系统、环境综合处理系统为框架建设生态工业（制糖）示范园区。该示范园区的 6 个系统分别有产品产出，各系统之间通过中间产品和废弃物的相互交换而相互衔接，形成一个较完整和闭合的生态工业网络。园区内资源得到最佳配置，废弃物得到有效利用，环境污染减少到最低水平。园区内主要生态链有两条：一是甘蔗→制糖→废糖蜜→制酒精→酒精废液制复合肥→回到蔗田；二是甘蔗→制糖→蔗渣造纸→制浆黑液碱回收。此外，还有制糖业（有机糖）→低聚果糖、制糖滤泥→水泥等较小的生态链。这些生态链相互间构成横向耦合关系，并在一定程度上形成网状结构。物流中没有废物概念，只有资源概念，各环节实现了充分的资源共享，变污染负效益为资源正效益。

五、公众参与

可持续发展关系到人类的生存和发展。因此，只有所有人的环境意识提高，人人关心和参与有关可持续发展问题的讨论，并投身于实践，才能实现可持续发展的战略目标。

六、法治建设和国际合作

环境问题没有国家界限，温室效应、臭氧层破坏、生物多样性减少等都必须靠全人类合作才能解决。因此，加强国际合作，并以法律形式规范、约束各国行动，规定应尽的职责和义务是实现可持续发展战略的关键一环。

复习思考题

1. 可持续发展的概念是什么？
2. 可持续发展的内涵是什么？
3. 可持续发展的基本原则有哪些？
4. 怎样才能实现可持续发展？
5. 清洁生产的概念，清洁生产具体的内容有哪些？
6. 什么是绿色产品？
7. 循环经济的概念及基本特征是什么？
8. 低碳经济的概念及实施方法是什么？

阅读材料

中国为全球可持续发展作出重要贡献

中国的绿色转型不仅促进了自身高质量发展，也为全球环境治理提供了智慧和方案，为其他国家尤其是发展中国家推进生态文明建设提供了经验。

在推进中国式现代化的进程中，中国坚持人与自然和谐共生，向世界展示了绝不走“先污染后治理”老路的决心，为全球可持续发展作出重要贡献。

中华文明一直强调人与自然和谐共生。习近平主席引用过一句古语：“取之有度，用之有节。”它道出了生态文明的真谛，即通过人与自然和谐共生，实现更可持续、更高质量的发展。这一观念在中国人民心中深深扎根，为中国生态文明建设提供了广泛的民意基础。

中国建设生态文明不仅是对传统理念的继承和发扬，也是对现代社会发展模式的革新。近年来，中国在实现经济增长的同时高度重视生态环境保护。随着绿水青山就是金山银山理念深入人心，中国不断加快发展方式绿色转型。从工业、农业到城市发展，中国正向更环保、更可持续的方向前进。

中国已成为全球最大的可再生能源市场，也是全球最大的清洁能源设备制造国，在风能、太阳能等领域的发展成就令世界瞩目。中国也是全球最大的新能源汽车市场，产销量连续多年位居世界首位。在城市绿化、水体恢复、污水处理等方面，中国的探索实践也取得了重要成就。在北京、上海、杭州、苏州等城市，城市自然水体环境优美，碧水倒映着蓝天绿树，市民们悠闲地在岸边散步休憩。绿色转型既减少了城市化给自然环境造成的压力，又提高了人民的生活质量。

中国还积极探索将绿色转型与区域经济协调发展相结合。在中国一些荒漠戈壁地区，太阳能发电与养殖业相结合，实现了“一加一大于二”的效应。在国家公园和自然保护区，生态环境不断恢复，濒危物种种群持续扩大，吸引越来越多游客到来，为当地经济社会发展增添了动力。

中国的绿色转型不仅促进了自身高质量发展，也为全球环境治理提供了智慧和方案，为其他国家尤其是发展中国家推进生态文明建设提供了经验。通过共建“一带一路”合作，越来越多国家有机会共享中国绿色发展带来的机遇。巴基斯坦和中国开展的一系列绿色低碳发展合作项目给巴基斯坦民众的生活带来积极变化。中国企业建设的水电、风电项目等陆续投产，帮助巴基斯坦获得清洁便宜的电能。中国生产的新能源汽车在巴基斯坦市场广受好评。巴基斯坦遥感卫星一号、中国-巴基斯坦地球科学研究中心等合作项目有助于巴基斯坦更好应对气候变化挑战。

在 2023 年举行的第三届“一带一路”国际合作高峰论坛上，中方宣布支持高质量共建“一带一路”的八项行动，其中就包括促进绿色发展。中国积极落实可持续发展承诺，推广绿色基础设施和清洁能源项目，促进了共建国家的可持续发展和全球环境治理，得到国际社会广泛赞誉。

中国不断推进生态文明建设，携手各方共建绿色“一带一路”，推进全球环境治理，共同为构建人与自然生命共同体贡献更多力量，共同创造一个更加美丽、绿色、繁荣的未来。

参考文献

[1] 张丽颖．安全生产与环境保护[M].北京：冶金工业出版社，2022.
[2] 张勤芳．安全生产与环境保护[M].北京：机械工业出版社，2022.
[3] 贾继华，白珊，张丽颖．冶金企业安全生产与环境保护[M].北京：冶金工业出版社，2021.
[4] 中国法制出版社．中华人民共和国知识产权法律法规全书：含规章及法律解释[M].北京：中国法制出版社，2024.
[5] 冯小川，辛平．建筑施工企业安全生产[M].北京：中国建材工业出版社，2023.
[6] 刘红波，李勋，杨衍超．化工生产安全技术与环境保护[M].北京：化学工业出版社，2023.
[7] 中国法制出版社．中华人民共和国安全生产法律法规全书[M].北京：中国法制出版社，2019.
[8] 朱鹏．电力安全生产及防护[M].北京：北京理工大学出版社，2020.
[9] 闪淳昌．安全生产执法实务与案例[M].北京：中国法制出版社，2021.
[10] 法规应用研究中心．安全生产法一本通[M].北京：中国法制出版社，2021.
[11] 陈雄．安全生产法规[M].重庆：重庆大学出版社，2019.
[12] 王东升．建筑安全生产管理[M].青岛：中国海洋大学出版社，2017.
[13] 海南省建设培训与执业资格注册中心有限公司．特种作业安全生产基本知识[M].武汉：华中科技大学出版社，2022.
[14] 刘学应，王建华．水利工程施工安全生产管理[M].北京：中国水利水电出版社，2018.
[15] 重庆市建设工程安全管理协会．建筑施工企业主要负责人安全生产管理知识培训教材[M].重庆：重庆大学出版社，2021.
[16] 苟大彪．冶金矿山安全技术与管理：以鞍钢和攀钢集团为例[M].北京：经济日报出版社，2022.
[17] 张文义，毛林强，胡林湖，等．环境保护概论[M].2版．北京：清华大学出版社，2021.
[18] 袁霄梅，张俊，张华．环境保护概论[M].2版．北京：化学工业出版社，2020.
[19] 林肇信，刘天齐，刘逸农．环境保护概论[M].修订版．北京：高等教育出版社，1999.
[20] 刘芃岩．环境保护概论[M].2版．北京：化学工业出版社，2018.
[21] 王新，沈欣军．资源与环境保护概论[M].北京：化学工业出版社，2021.
[22] 程发良，孙成访．环境保护与可持续发展[M].北京：清华大学出版社，2014.
[23] 杨凌．可持续发展指标体系综述[J].统计与决策，2007（10）：56-59.